国家重点基础研究发展计划（973）项目资助
国家高技术研究发展计划（863）项目资助
重庆市自然科学基金重大项目资助

Genome Biology of Nosema bombycis

家蚕微孢子虫基因组生物学

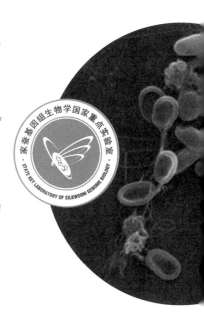

主编　周泽扬

副主编　潘国庆　李　田　许金山

科学出版社

北　京

内 容 简 介

迄今，微孢子虫已逾1400种被分离发现，其中家蚕微孢子虫最早被分离发现。家蚕微孢子虫引起的家蚕微粒子病是对养蚕业最具威胁性的毁灭性病害之一，由于该病原能够经卵垂直传播，因此被列为蚕业生产的法定检疫对象。本书以作者团队近20年所完成的研究成果为基础，系统阐述了家蚕微孢子虫基因组结构与基因组进化；家蚕微孢子虫转座子及水平基因转移；家蚕微孢子虫代谢与增殖；家蚕微孢子虫分泌型蛋白、极丝蛋白与孢壁蛋白；家蚕微孢子虫纺锤剩体；家蚕微孢子虫基因组数据库等研究进展。

本书既可作为微孢子虫研究的参考书，也可作为蚕学、昆虫学、微生物学的研究生和高年级本科生的参考用书。

图书在版编目（CIP）数据

家蚕微孢子虫基因组生物学 / 周泽扬主编 . —北京：科学出版社，2014.12
ISBN 978-7-03-042451-8

Ⅰ . ① 家… Ⅱ . ① 周… Ⅲ . ① 蚕病 – 孢子虫 – 原虫感染 – 研究
Ⅳ.①S884.2②Q959.115

中国版本图书馆CIP数据核字（2014）第262070号

责任编辑：夏 梁 赵小林 / 责任校对：郑金红
责任印制：肖 兴 / 封面设计：北京铭轩堂广告设计有限公司

科 学 出 版 社 出版
北京东黄城根北街16号
邮政编码：100717
http://www.sciencep.com

中国科学院印刷厂 印刷
科学出版社发行 各地新华书店经销

*

2014年12月第 一 版 开本：889×1194 1/16
2014年12月第一次印刷 印张：17 1/2
字数：426 000
定价：180.00元
（如有印装质量问题，我社负责调换）

周泽扬，教授，博士生导师。首批"新世纪百千万人才工程"国家级人选，国务院特殊津贴专家，农业部有特殊贡献的中青年专家。1982年获西南农业大学学士学位，1987年留学日本并于1990年获日本信州大学硕士学位，1993年获日本大阪大学博士学位。现任重庆师范大学校长，西南大学家蚕基因组生物学国家重点实验室副主任，重庆市微生物学会副理事长。主要从事家蚕病原微生物功能基因组学和家蚕分子生物学研究，组织完成了家蚕病原性微孢子虫基因组的测序分析，主持开展了家蚕微孢子虫功能基因组学研究，以及微孢子虫与家蚕宿主相互作用关系等研究。近年来先后主持863项目、973项目子课题、国家转基因植物专项、国家自然科学基金重点项目等多项重大课题，在*Science*、*Proteomics*、*BMC Genomics* 等国内外学术期刊发表研究论文120余篇。先后获重庆市自然科学一等奖、第四届中国科协西部开发突出贡献奖、重庆市海外留学人员先进个人等奖励。

潘国庆，副教授，硕士生导师。家蚕基因组生物学国家重点实验室研究骨干，中国微生物学会医学微生物学与免疫学专业委员会委员。1995年获西南农业大学农学学士学位，2009年获西南大学农学博士学位。组织完成了家蚕微孢子虫全基因组测序，同时全程参与了家蚕基因组框架图的绘制工作。目前主要从事家蚕微孢子虫研究，包括病原垂直传播机制及病原的检测新技术等，主持国家自然科学基金项目4项，参加973、863、国家自然科学基金重点项目等多项课题，先后在*BMC Genomics*、*Journal of Invertebrate Pathology*等国内外期刊发表研究论文40余篇（SCI论文20余篇）。

李田，副研究员，博士。家蚕基因组生物学国家重点实验室研究骨干。2003年获西南农业大学学士学位，2009年获西南大学理学博士学位。参与了家蚕基因组框架图的绘制工作，作为主要成员完成了家蚕微孢子虫基因组测序框架图谱的绘制，目前主要从事蚕桑病原生物学、基因组学与生物信息学研究，包括病原侵染及进化机制、基因组与生物信息数据库等。先后主持国家自然科学基金、重庆市自然科学基金等多项课题，参加863、国家自然科学基金重点项目等多项课题，先后在*BMC Genomics*、*Database* 等国内外期刊发表研究论文20余篇。

许金山，教授，硕士生导师。2002年获西南农业大学学士学位，2007年获西南大学理学博士学位。现任职于重庆师范大学，2011年赴加拿大英属哥伦比亚大学留学。长期从事蚕类及病原微生物的结构基因组与功能元件研究，先后在*BMC Genomics*、*Eukaryotic Cell*等国内外学术期刊发表研究论文20余篇，其中以第一作者身份发表SCI论文9篇。主持863计划子课题、国家自然科学基金项目，以及包括教育部科学技术重点项目在内的省部级以上项目6项；合作主持国家自然科学基金重点项目1项；主研973计划子课题，以及包括重庆市科委重大科技攻关项目在内的省部级以上项目10余项。

作者简介

（以姓氏笔画为序）

马振刚，1985年生，理学博士，讲师，现工作单位为重庆师范大学生命科学学院，主要从事病原微孢子虫与宿主相互作用的分子机制研究。

王林玲，1969年生，工学博士，教授，现工作单位为重庆师范大学生命科学学院，主要从事家蚕病原微生物的研究。

龙梦娴，1984年生，理学博士，讲师，现工作单位为西南大学家蚕基因组生物学国家重点实验室，主要从事家蚕病原微生物及家蚕肠道微生物研究。

向　恒，1982年生，农学博士，高级实验师，现工作单位为西南大学动物科技学院，主要从事基因组及生物信息学研究。

刘含登，1977年生，理学博士，讲师，现工作单位为重庆医科大学实验教学管理中心，主要从事感染性疾病的遗传与分子生物学研究。

李　治，1977年生，理学博士，现工作单位为重庆师范大学生命科学学院，主要从事病原微生物与宿主相互作用的分子机制研究。

李春峰，1971年生，农学博士，副教授，现工作单位为西南大学家蚕基因组生物学国家重点实验室，主要从事家蚕免疫的研究。

陈　洁，1986年生，理学博士，现为西南大学家蚕基因组生物学国家重点实验室博士后，主要从事病原微生物寄生增殖机制研究。

简介

（以姓氏笔画为序）

吴正理，1978年生，农学博士，教授，现工作单位为西南大学动物科技学院，主要从事水产养殖动物病害与免疫的研究。

林立鹏，1984年生，理学博士，主任科员，现工作单位为福建省漳州市海洋与渔业局，主要从事海洋资源与环境保护工作。

党晓群，1983年生，理学博士，讲师，现工作单位为重庆师范大学生命科学学院，主要从事病原微孢子虫的检测研究。

序

家蚕微粒子病是养蚕业最为严重的灾害性蚕病。我国是蚕丝业的发源地，早在《农桑辑要》中就有类似家蚕微粒子病症状的记载。其后，日本马场重久（1712）在《养蚕手鉴》中亦记载了类似家蚕微粒子病的病征。1845年，欧洲微粒子病大暴发，由于欧洲种对家蚕微粒子病的抵抗力弱，故成灾面大，损失惨重。1857年，瑞士植物学家Carl Wilhelm von Nägeli从病蚕体内首次分离获得了家蚕微孢子虫，命名为*Nosema bombycis*，后经Louis Pasteur证实为家蚕微粒子病的病原体，并建立了袋制种母蛾镜检法，其后虽然逐步控制了微粒子病的蔓延，但欧洲蚕业从此一蹶不振，持续衰落，以致业不复成。2009年，我曾造访位于法国里昂的国际蚕业协会秘书处，那坐落在郊外孤寂的小楼和道旁零星的桑树，以及小楼内塞满书卷的一排排书架，令人感慨万千。欧洲蚕业也曾有辉煌的历史，据我所知的不完全记载，意大利1847年的年产茧量达60 000t，仅次于中国，居世界第二位，法国1853年的年产茧量达26 000t，长期以来形成了中、日、欧世界三大著名蚕丝产地，而欧洲更是引领了17、18世纪的蚕丝科技。欧洲蚕业的衰落虽然不能完全归咎于家蚕微粒子病的暴发，但也不失为一种警示。

欧洲家蚕微粒子病大流行，可以说是蚕业史上最大的灾难。据日本文献记载，当时法国蚕种的带毒率高达2/3，导致其大量从日本进口蚕种。时逢日本明治维新，急需财政支持政策，日本蚕丝业在蚕种业的带领下开始大量吸收欧洲蚕丝技术，从而步入日本蚕丝发展的新阶段。日本对微粒子病的研究应始于1880年以后，其贡献良多，如改袋制种为框制种，以及对微孢子虫生活史和侵染生物学的研究，然最大之者应为建立了完善的母蛾检查技术体系，自20世纪初叶开始，已沿袭百年，至今难逾。

我国家蚕微粒子病的研究始于20世纪初，1900年前后大批留学生到日本、欧美留学，引进先进科学技术。学习蚕丝科学的先辈把意、法、日等国检查家蚕微粒子病的技术体系引入我国并不断完善，建立了我国的检疫体系，微粒子病基本得到控制。到20世纪70年代，我国蚕丝产量跃居世界首位，随着产业规模的扩大，以及野外昆虫的交叉感染，微粒子病的威胁复显。1988年前后，全国因微粒子病而烧毁的蚕种近10%。此种严峻现实推动了我国微粒子病的研究。从微粒子病的病原生物学到各种检查方法和防治技术，均有不少研究成果，与此同时，强化了防控检疫体系，这些措施虽然有效控制了微粒子病的蔓延，但高额的防治成本和潜在的持续威胁，如影随形，仍是蚕业发展上难以逾越的障碍。

2000年人类基因组计划的完成和2001年法国科学家率先公布的兔脑炎微孢子虫的全基因组序列，启发和推动了我们开展家蚕微孢子虫全基因组的研究。周泽扬教授及其研究小组果敢地挑起了这副重担，于2002年在未获资助的困难情况下启动了这一研究项目，持续10年，历尽艰辛。所幸启动之后，相继获得国家自然科学基金、973计划、863计划，以及重庆市重点项目的支持，完成了家蚕微孢子虫全基因组测序，并在此基础上对微孢子虫功能基因组、蛋白质组和代谢、侵染等生物学问题开展了系统研究，获得了一系列创新性成果。该书乃是该研究小组10年研究的总结，著者均是亲力亲为的一线研究人员，所以也是他们10年辛劳的结晶。该书可谓家蚕微孢子虫研究最为系统深入，具有承前启后意义的标志性专著。我十分高兴，谨以此序衷心祝贺编者为蚕业科学作出的重要贡献，并祝愿他们由这些前沿性创新成果引领，不懈努力，把家蚕微粒子病的防控推向一个新的历史阶段。

向仲怀　谨识

2014年10月10日于蚕学宫

第1章
绪论

第1章　绪论

潘国庆　周泽扬

微孢子虫(microsporidia)是一类专性细胞内寄生的单细胞真核生物。第一个被人类认识的微孢子虫是家蚕微孢子虫（*Nosema bombycis*），也称家蚕微粒子虫，是由瑞士植物学家Carl Nägeli（1817～1891）于1857年在家蚕中分离并命名(Nägeli，1857)，由此开启了人类对微孢子虫研究的大门。作为真核生物，微孢子虫具有非常独特的生物学特征，其核糖体类型为70S，与原核生物相似(Ishihara and Hayashi, 1968; Curgy et al., 1980)；并缺少完整功能的线粒体，只存在线粒体退化后的残存细胞器，称为纺锤剩体（mitosome）(Katinka et al., 2001; Williams et al., 2002)，该细胞器目前的已知功能是完成铁硫簇（Fe-S clusters）的组装(Goldberg et al., 2008)。微孢子虫侵入宿主的机制在自然界中也十分独特，因其孢子内存在一条盘绕的极管（polar tube）。在宿主消化道内，并在适宜的环境因子刺激下，孢子萌发，极管在瞬间弹出，刺入宿主细胞，孢原质（原生质体）通过极管注入宿主细胞，完成感染过程(Vavra and Larsson, 1999)。微孢子虫的寄主范围非常广泛，可感染从无脊椎动物（特别是昆虫）到脊椎动物的几乎所有动物类群（Mathis, 2000）。

1.1　微孢子虫的分类和多样性

1.1.1　微孢子虫的分类

在传统五界分类系统中，微孢子虫在很长一段时间被定位于原生动物界（protista）。1992年，微孢子虫独立成1个门，即微孢子虫门（Microsporidia），下设2个纲（class），即单倍期纲（Haplophasea）和双单倍期纲（Dihaplophasea），纲下设目（order）、总科（superfamily）、科（family）和属（genus）（Sprague et al., 1992）。传统的微孢子虫分类主要是基于光镜、电镜等方法对微孢子虫的各个生活史阶段的孢子形态、内部结构的观察，并佐以生理、病理学方面的指征，如生活史特征、寄主特异性及寄生组织特异性等而划分的。由于微孢子虫形态微小，结构简单，许多种类在形态上差异很小，因此在分类学研究过程中常常伴随着研究者一定的主观性。同时有证据表明即便在微孢子虫种内，孢子大小、形状、孢核数、极囊等结构也存在差异，因此微孢子虫许多现有种的分类仍有待商榷。

微孢子虫在地球上出现的历史非常久远。根据核糖体RNA的分析，有学者认为微孢子虫的存在可追溯到距今$(2.7～2.9)\times10^9$年前（Vossbrinck et al., 1987），并认为其是一种原始的真核生物，不过这一结论目前受到挑战。近年来利用分子生物学方法对微孢子虫的系统分类研究表明，微孢子虫与真菌有较近的亲缘关系（Keeling et al., 2000; Keeling, 2003; Lee et al., 2008），这一观点已被广泛接受。美国国家生物技术信息中心（NCBI）分类系统将微孢子虫归于：细胞型生物体（cellular organisms）/真核生物（eukaryote）/真菌（fungi）/微孢子虫（microsporidia）。2012年，微孢子虫归类于真菌已得到国际原生动物进化和分类委员会认定（Adl et al., 2012）。微孢子虫和人类的健康和经济活动密切相关，它不仅是经济昆虫（家蚕、蜜蜂）、鱼类、兔等的常见病原，而且可感染人类，特别是有免疫缺陷的患者。

1.1.2　微孢子虫的多样性

1.1.2.1　微孢子虫的物种多样性

经过长期的演化，微孢子虫展现出了丰富的物种多样性。微孢子虫种的数量可能与动物种的数量相当(Canning and Lom, 1986; Weber et al., 1994)。至今，已发现的微孢子虫超过150个属，1400多种（Franzen, 2008）。

微孢子虫可侵染以双翅目和鳞翅目昆虫为主的400种以上的昆虫（Wittner and Weiss, 1999）。由于家蚕具有重要经济价值，对寄生于家蚕的微孢子虫研究取得了诸多重要成果。日本学者藤原公在1970～1985年从家蚕中分离得到微粒子虫属（*Nosema*）、具褶孢虫属（*Pleistophora*）、泰罗汉孢虫属（*Thelohania*）等多种微孢子虫（藤原公，1980，1984a，1984b，1985）。广濑安春从1967～1979年采集调查了在东京、日野市、长崎县南佐久郡桑园的约25 000只野外昆虫，昆虫种类合计有102种，检出微孢子虫的昆虫有65种，其中，从12种昆虫体内获得的微孢子虫对家蚕有感染力（广濑安春，1979a，1979b）。中国在蚕种生产的检疫过程中，亦发现多种不同类型的微孢子虫，如广东省蚕业与农产品加工研究所在家蚕中相继发现并分离出MG1、MG2等8种新型微孢子虫。郑祥明等在1995～1998年，在桑园、菜地及蚕房附近捕获389种共20 000多只昆虫，检查了微孢子虫感染情况，在51种昆虫里发现了54种不同的微孢子虫，其中18种可以经口感染家蚕（郑祥明等，2003）。目前已知微粒子属、具褶孢虫属、泰罗汉孢虫属、变形孢虫属、内网虫属等5个属的数十种微孢子虫可以感染家蚕（表1.1）（刘吉平和曾玲，2006）。鱼类也是微孢子虫感染的主要宿主。至2003年统计，已报道的鱼类微孢子虫有156种，分属于14个属（Lom and Nilsen，2003）。自1959年发现了微孢子虫感染免疫缺陷型患者后（Matsubayashi et al., 1959），相继发现肠孢子虫属（*Enterocytozoon*),兔脑炎微孢子虫属（*Encephalitozoon*），微粒子属（*Nosema*），条纹微孢子虫属（*Vittaforma*），具褶孢虫属（*Pleistophora*），气管普孢虫属（*Trachipleistophora*），*Anncaliia* (formerly *Brachiola*) 7个属和一些未明确分类的微孢子虫可以感染人，尤其是艾滋病（AIDS）患者(Weiss, 2003; Franzen, 2008)。目前，在自然界中仍存在大量待鉴定的微孢子虫种，它们寄生于大多数的无脊椎动物和脊椎动物中，甚至还有超寄生（指寄生于另一寄生虫体内）的种类（Caullery and Mesnil, 1914; Canning, 1975; Freeman et al., 2003）。

表1.1　与桑蚕有关的微孢子虫形态及病原性比较（刘吉平和曾玲，2006）

微孢子虫性状	微粒子虫属 *Nosema*	具褶孢虫属 *Pleistophora*	泰罗汉孢虫属 *Thelohania*	变形孢虫属 *Vairimorpha*	内网虫属 *Endoreticulatus*
寄生桑蚕的典型种	*N. bombycis*	*Pleistophora* sp. PI-NU	*Thelohania* sp. M32	*Vairimorpha* sp. NIS-M12	*E. bombycis*
孢子存在形式	孢子卵圆形无突出物	孢子卵形无突出物	孢子梨形无突出物	2种或3种类型的孢子同时存在	孢子小，卵圆筒形无突出物
泛孢子母细胞	有	有	有	有	母孢子
形成孢子数/个	2	16,32,64（8）	8	2（8）	6,7～50
胚胎传染	有	无	无	有	无
病原性	强	较强	极弱	强	较强

续表

微孢子虫性状	微粒子属 *Nosema*	具褶孢虫属 *Pleistophora*	泰罗汉孢虫属 *Thelohania*	变形孢虫属 *Vairimorpha*	内网虫属 *Endoreticulatus*
已知种数/种	>150, 多数待重新审定	>50, 多数待重新审定	>60	多数待重新审定	>5
典型寄主及寄主范围	至少12个目的昆虫被寄生, 尤其以鳞翅目的昆虫最为严重	鱼类和两栖类为主, 而50多种孢子最早是在鳞翅目及鞘翅目、双翅目、直翅目等昆虫中发现	海生虾类为主, 在鳞翅目等昆虫中亦发现了60多种该属的孢子	夜蛾科的鳞翅目昆虫为主, 双翅目、膜翅目亦有寄生	鞘翅目马铃薯甲为主, 而鳞翅目的天幕毛虫、云杉卷叶蛾、柞蚕等都有寄生

1.1.2.2 微孢子虫的遗传多样性

在长期与寄主的协同进化（co-evolution）过程中，不同生境下的微孢子虫为适应特定寄主及生活环境，进化出不同的增殖方式和多样的形态结构，在基因水平也表现出遗传变异的多样性。微孢子虫的遗传多样性是指微孢子虫种间或种内不同群体之间或一个群体内不同个体的遗传变异总和。遗传多样性是为群体适应变化环境的一种策略和表现。由于不同微孢子虫寄生的宿主不一，微孢子虫展示出极为丰富的遗传多样性。有关微孢子虫的遗传多样性研究，主要是围绕微孢子虫基因组大小、保守的rRNA序列、蛋白质编码基因等研究而展开。

基因组是物种所有遗传信息的总和，不同微孢子虫基因组大小差异很大。对于细胞而言，基因组大小是指一个物种基因组单拷贝所包含DNA的量。1984年，Schwartz和Centor发明了脉冲场凝胶电泳（pulsed-field gel electrophoresis，PFGE）技术，被广泛应用到微孢子虫的分子核型研究中。2006年统计表明已有8个属16种微孢子虫进行了染色体DNA的研究。刘吉平和曾玲（2006）根据前人的文献报道，统计了各种微孢子虫染色体DNA数目和大小（图1.1），

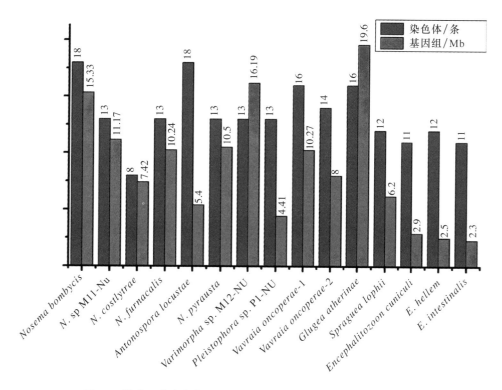

图1.1 微孢子虫染色体数及其大小比较（刘吉平和曾玲, 2006）

从图中可以看出不同种微孢子虫的染色体条数差异很大、基因组大小也相去甚远，其中最小的基因组为肠道脑炎微孢子虫（*Encephalitozoon intestinalis*），仅为2.3Mb，与原核生物的基因组大小近似，而感染鱼的*Glugea atherinae*基因组则有19.6Mb。家蚕微孢子虫基因组估测为15.3Mb，染色体为18条，而与之同属的*Nosema costelytrae*的基因组仅为7.42Mb，染色体条数也只有8条，可见即使是同一个属的微孢子虫基因组的大小也不相同。微孢子虫基因组大小多样性是微孢子虫遗传多样性的集中体现，容纳了海量的遗传信息，对基因组多样性的研究将有助于阐明微孢子虫基因组进化的机制。

核糖体RNA(ribosomal RNA, rRNA)是研究物种进化的分子标尺。在微孢子虫的核酸研究中，对rRNA序列报道最早，不同种类的微孢子虫在rRNA序列上存在差异。Bell等通过比较多种微孢子虫rRNA序列，发现鱼类微孢子虫与寄生于陆生昆虫、水生昆虫的微孢子虫存在显著差异（Bell et al.，2001）。2005年，Vossbrinck等通过分子进化分析比较了125种微孢子虫的SSU rRNA，将微孢子虫按其寄生物种的栖息地，分为淡水水生微孢子虫（aquasporidia）、海洋微孢子虫（marinosporidia）和陆地微孢子虫（terresporidia）（Vossbrinck and Debrunner-Vossbrinck，2005）。由于微孢子虫基因组中存在较多拷贝的rDNA序列，已有研究表明微孢子虫rDNA在种内也存在着明显的遗传多态性。Haro等对7个*E. hellem*分离株基因间的差异研究显示其核糖体中的ITS、IGS存在片段的插入、缺失和点突变（Haro et al.，2003）；Dider等对*E. cuniculi* 3个株系的ITS区分析表明，这3个株系的ITS区变异特征明显，并且认为变异可能与寄主的地理域有关(Didier et al.，1995)。申子刚等分析了家蚕微孢子虫CQ1株的SSU rDNA、rDNA-ITS、rDNA-IGS、*sec-61β* 5′上游序列和*hsp70* 5′上游序列，发现它们都存在着插入、缺失、点突变等多态性，其中rDNA-ITS和rDNA-IGS遗传多样性最为明显，存在着多碱基片段的缺失（申子刚等，2008）。

微孢子虫的遗传多样性不仅存在于rDNA水平，也表现在蛋白质水平上。1987年Langley等使用双向电泳技术研究了家蚕微孢子虫、蝗虫微孢子虫（*Antonospora locustae*）等孢子蛋白质，发现不同微孢子虫间的总蛋白质在种类和数量上差异很明显（Langley et al.，1987）。1999年高永珍等对家蚕微孢子虫及其他7种微孢子虫的总蛋白质及其主要蛋白质进行了研究，发现各种孢子总蛋白质的SDS-PAGE电泳图谱均有30多条带（高永珍和戴祝英，1999），但具有的5条主带各不相同。2001年Cheney等对16种微孢子虫的总蛋白质进行SDS-PAGE，结果表明每一种微孢子虫都有其独特的多肽图谱（Cheney et al.，2001）。随着微孢子虫基因组数据的陆续公布，比较各基因组的蛋白编码基因，发现微孢子虫的基因序列进化速度很快，不同种属间基因编码的同源蛋白序列差异很大（Katinka et al.，2001；Pan et al.，2013）。极管蛋白（PTP）是所有微孢子虫都具有的结构蛋白，其中PTP1、PTP2、PTP3是构成极管的重要组分(Xu and Weiss，2005)。不同微孢子虫的极管蛋白之间的氨基酸序列差异很大，特别是不同属间的微孢子虫的PTP1、PTP2，氨基酸同源性很低（Polonais et al.，2005），几乎不能用同源比对的方式进行基因注释。幸运的是，*ptp1*、*ptp2*在染色体上的座位是相邻的，且在不同物种间非常保守，这一特征为基因注释提供了参考。同时，虽然属间PTP1、PTP2氨基酸序列差别很大，但关键的氨基酸位点还是具备一定的保守性，如半胱氨酸的数量和位点(Polonais et al.，2005; Pan et al.，2013)。

1.2 微孢子虫的侵染

微孢子虫被认为是自然界最成功的寄生虫，这与它独特的侵染方式有关。微孢子虫侵染宿主的首要前提是孢子的萌发（germination），即极管（polar tube）的弹出。微孢子虫孢子萌发是生物学中最引人注目的亚细胞事件之一，其中包括了巨大力量的积累和控制性释放的过程，是一个快速且紧密相连的级联事件，这一过程包括了非常独特的膜拓扑结构的重建（Keeling and Fast，2002）。

1.2.1 微孢子虫侵染的过程

微孢子虫的萌发起始于环境中理化因子的触发。由于寄生的环境不同，不同种微孢子虫的触发孢子萌发的环境因素也各不相同（Franzen，2004）。孢子可以在一系列的物理或化学的刺激下萌发，这些刺激包括环境pH的改变、脱水后再水化、高渗条件、阳离子（Ca^{2+}等）或阴离子的存在、暴露于紫外线或过氧化物中，但不仅仅限于这些条件。部分微孢子虫如家蚕微孢子虫，其孢子萌发已经可以在体外模拟。物理或化学刺激可引起孢子内渗透压发生改变，这种压力的产生机制主要有两种推测。一种看法认为，孢子壁上有特殊的跨膜水通道，水通道蛋白（aquaporin）可以快速特异性地运输水分通过孢原质膜，使孢内压力增大，引发孢子萌发（发芽）过程。上述结果的主要证据来自于对按蚊微孢子虫（*Nosema algerae*）的研究，发现其具有类似人CHIP28的水通道蛋白，它能特异地让水穿过孢原质膜（Frixione et al., 1997）。从兔脑炎微孢子虫的基因组中也预测到一个特殊的水通道功能基因，其编码的蛋白质在原生质膜上可能形成水通道，可能与产生向孢内快速流动的水流有关(Ghosh et al., 2006)，这对极管的弹出和孢原质注入宿主细胞都非常重要，但尚不知水流入孢内的诱因。另一种看法认为，孢内海藻糖降解为葡萄糖和其他相关的代谢是引起孢内压力增大的重要原因。对水生微孢子虫的研究发现，对孢子发芽处理后孢内海藻糖浓度下降，葡萄糖浓度上升，由此认为海藻糖的降解使孢内糖摩尔浓度上升，促使水分进入孢内，孢子内压上升（Undeen and Vander, 1999）。也有分析表明，细胞内Ca^{2+}浓度的变化是水流入的一个原因（Keohane and Weiss, 1998），在此过程中钙调蛋白扮演着重要的角色（Weidner et al., 1999）。在孢子活化过程中极膜的破裂会将Ca^{2+}从内膜系统释放到孢原质中，这些离子可以诱发水的流入，也可以诱导酶的激活（如海藻糖酶），这些酶可进一步增强孢原质内的高渗状态（Keohane and Weiss, 1998），使孢子内的渗透压增大，这种压力可能就是后来萌发事件的驱动力。尽管孢内具体发生了什么分子事件还不完全清楚，但是会造成孢内渗透压的累积，这种压力将成为接下来孢子发芽的驱动力。孢子内压力和质膜层的破坏造成了锚定盘的破裂，从而驱动了极管外翻弹出（Keeling and Fast, 2002）。党晓群等研究发现，家蚕微孢子虫枯草杆菌蛋白酶类似蛋白（NbSLP1）可以定位在极管弹出的位置，这可能与极管的弹出有关（Dang et al., 2012）。

孢子激活后，弹出极管，将孢原质通过极管注入宿主细胞质，进入体内的发育阶段（Wittner, 1999）。微孢子虫这种侵入细胞的方式，已有大量证据而被普遍接受。此外，还发现有一种通过吞噬作用的感染方式。Franzen等在研究*E. cuniculi*侵染细胞和孢子在细胞内的发育时，发现孢子可以在弹出极丝之前进入寄主细胞。孢子通过吞噬作用进入细胞后形成内涵体，接着转化成溶菌体。这可以通过孢子与内涵体、溶菌体的标记共定位而得到证实。孢子在成熟的溶菌体里会很快被消化，但其中一些孢子能在被消化前弹出极丝将孢原质注射到寄主细胞质内，继而在寄主细胞内增殖（Franzen，2005）。

1.2.2 微孢子虫孢壁的结构和组成

微孢子虫外壁蛋白是微孢子虫最先且最直接与宿主接触的部分，在微孢子虫侵染宿主的过程中起着重要作用。分析微孢子虫孢壁蛋白的组成、特性和功能，探讨孢壁蛋白在微孢子虫入侵宿主过程中的作用，有助于探明微孢子虫侵染宿主的机制，对病原检测、疾病防治具有极其重要的意义。微孢子虫的孢壁很厚，与孢子顽强的抗逆性有关，微孢子虫以孢子形态可以在体外环境中休眠多年。微孢子虫孢壁由3层结构组成，由外到内依次为孢子外壁（exospore）、电子透明薄层即孢子内壁（endospore）和原生质内膜（plasma membrane）。透射电镜观察表明，孢子外壁为蛋白性的不透明电子层，有些孢子表面不光滑，有突起（Keeling and Fast，2000）。孢子外壁蛋白的类型因种而异，已发现 *E. intestinalis* 的外壁蛋白主要由两种组成，即SWP1和SWP2（Thomarat et al.，2004），而 *E. cuniculi* 的外壁蛋白仅有SWP1（Gill and Fast，2006）。孢子内壁为含几丁质的透明电子层，该层似纤维状并分别与孢子外壁和孢原质膜相连，具有选择通透性，研究发现 *E. cuniculi* 孢子内壁也含有蛋白质即SWP3（Corradi et al.，2008）、EnP1和EnP2（Peuvel-Fanget et al.，2006）。最内层的原生质膜则将孢子壁与孢原质隔离开。

孢壁蛋白的研究正成为阐明微孢子虫致病机制研究的新方向和热点。探寻微孢子虫侵染机制的早期研究结果已表明，微孢子虫的孢壁蛋白在微孢子虫的孢子发芽过程中发挥了积极作用。微孢子虫孢壁表面的发芽关键蛋白一旦受抑制（如抗体的封闭）或破坏，孢子发芽和侵染将受到显著影响。崔红娟等将SDS处理的家蚕微孢子虫对家蚕进行添毒实验，发现SDS处理去除孢壁蛋白后家蚕微粒子虫的发芽率明显降低，对家蚕的致病力也显著下降（崔红娟等，1999）。Enriquez等在体外条件下，对3种微孢子虫（*E. cuniculi*，*E. intestinalis*，*E. hellem*）进行单抗封闭处理后接种细胞，荧光检查结果表明它们对细胞的感染率下降了21%～29%（Enriquez et al.，1998）。Hayman等对 *E. intestinalis* 的研究发现，SWP1和SWP2在成熟孢子的表面以复合体的形式存在，并且在DNA和蛋白质水平上存在相似性，在N端区域含有10个保守的半胱氨酸残基，认为SWP1和SWP2具有相似的二级结构和功能（Hayman et al.，2001）。*E. cuniculi* 基因组的可读框ECU01_1270编码一个新的孢壁蛋白SWP3，该蛋白质分子质量小于20kDa，免疫电镜显示该蛋白质在裂殖期位于细胞表面，在成熟孢子期位于孢内壁和孢内壁与孢原质膜的分界面（Xu et al.，2006）。Peuvel-Fanget等通过对cDNA文库的免疫筛选，在 *E. cuniculi* 富含几丁质的孢内壁中发现了两种蛋白质，即EnP1（40kDa）和EnP2（22kDa），这两个蛋白质的核酸序列与酵母和真菌基因并无同源性，它们的基因座位均位于1号染色体上，但并非前后衔接。EnP1含大量半胱氨酸残基，EnP2富含丝氨酸，仅有2个半胱氨酸残基。提取不同时期 *E. cuniculi* 的总RNA，反转录PCR分析发现，EnP1在胞内生活期高量表达（Peuvel-Fanget et al.，2006）。截至2013年统计，微孢子虫中已经鉴定了15个与孢壁相关的蛋白质，其中脑炎微孢子虫属8个，家蚕微孢子虫6个（Cai et al.，2011；Li et al.，2008；Li et al.，2012；Wu et al.，2008；Chen et al.，2013）。微孢子虫孢壁蛋白的研究不仅对揭示微孢子虫的侵染机制具有重要意义，它们本身也是流行病学和病原检测研究的重要靶标（Polonais et al.，2010）。

1.3　微孢子虫病

1.3.1　无脊椎动物微孢子虫病

1.3.1.1　家蚕微粒子病

家蚕微粒子病早在元代官修的《农桑辑要》中就有记载。19世纪中叶在法国等欧洲国家发生大规模流行，直接导致了欧洲蚕丝业的衰败。1865~1870年法国微生物学家巴斯德（Louis Pasteur）对该病进行了深入研究，确定了其病原为家蚕微孢子虫，即家蚕微粒子虫(Pasteur, 1870)。家蚕微孢子虫除寄生家蚕以外还寄生包括大多数桑树鳞翅目害虫在内的其他宿主，包括桑毛虫、金毛虫、龙眼卷叶蛾、桑卷叶蛾、美国白蛾、松带蛾、赤松毛虫、稻黄褐眼蝶、小三纹蛱蝶、二环眼蝶、桑避债蛾、桑胡麻斑灯蛾、野桑蚕等(刘仕贤, 1997)。家蚕微孢子虫可在家蚕全身寄生，病蚕发育迟缓，蜕皮困难或不能完成蜕皮，感染卵巢组织后可进入卵母细胞，导致垂直传播。

1.3.1.2　蝗虫微孢子虫病

感染了微孢子虫的蝗虫表现与家蚕类似，发育受阻，蜕皮困难或不能完成蜕皮，或造成翅、腿畸形等，生育期拖后，以致不能发育到成虫。病虫取食也明显低于健虫，接种24d后比较病虫与健虫24h取食量，病虫比健虫减少取食量30%~75%。病虫即使成活到成虫并能交配产卵，但产卵力大大降低（王生财等, 2004）。蝗虫微孢子虫感染寄主脂肪体，并在其中繁殖产生大量裂殖体和孢子，消耗寄主营养，最后导致寄主死亡(陈建新等, 2000）。

1.3.1.3　蜜蜂微孢子虫病

蜜蜂微孢子虫病发病初期，症状不明显，活动正常，随着病情发展，逐渐表现出病状，包括行动迟缓、下痢、萎靡不振，失去飞翔能力，螫刺反应丧失。而患病蜂王出现新陈代谢紊乱、产卵力下降，少数病蜂腹部膨大。病蜂常集中在巢脾下缘和蜂箱底部（欧阳红燕和刘玉梅, 2002）。许多病蜂在蜂箱巢门前和蜂场地上无力爬行，不久死亡，病蜂中肠由蜜黄色变为灰白色，环纹消失，失去弹性，极易破裂。蜜蜂微孢子虫主要侵染成年工蜂也侵染蜂王和雄蜂，蜂王被侵染后，很快停止产卵而死亡，因而发病严重的蜂场均可见不同程度的死亡（欧阳红燕和刘玉梅, 2002）。慢性感染造成营养不良、体质下降、寿命缩短、产量下降、蜂王损失等危害，造成蜂群衰亡，使生产和繁殖均受影响（Bailey and Ball, 1991）。

1.3.1.4　甜菜夜蛾微孢子虫病

陈文广等对该病进行了比较详细的描述，甜菜夜蛾微孢子虫初期主要侵染宿主的中肠、马氏管和脂肪体。幼虫染病初期无明显病征，4~6d以后，幼虫取食减少，行动迟缓；发病后期幼虫伏于菜叶上不食不动，处于极度麻痹状态，最终因敏感组织细胞破裂而导致死亡，这些病征表现与家蚕微粒子病相似。用孢子接种甜菜夜蛾的2~3龄幼虫，6~8d后可见寄主体内充满大量孢子，在化蛹前即大批死亡；个别发病轻微的幼虫可化蛹、羽化，但常发育为畸形蛹，或成虫表现为翅扭曲；此外，个别幼虫虽能化蛹，但蛹在后期腐烂不能正常羽化；一些羽化的雌性成虫产卵量明显降低（陈广文和陈曲侯, 1999）。该微孢子虫与家蚕微孢子虫都具有经卵垂直传播的特性，其水平传播主要借助于病虫的粪便及虫尸。

1.3.1.5　对虾微孢子虫病

对虾感染微孢子虫，从外表看其肌肉呈现不透明的白色，故病虾被称为"棉花虾"（cotton shrimp）、"牛奶虾"（milky shrimp）或"白垩虾"（bhalky shrimp）。对虾属（*Penaeus*）、长额虾属（*Pandalus*）和褐虾属（*Crangon*）等均发现有微孢子虫病。该寄生虫在野生的甲壳类种群中具有较高的致病力，并且会引起流行。在发病早期，肌肉组织仅有小部分受到影响。随后，肌肉纤维大部分逐步形成结晶状结构，最后在肌肉组织内可观察到一些电子透明物质（electron-lucent material）。病虾肌肉超微结构研究表明，微孢子虫逐渐使肌肉纤维（肌球蛋白和肌动蛋白）收缩，孢子在肌肉组织内大量增殖。微孢子虫还会感染对虾的心脏、神经、鳃、肝、胰腺和胃（廖国璋，2002）。

1.3.2　脊椎动物微孢子虫病

1.3.2.1　哺乳动物微孢子虫病

1922年，Wright和Craighead从病兔中首次发现了能感染哺乳动物的微孢子虫——兔脑炎微孢子虫，后来又陆续发现该寄生虫还能感染包括人在内的其他许多哺乳动物。1959年，Matsubayashi等发现了第一例人类感染微孢子虫的病例（Matsubayashi et al., 1959），疑似脑炎微孢子虫感染。1974年，Sprague等首次发现微孢子虫（*Nosema connori*）能感染人的角膜（Sprague, 1974）。自1981年AIDS报道以后，在AIDS患者身上发现了许多可导致严重症状且以前未受关注的病原，其中就包括微孢子虫。进而发现，人类微孢子虫感染与免疫抑制有关，多发生于HIV感染者或具有免疫豁免的部位（如角膜）。微孢子虫还能机会性地感染器官移植患者、服用免疫抑制剂的患者和先天性免疫机能不健全者，引起呼吸系统、泌尿系统和皮肤溃烂等恶性疾病，加速患者的死亡。

目前感染人的微孢子虫以*E. bieneusi*、*E. cuniculi* 和*E. intestinalis* 为主，感染器官有肠、肺、肾、脑、窦和眼等，引发腹泻和肺炎、脑炎和肾炎、角膜病、表面角膜结膜炎、前列腺肥大、肝炎、痢疾、肌炎、胆管炎等疾病。AIDS患者体内最常见的主要是寄生于小肠的*E. bieneusi* 和 *E. intestinalis*，此外，脑、角膜、骨骼肌等也有相应种属寄生。*E. bieneusi*和*E. intestinalis*主要寄生在十二指肠下段至空肠上段，症状为典型的吸收不良性腹泻，无血便及发热。健康人被感染时大部分表现为一过性症状进而终结，呈隐性感染；免疫功能缺陷患者容易发病，且有慢性化及重症化的趋势，有时甚至死亡。Weber报道一例患者同时出现肠道和肺部症状，肺部表现为慢性咳嗽、呼吸困难，胸部X线片显示局部组织存在浸润和渗出（Weber et al., 1994）。1998年报道了一例播散性*E. bieneusi*感染病例，用透射电镜证实在粪便、十二指肠活检、鼻腔分泌物和痰液中有*E. bieneusi*存在，用阿苯达唑（albendazole）治疗后，症状未改善，患者在确诊后存活了9个月（Georges et al., 1998）。

*E. cuniculi*能感染小鼠，被感染小鼠症状有昏睡、颓废、焦虑。组织学病变主要在肝脏、肺和大脑。肝肿大，粟粒疹斑点遍及肝脏、脾脏、肺和心脏，最后死亡(Wasson and Peper, 2000)。*E. cuniculi*也可感染豚鼠，导致大脑坏死并伴随大脑出现肉芽肿、肾组织间质纤维化（Wang et al., 1996）。微孢子虫还可感染狐狸及圈养家狗，对于蓝狐具有致病性(Nordstoga et al.,1984)。

1.3.2.2 鱼类微孢子虫病

鱼类是微孢子虫的主要宿主之一，据2003年统计，已报道的鱼类微孢子虫有100多种，其中在格留虫属发现达90余种（Lom and Nilsen，2003）。寄生微孢子虫的鱼类主要有：鳗鲡、杜父鱼、鲑鳟鱼类、鲤科鱼类、鲌、白鲑、麦穗鱼、斑马鱼、非洲丽鱼、大菱鲆、鮟鱇类、鲱鱼和老虎鲀等（表1.2）。被感染组织、器官有：肌肉、肠、肝、脾、肾、胰、膀胱、眼、神经系统和白细胞等。其危害主要表现为影响宿主鱼类的生长发育、降低宿主抗病能力、造成寄生部位病变，严重时使水产动物失去商品价值，甚至引起宿主的死亡(章晋勇等，2004)。Wongtavatchai等发现 *E. salmonis*感染严重抑制了大鳞大麻哈鱼的免疫功能，表现在对其他病原体的抵抗力明显降低（Wongtavatchai et al.，1995）。

表1.2 鱼类微孢子虫的典型属种及地理分布（章晋勇等，2004）

寄生虫	寄主	感染部位	地理分布
Heterosporis anguillarum	鳗鲡等	躯干肌	日本、中国台湾、捷克等
Ichthyosporidium giganteum	杜父鱼类等	前腹部皮下相关组织	荷兰、前苏联、欧洲等
Nucleospora salmonis	鲑鳟鱼类等	肝、肾、脾、胰、眼等	北美、法国、智利等
Glugea plecoglossi	鲤科鱼类、虹鳟等	性腺、肝、胆、肠、脾、膀胱等	北美、日本、中国、法国、智利等
Pleistophora longifilis	杜父鱼、白鲑、麦穗鱼等	性腺、骨骼肌等	中南亚、欧洲等
Loma salmonae	鲑鳟鱼类等	鳃、心、肝、脾、肾等	北美、欧洲等
Pseudoloma neurophilia	斑马鱼	中枢神经系统	美国等
Neonosemolides tilapiae	非洲丽鱼	肌肉	塞内加尔等
Tetramicra brevifilum	大菱鲆等	肌肉、肠、肝、脾等	塞内加尔等
Spraguea lophii	鮟鱇类等	神经系统	英国等
Kabataia arthuri	虹鳟等	躯干肌	欧洲等
Microgemma ovoidea	鳗鲡等	肝脏	捷克、东南亚等
Entercytozoon salmonis	鲑鳟鱼等	躯干肌	西班牙、加拿大等
Microfilum lutjani	笛鲷	血细胞	塞内加尔等
Microsporidium balbiani	鲱鱼、鲑鳟、鲤科等	肠、肌肉、肝、肾等	北美、欧洲、日本等
Hyperparasitic microsporeans	老虎鲀等	肠道	塞内加尔、日本等

1.4 微孢子虫的基因组

1.4.1 感染脊椎动物的微孢子虫基因组

1.4.1.1 兔脑炎微孢子虫基因组

2001年兔脑炎微孢子虫基因组精细图绘制完成（Katinka et al.，2001）。兔脑炎微孢子虫能感染多种哺乳动物，包括人类，它能引起人神经系统、消化道、呼吸道的机会性感染。兔脑炎微孢子虫的基因组大小仅为2.9Mb，包含11条染色体，其染色体序列的测定是通过对一个小片段文库（约3kb）和一个微细菌人工染色体（mini-BAC）文库（20～25kb）进行Sanger测序完成的，共获得了约15倍基因组长度的测序数据（约46Mb）（表1.3）。11条染色体大小为217～315kb，共注释出1997个蛋白质编码基因。该基因组的GC含量较高，基因编码区平均GC含量为47.6%，基因间区为45.0%，端粒区和亚端粒区的GC含量为52.9%。绝大部分的基因不存在内含子，仅发现13个基因存在内含子，内含子的边界为GC—AT，同时，内含子长度仅为23～52bp。该基因组存在3个重要的特征，分别为：①基因间区缩减，基因长度缩减，包括参与三羧酸循环在内的一些重要基因丢失，使得整个基因组很紧密，基因组也变小，分析认为该特征是其强烈的宿主依赖性导致的；②基因组数据中一些线粒体同源基因的发现表明微孢子虫可能存在一种退化的线粒体——纺锤剩体（mitosome），该结果在后续的一系列研究中得到了证实（Burri et al., 2006；Goldberg et al., 2008）。通过一些基因的同源性，以及系统进化分析，提出了微孢子虫与真菌间的亲缘关系，认为微孢子虫不属于原生动物界，而更有可能是属于真菌界，这一观点目前已被真核生物分类委员会采纳（Adl et al., 2012）。

表1.3　兔脑炎微孢子虫基因组的基本特征[#]

特征	大小
总序列长度	2 507 519bp
G+C含量	—
蛋白编码区域	47.6%
基因间区	45.0%
端粒和亚端粒区	52.9%
蛋白编码序列	1997
平均基因间区	129bp
染色体核心区的基因密度	1CDS/1025bp
剪切体内含子的数量和大小	13（23～52bp）
16S～23S rRNA基因数目	22[*]
5S RNA基因的数目	3（位于5号、7号、9号染色体）
tRNA基因数目	44[†]
tRNA 内含子的数量和大小	2（16bp、42bp）

注：[#]表示本表翻译自Katinka等（2001）；[*]表示每条染色体上有两个；[†]表示存在于所有的染色体上

1.4.1.2　比氏肠炎微孢子虫（*Enterocytozoon bieneusi*）基因组

*E. bieneusi*也是寄生于脊椎动物的微孢子虫。该微孢子虫同兔脑炎微孢子虫一样，也是人类的机会性致病微生物，它主要引起艾滋病患者的肠道疾病，专性寄生于宿主细胞内部，但有所不同的是，在宿主细胞内它直接与宿主细胞质接触，不具寄生泡结构。由于该病原的增殖还存在技术问题，用于构建基因组文库的DNA来自于一个AIDS患者的粪便中获得的孢子。该患者是一个表现为慢性水样腹泻的非洲乌干达的患者，在其粪便中检出了*E. bieneusi*，并采取差速离心结合Percoll进行了孢子的分离纯化，通过脉冲场电泳获得了其分子核型，估测其基因组约为6M。因无法收集全基因组测序所需的足够基因组DNA，故只是完成了该基因组的扫描。基因组文库为小片段文库，插入序列为2～3kb。通过Sanger法测序获得了～34 000条读长数据，拼接得到～3.86Mb的序列（表1.4），约占采用脉冲场电泳估测的6Mb基因组的64%，注释出3804个编码基因，其中的1702个存在确定的功能（Akiyoshi et al., 2009）。这些基因中大部分与兔脑炎微孢子虫的基因具有同源性，仅甲硫氨酸腺苷转移酶1(methionine adenosyltransferase 1)基因是肠微孢子虫特有的。基因间区小，基因密度大，基因长度短，绝大部分基因无内含子。该基因组主要特征见表1.4。

表1.4 *E. bieneusi*与*E. cuniculi*的基因组比对统计[†]

特征	*E. bieneusi*	*E. cuniculi*
基因组大小/Mb	6	2.9
染色体数目	6	11
拼接骨架（scaffold）数量	1646	11
拼接骨架（scaffold）的N50长度/bp	1349	未知
重叠群(contig)数量	1742	未知
重叠群(contig)N50长度/bp	1977	未知
序列覆盖度/%	64	86
G+C含量/%	25	47
预测基因	3804	2063
基因密度	1/1148bp	1/1025bp
SSU～LSU rRNA基因的数量	未知	46
5S rRNA基因数量	未知	3
tRNA数量	46	46
tRNA内含子的数量和大小	2（13bp、30bp）	2(16bp、42bp)
tRNA合成酶的数量	21	19
剪切型内含子的数量和大小	19（36～306bp）	13(23～52bp)
预测的蛋白编码序列	3632	1997
平均基因间区/bp	127	129
编码序列中间值长度/bp	579	858
CDS平均长度/bp	995	1077
相互交叠(overlapping)的CDS	是	是
有功能分类的CDS数量	653（39%）	884(44%)

注：[†]表示本表翻译自Akiyoshi等（2009）

1.4.1.3 人气管普孢虫（*Trachitopleistophora hominis*）基因组

2012年，Heinz等报道了能感染AIDS患者的微孢子虫的全基因组序列（Heinz et al., 2012）。该病原为人气管普孢虫，它可机会性感染AIDS患者，可造成渐进性的严重心肌炎，并且可导致发热和体重减轻（Field et al., 1996）。该基因组大小为8.5～11.6Mb，预测出3266个可读框，平均基因密度为0.38kb，平均基因长度为1180bp，具有RNA干扰机制，具有110个转座子、66个转运体和66个蛋白酶（表1.5）。人气管普孢虫基因组的解析丰富了人们对感染脊椎动物微孢子虫的认知，作者提出并不是所有专性细胞内寄生的微孢子虫基因组都会发生极度的减缩，演化成如兔脑炎微孢子虫属的极小基因组（Heinz et al., 2012），该微孢子虫和家蚕微孢子虫就是如此。

表1.5 人气管普孢子、酵母及兔脑炎微孢子虫的基因组特征比较[†]

特征	酿酒酵母	人气管普孢虫	兔脑炎微孢子虫
基因组大小/Mb	12.15	8.5～11.6	2.9
预测的可读框	5863	3266	1996
基因密度/（基因/kb）	0.51	0.38	1
编码DNA	72%	34%	86%
平均基因间区长度/bp	515	1180	119
RNA干扰机制	无	有	无
转座子	139	110	0
转运体	318(5.4%)	66(2%)	54(2.7%)
蛋白酶	118(2%)	66(2%)	29(1.5%)

注：[†]表示本表翻译自Heinz等（2012）

1.4.2 感染无脊椎动物的微孢子虫基因组

2002年美国马萨诸塞州海洋生物学实验室开展了蝗虫微孢子虫（*Antonospora locustae*）基因组计划。Slamovits等（2004）根据这部分蝗虫微孢子虫基因组数据，与兔脑炎微孢子虫进行了全基因组的比较分析，发现尽管这两个物种进化位置相差较远，然而染色体上基因的共线性排列特征却是极其保守的，从而提出了微孢子虫基因进化快速，而基因组进化相对较慢这一学说。这为认识微孢子虫的基因组进化特征，提供了重要的参考。东方蜜蜂微孢子虫（*N. ceranae*）的基因组计划由美国农业部蜜蜂实验室完成，而家蚕微孢子虫基因组计划则是由中国西南大学家蚕基因组生物学国家重点实验室组织完成。

1.4.2.1 家蚕微孢子虫基因组

家蚕微孢子虫的染色体研究起始于日本学者Kawakami，他最早完成了家蚕微孢子虫基因组染色体核型的分析，通过脉冲场电泳获得了18条染色体分子核型，初步估测家蚕微孢子虫基因组约为15.3Mb(Kawakami et al., 1994)。鉴于家蚕微粒子病的在蚕业生产上的重要性，中国于2003年启动家蚕微孢子虫基因组计划，采用全基因组霰弹法（whole genome shot-gun）的策略，主要通过建立2～3kb的小片段文库和大插入片段mini-BAC文库，采用Sanger法测序，获得了7倍覆盖度的全基因组数据，拼接的数据为15.7Mb，注释出4458基因，基因组中有38%的重复序列。获得了一批与致病密切相关的编码基因，如极管蛋白、孢壁蛋白、丝氨酸蛋白酶、丝氨酸蛋白酶抑制物、蓖麻毒素B凝集素等。

1.4.2.2 东方蜜蜂微孢子虫（*Nosema ceranae*）基因组

东方蜜蜂微孢子虫是近年来对西方蜜蜂造成重大威胁的病原体，在过去的几年，蜂群崩坏症候群（colony collapse disorder, CCD）已在美国、欧洲、亚洲造成严重的经济损失（Oldroyd, 2007）。*N. ceranae*被认为是引起CCD的候选病原之一，在最近几年，该病原在世界各地广泛感染西方蜜蜂（*Apis mellifera*）（Klee et al., 2007）。由于该病对美国的蜜蜂养殖业产生了重要影响，美国马里兰USDA-ARS蜜蜂研究实验室采用454测序仪，完成了中华东方蜜蜂微孢子虫的全基因组测序，获得了7.86Mb的全基因组数据。AT%为74%，注释出2614编码基因(表1.6)，其中保守的估计1366个基因与兔脑炎微孢子虫同源（Cornman et al., 2009）。该基因组完成将推动微孢子虫-蜜蜂互作的研究。

表1.6　东方蜜蜂微孢子虫的测序结果[†]

阶段	分类	数值
测序	高质量读长	1 063 650bp
	高质量碱基	275 848 411bp
	高质量读长的平均长度	259.3bp
	高质量读长的平均质量值	30.4
组装	获得重叠群的数量	5465
	重叠群长度范围	500～65 607bp
	重叠群的总长	7 860 219bp
	重叠群N50的长度	2902bp
	重叠群N50的大小	470bp
	重叠区的平均覆盖度	24.2

注：†表示本表译自Cornman等（2009）

1.4.2.3 水蚤微孢子虫基因组

2009年，Corradi等完成了一种感染浮游甲壳类生物水蚤（*Daphnia magna*）微孢子虫 *Octosporea bayeri* 的基因组框架图的绘制（Nicolas et al., 2009）。该微孢子虫在水蚤中的传播方式包括水平传播和垂直传播，也是一个研究微孢子虫和宿主相互作用的好材料。该微孢子虫基因组采用Illumina Solexa测序技术，获得898Mb的测序数据，组装出13.3Mb全基因组数据，注释出2174个编码基因，其中893个具有已知功能(表1.7)，虽然平均基因密度很低，但是基因在基因组中的分布很不均匀，存在一些基因密度高的区域。其蛋白质组比兔脑炎微孢子虫复杂许多，显示其对宿主生化代谢的依赖性低于其他基因组更加减缩的微孢子虫。

表1.7 水蚤微孢子虫、兔脑炎微孢子虫、比氏肠孢子虫的基因组特征比较[†]

总特征	水蚤微孢子虫	兔脑炎微孢子虫	比氏肠孢子虫
染色体数目	未知	11	6
基因组大小/Mb	≤24.2	2.9	6
组装大小/Mb	13.3	2.5	3.86
基因组覆盖率/%	55	2.5	3.86
G+C含量/%	26	47	25
基因密度	1/4593bp	1/1025bp	1/1148bp
平均基因间区长度/bp	429	129	127
重叠基因	无	有	有
SSU-LSU基因数量	2	22	未知
5S基因数量	2	3	未知
tRNA的数量	37	46	46
tRNA合成酶的数量	21	21	21
有内含子tRNA的数量（长度）	≥1(50bp)	2(16bp,42bp)	2(13bp,30bp)
剪切体内含子的个数和长度	≥(24~33bp)	13(23~52bp)	19(36~306bp)
预测可读框的数量	2174	1997	3804
具有功能分类的可读框数量	894(41%)	884(44%)	669(39%)
平均编码序列的长度/bp	1056	1017	1002

注：[†]表示本表译自Nicolas等（2009）

1.4.2.4 线虫微孢子虫基因组

2012年，来自美国哈佛大学与麻省理工学院共建的Broad研究所的Cuomo 与加州大学圣地亚哥分校的Emily Troemel在《基因组研究》（*Genome Research*）联合发表了两种线虫微孢子虫的基因组序列(Cuomo et al., 2012)，一种为分离于法国的秀丽隐杆线虫（*Caenorhabditis elegans*）的巴黎线虫微孢子虫（*Nematocida parisii*），另一种为分离自印度*Caenorhabditis briggae*的微孢子虫*Nematocida sp1*（Balla and Troemel, 2013）。其中，*N. parisii*完成了两个分离株的测序，*N. parisii* ERTm1、*N. parisii* ERTm3的基因组分别为4.08Mb和4.15Mb，相差不大。而*N. sp1*基因组为4.7Mb，与*N. parisii*明显不同，序列比对也差别较大，不过二者的基因排布具有高度相似的共线性。两株*N. parisii*的GC含量基本一致，约为34%，而*N. sp1* GC含量为38.3%。同时发现在两种线虫微孢子虫基因组中，都存在重复序列，在*N. parisii*基因组中，约占8%，在*N. sp1*约占17.7。两种微孢子虫的编码基因数量差别不大，但有趣的是，即使一个种内，两株*N. parisii*分别注释出了2661和2726个编码基因，*N. sp1*则注释出2770个基因(表1.8)。比较基因组发现，在所有微孢子虫都丢失肿瘤-抑制子基因retinoblastoma，作者猜测该基因可能加快了微孢子虫在宿主体内的细胞周期，并增加了突变的几率。在病原与宿主互作方面，发现微孢子虫已糖激酶（hexokinase）可以分泌到宿主细胞内，可能有加快宿主细胞糖代谢的作用，以产生更多的基础代谢物质及能量为寄生虫增殖所用。

表1.8 3株线虫属微孢子虫的全基因组测序统计分析[†]

特征	巴黎线虫微孢子虫ERTm1	巴黎线虫微孢子虫ERTm3	线虫微孢子虫ERTm2
基因组组装/bp	4 075 448	4 147 597	4 700 711
重复序列	8.4%	8.2%	17.7%
GC含量/%	34.4	34.5	38.3
蛋白编码基因	2 661	2 726	2 770
平均编码长度/bp	1 104	1 055	1 084
平均5′ UTR长度/bp	6	—	—
平均3′ UTR长度/bp	52	—	—
平均非编码长度/bp	418	457	569
有RNA证据的基因	2 546	—	—
有信号肽基因	198	201	220
有跨膜域基因	710	702	680
有Pfam分类的基因	1 104	1 101	1 142
有GO分类的基因	590	600	611

注：[†]表示本表译自Cuomo等(2012)

1.4.3 微孢子虫的基因组进化

自从1857年Nägeli首次发现第一种微孢子虫——家蚕微孢子虫以来，生物学家就对其分类发生过争论，Nägeli最早就将其归于酵母中的裂殖菌类（schizomycetes），当时裂殖菌类实际是包括真菌和细菌的混合体（Franzen，2008）。1882年Balbiani首先将其称为微孢子虫（Microsporidia），并归属于原生动物，这一定位得到了当时生物界的普遍认同（Balbiani，1882）。1987年，Vossbrinck等（1987）根据核糖体RNA的系统进化分析，以及微孢子虫缺乏线粒体和5.8S RNA的特征，得出微孢子虫属于一种古老的真核生物的结论。但随着微孢子虫分子生物学时代的到来和基因组计划的广泛开展，更多基因序列的获得，对微孢子虫的分类有了更深的认识。Keeling和McFadden提出，虽然微孢子虫缺乏典型的真核生物必不可少的线粒体、过氧化物酶体、80S 核糖体等形态结构，但也存在许多新的证据表明微孢子虫的起源可能更接近于真菌界（Keeling and McFadden，1998）。Keeling收集了真菌的子囊菌、担子菌、接合菌和壶菌，以及少数动物α和β微管蛋白的基因与微孢子虫一起进行进化分析，认为微孢子虫是接合菌的分支（Keeling，2003）。Gill 和Fast利用8个保守基因（α和β微管蛋白、RNA聚合酶Ⅱ大亚基、DNA修复解旋酶RAD25、TATA框接合蛋白、泛素接合酶的一个亚基、丙酮酸脱氢酶的E1 α和β亚基）构建整合的系统进化树，认为微孢子虫与真菌的子囊菌和担子菌有亲缘关系（Gill and Fast.，2006）。James等提出微孢子虫可能起源于类似于现代异水霉罗兹壶菌（*Rozella allomycis*）的内寄生壶菌祖先（图1.2），认为微孢子虫是真菌早期分化出来的一枝（James et al.，2006）。2012年，国际原生动物进化和分类委员会认定微孢子虫归属于真菌（Adl et al.，2012）。

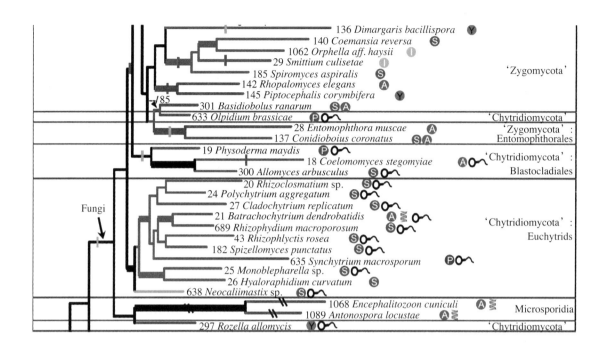

图1.2 微孢子虫在真菌系统发育树中的地位（James et al., 2006）

微孢子虫基因组进化研究的焦点之一是其基因组大小问题。2004年，Keeling和Slamovits发现微孢子虫的基因组大小差异程度很大。他们认为这种既"复杂"又"简单"的基因组特征与寄生生活有关：一方面，寄生虫的进化非常复杂，以适应它们入侵不同的宿主，并在不同的宿主中生活；另一方面，由于寄生虫依赖着宿主的营养和能量代谢，它们会尽可能多地简化不再需要的基因。McClymont等也从淡水蜗牛体内寄生的微孢子虫群体进行调查后，根据系统进化分析也支持了该观点，认为微孢子虫门的多样性与其宿主有密切的关系（Elizabeth et al., 2005）。Keeling等（2005）分析比较了多种的微孢子虫，以及其他代表性真核生物的基因组，提出了微孢子虫基因组的总体特征，即减缩和紧密。他认为减缩是由于适应专性细胞内寄生生活的基因丢失造成；而基因排列紧密的过程和内在动力还不清楚。Corradi等（2007）利用部分比氏肠道微孢子虫E. bieneus基因组数据，结合兔脑炎微孢子虫和蝗虫微孢子虫基因组数据，分析得出这些微孢子虫的基因组结构很相近，在不同微孢子虫间基因的排布有相似之处（图1.3），不同微孢子虫间基因座位也具有保守性，从而提出了微孢子虫的基因组进化模式，即微孢子虫的基因组结构进化非常慢而基因序列进化却相对比较快。

2006年，Xu等首次报道了家蚕微孢子虫中完整的反转座元件的存在，认为微孢子虫的基因组并非都是减缩紧密的，也存在由转座元件导致的冗余宽松的基因组区域。2008年，Williams等在另外两个微孢子虫（Brachiola algerae和Edhazardia aedis）中也发现了转座元件的存在（图1.4），并提出了相对于以前描述的减缩紧密基因组的另一种观点，某些微孢子虫基因组也存在着基因间区大、基因密度低、含有转座元件的区域。

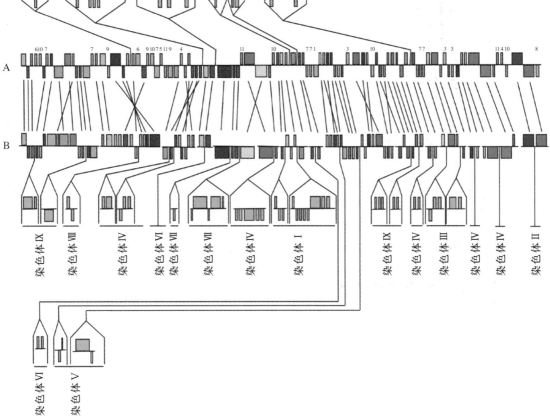

图1.3 比氏肠道微孢子虫与兔脑炎微孢子虫基因组结构比较（Corradi et al., 2007）

A. 比氏肠道微孢子虫；B. 兔脑炎微孢子虫

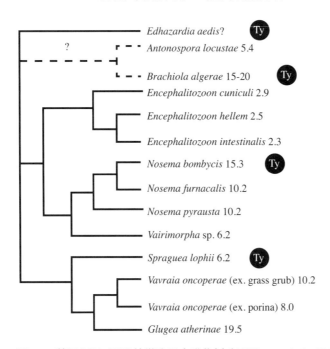

图1.4 基于SSU rRNA的微孢子虫进化树（Williams et al., 2008）

Ty表示含有Gypsy/Ty转座元件的微孢子虫，数字代表基因组大小（Mb）

1.5 21世纪微孢子虫研究展望

自1857年微孢子虫发现以来，已有近160年的研究历史，21世纪是微孢子虫研究的一个重要分水岭。自2001年起，微孢子虫和许多物种一样，进入了基因组时代。近年来，微孢子虫研究主要集中在微孢子虫分类、细胞器的功能（纺锤剩体）、侵染机制、病原与宿主的互作、垂直传播、基因组进化、微孢子虫病的诊断诊及防治等方面，其中微孢子虫的基因组分析进化也是学者近期关注的热点之一，已有诸多文章在*Nature*、*PLoS Pathogen*、*PLoS Genetics*、*Genome Research*等期刊发表。同时，纺锤剩体作为一个特殊的细胞器，也引起了科学界的注意，相关研究屡屡在*Science*、*Nature*、*PNAS*等顶级期刊发表，已经成为微孢子虫研究的另一个热点。同时，人们也很关注微孢子虫的侵染机制和病原与宿主的互作机制，德、美、英、中、俄等国的学者已经在这一领域开展研究工作，并且有了一些重要的发现。

可喜的是，目前世界上越来越多实验室参与到微孢子虫研究中来，美国、加拿大、法国、英国、德国、西班牙、捷克、中国、日本、印度都有实验室开展微孢子虫的研究。世界微孢子虫主要研究机构已经建立了一个微孢子虫基因组数据库（http://microsporidiadb.org/micro/），包含了目前已经完成基因组测序的10余种微孢子虫数据。近年来，欧美学者更加关注感染哺乳动物的微孢子虫。而中国和印度作为蚕丝产业国，更关注与蚕丝产业相关的病原微孢子虫。值得注意的是，近些年来，蜜蜂微孢子虫研究也正在兴起，这是因为蜜蜂不仅与蜂蜜产业的健康发展有密切关系，而且蜜蜂在生态系统中扮演重要的授粉角色，在农业生产、生态系统的维系中发挥着关键的作用。另外，随着淡水养殖业的快速发展，水产品（鱼虾）微孢子虫研究也越来越得到学者的重视。中国学者在昆虫微孢子虫领域也作出了不少有益的工作，也逐渐成长为世界微孢子虫研究中的一支重要力量，正在以研究昆虫微孢子虫为主逐渐向其他动物（包括水生动物、人等）的微孢子虫拓展。当前微孢子虫的研究将步入一个快速发展的阶段，可以预见，微孢子虫侵染机制、垂直传播，以及微孢子虫病的诊断、防控及治疗，在不久将来都将会取得不断的突破。微孢子虫研究不仅会为蚕丝、蜂、水产等相关产业的健康发展提供支撑，也必将融入生物学和医学等大科学，为自然科学的进步作出自己的贡献。

参考文献

陈广文，陈曲侯．1999.甜菜夜蛾微孢子虫研究：Ⅲ超微结构与致病机理．动物学报，45(2)：121-128.

陈建新，沈杰，宋敦伦，等．2000.蝗虫微孢子虫对蝗虫脂肪含量的影响．昆虫学报，43(1)：109-113.

崔红娟，周泽扬，万永继，等．1999.家蚕微孢子虫表面抗原蛋白对家蚕致病性的影响．蚕业科学，25(4): 261-262.

高永珍，戴祝英．1999.家蚕病原性微孢子虫的蛋白质化学性质的研究．蚕业科学，25(2)：82-91.

广濑安春．1979a．昆虫寄生の微孢子虫类について．蚕丝研究，（111）：118-123.

广濑安春．1979b．野外昆虫から采取された微孢子虫类の交叉感染．蚕丝研究，（111）：

124-128.

廖国璋 . 2002. 对虾微孢子虫病的研究进展 . 水产科技 , (2): 41-42.

刘吉平 , 曾玲 . 2006. 微孢子虫生物多样性研究的述评 . 昆虫知识 , 43(2): 153-158.

刘仕贤 . 1997. 昆虫微粒子病原种类及寄主 . 广东农业科学 , （1）：29-31.

欧阳红燕 , 刘玉梅 . 2002. 蜜蜂微孢子虫病研究进展 . 养蜂科技 ,(6): 17-19.

申子刚 , 潘国庆 , 许金山 , 等 . 2008. 重庆地区家蚕微孢子虫遗传多态性分析 . 自然科学进展 , 5: 579-586.

藤原公 . 1980. カイコから分離された 3 种微孢子虫 (Nosema spp.) について . 日本蚕丝学杂志 , 49(3)：229-236.

藤原公 . 1984a. 蚕から分離した Pleistophora 样微孢子虫 . 日本蚕丝学杂志 , 53（5）：398-402.

藤原公 . 1984b. 蚕から分離された Thelohania sp. 日本蚕丝学杂志 , 53（5）：459-460.

藤原公 . 1985. 种茧养蚕において检出された微孢子虫类 . 日本蚕丝学杂志 , 54（2）：108-111.

王生财 , 刁治民 , 吴保锋 . 2004. 蝗虫生物防治技术概况与蝗虫微孢子虫的应用 . 青海草业 , 13(3): 29-32.

王义 , 张履鸿 . 1990. 大猿叶虫微孢子虫的初步研究 . 东北农学院学报 , 21(2): 120-124.

章晋勇 , 吴英松 , 鲁义善 , 等 . 2004. 鱼类微孢子虫的研究进展 . 水生生物学报 , 28(5): 563-568.

Adl SM, Simpson AG, Lane CE, et al. 2012. The revised classification of eukaryotes. J Eukaryot Microbiol, 59(5):429-493.

Akiyoshi DE, Morrison HG, Lei S, et al. 2009. Genomic survey of the non-cultivatable opportunistic human pathogen, *Enterocytozoon bieneusi*. PLoS Pathog, 5(1):214-220.

Bailey L, Ball BV. 1991. Honey Bee Pathology. 2nd ed. London: Academic Press.

Balbiani G. 1882. Sur les microsporidies ou sporogspermies des articules. C R Acad Sci Paris,95: 1168-1171.

Baldauf SL, Roger AJ, Wenk-Siefert I, et al. 2000. A kingdom-level phylogeny of eukaryotes based on combined protein date. Science, 290(5493): 972-977.

Balla KM, Troemel ER. 2013. *Caenorhabditis elegans* as a model for intracellular pathogen infection. Cell Microbio,15(8):1313-1322.

Bell AS, Aoki T, Yokoyama H. 2001. Phylogenetic relationships among microsporidia based on rDNA sequence data, with particular reference to fish-infecting Microsporidium balbiani 1884 species. J Eukaryot Microbiol, 48(3): 258-265.

Bohne W, Ferguson DJP, Kohler K, et al. 2000. Developmental expression of a tandemly repeated, glycine and serine-rich spore wall protein in the microsporidian pathogen *Encephalitozoon cuniculi*. Infect Immun, 68:2268-2275.

Burri L, Williams BAP, Bursac D, et al. 2006. Microsporidian mitosomes retain elements of the general mitochondrial targeting system. Proc Nat Acad Sci, 103(43): 15916.

Cai S, Lu X, Qiu H, et al. 2011. Identification of a *Nosema bombycis* (Microsporidia) spore wall protein corresponding to spore phagocytosis. Parasitol, 138(9): 1102-1109.

Canning EU, Lom J. 1986. The Microsporidia of Vertebrates. San Diego, CA: Academic Press.

Canning EU. 1953. A new microsporidian, *Nosema locustae* n. sp., from the fat body of the African migratory locust, *Locusta migratoria migratorioides* R. & F. Parasitol, 43(3-4): 287-290.

Canning EU. 1975. The microsporidian parasites of Platyhel-minthes: their morphology, development, transmission and pathogenicity. Commonwealth Agricultural Bureaux Special Publication, 2: 1-32.

Caullery M, Mesnil F. 1914. Sur les Metchnikovellidae et autres protistes parasites des gregarines dÕ annelids. Comptes rendus de la Societe de Biologie,77: 52-532.

Chen J, Geng L, Long M, et al. 2013. Identification of a novel chitin-binding spore wall protein (NbSWP12) with a BAR-2 domain from *Nosema bombycis* (Microsporidia). Parasitology, 140 (11): 1394-1402.

Cheney SA, Lafranchi-Tristem NJ, Canning EU. 2001. Serological differentiation of microsporidia with special reference to *Trachipleistophora hominis*. Parasite, 8(2): 91-97.

Cornman RS, Chen YP, Schatz MC, et al. 2009. Genomic analyses of the microsporidian *Nosema ceranae*, an emergent pathogen of honey bees. PLoS Pathog, 5(6): e1000466.

Corradi N, Akiyoshi DE, Morrison HG, et al. 2007. Patterns of genome evolution among the microsporidian parasites *Encephalitozoon cuniculi, Antonospora locustae* and *Enterocytozoon bieneusi*. PLoS ONE, 2(12):116-118.

Corradi N, Gangaeva A, Keeling PJ. 2008. Comparative profiling of overlapping transcription in the compacted genomes of microsporidia *Antonospora locustae* and *Encephalitozoon cuniculi*. Genomics, 91(4): 388-393.

Cuomo CA, Desjardins CA, Bakowski MA, et al. 2012. Microsporidian genome analysis reveals evolutionary strategies for obligate intracellular growth. 22(2): 2478-2488.

Curgy JJ, Vavra J, Vivares CP. 1980. Presence of ribosomal RNAs with prokaryotic properties in Microsporidia, eukaryotic organisms. Biol Cell, 38: 49-51.

Dang XQ, Pan GQ, Li T, et al. 2012. Characterization of a subtilisin-like protease with apical localization from microsporidian *Nosema bombycis*. J Inverteb Pathol, 112:166-174.

Didier ES, Vossbrinck CR, Baker MD, et al. 1995. Identification and characterization of three *Encephalitozoon cuniculi* strains. Parasitol, 111(4): 411-421.

Dolgikh VV, Semenov PB. 2003. Trehalose catabolism in microsporidia *Nosema grylli* spores. Parazitologiia, 37(4): 333-342.

Eisen JA, Fraser CM. 2003. Phylogenomics: intersection of evolution and genomics. Science, 300(5626): 1706-1707.

Elizabeth MH, Dunn AM, Terry RS, et al. 2005. Molecular data suggest that microsporidian parasites in freshwater snails are diverse. Int J Parasitol, 35(10): 1071-1078.

Enriquez FJ, Wagner G, Fragoso M, et al. 1998. Effects of an anti-exospore monoclonal antibody on microsporidial development *in vitro*. Parasitol, 117(06): 515-520.

Field AS, Marriott DJ, Milliken ST, et al. 1996. Myositis associated with a newly described microsporidian, *Trachipleistophora hominis*, in a patient with AIDS. J Clin Microbiol, 34(11): 2803-2811.

Franzen C. 2004. Microsporidia: how can they invade othercells? Trends Parasitol,20:275-279.

Franzen C. 2005. How do microsporidia invade cells? Folia Parasitol (Praha), 52(1-2): 36-40.

Franzen C. 2008. Microsporidia: a review of 150 years of research. The Open Parasitology Journal, 2: 1-34.

Freeman MA, Bell AS, Sommerville C. 2003. A hyperparasitic microsporidian infecting the salmon louse, *Lepeophtheirus salmonis*: an rDNA-based molecular phylogenetic study. J Fish Dis,26, 667-676.

Frixione E, Ruiz L, Cerbon J, et al. 1997. Germination of *Nosema algerae* (Microspora) spores:conditional inhibition by D_2O, ethanol and Hg^{2+} suggests dependence of water influx upon membrane hydration and specific transmembrane pathways. J Eurkary Microbiol, 44(2): 109-116.

Gemot A, Philippe H, Le Guyader H. 1997. Evidence for loss of mitochondria in microsporidia from a mitochondria-type-HSP70 in *Nosema locustae*. Mol Biochem Parastiol, 87(2): 159-168.

Georges E, Rabaud C, Amiel C, Kurès L, et al. 1998. *Enterocytozoon bieneusi* multiorgan microsporidiosis in a HIV-infected patient. J Infect, 36(2):223-225.

Ghosh K, Capiello CD, McBride SM, et al. 2006. Functional characterization of a putative aquaporin from *Encephalitozoon cuniculi*, a microsporidia pathogenic to humans. Int J Parasitol, 36:57-62.

Gill EE, Fast NM. 2006. Assessing the microsporidia-fungi relationship: combined phylogenetic analysis of eight genes. Gene, 375: 103-109.

Goldberg AV, Molik S, Tsaousis AD, et al. 2008. Localization and functionality of microsporidian iron-sulphur cluster assembly proteins. Nature, 452: 624-628.

Haro M, del Aguila C, Fenoy S, et al. 2003. Intraspecies genotype variability of the microsporidian parasite *Encephalitozoon hellem*. J Clin Microbiol, 41(9): 4166-4171.

Hayman JR, Hayes SF, Amon J, et al. 2001. Developmental expression of two spore wall proteins during maturation of the microsporidian *Encephalitozoon intestinalis*. Infect Immun, 69(11): 7057-7066.

Heinz E, Williams TA, Nakjang S, et al. 2012. The genome of the obligate intracellular parasite trachipleistophora hominis: new insights into microsporidian genome dynamics and reductive evolution. PLoS Pathog, 8(10): e1002979.

Hirt RP, Healy B, Vossbrinck CR, et al. 1997. A mitochondrial hsp70 orthologue in *Vairimopha necatrix*: molecular evidence that microsporidia once contained mitochondria. Curr

Biol, 7: 995-998.

Hirt RP, Logsdon JM, Healy B, et al. 1999. Microsporidia are related to fungi: evidence from the largest subunit of RNA polymerase II and other proteins. Proc Natl Acad Sci, 96(2): 580-585.

Ishihara R, Hayashi YJ. 1968. Some properties of ribosomes from the sporoplasm of *Nosema bombycis*. J Invert Pathol,11: 377-385.

James TY, Kauff F, Schoch CL, et al. 2006. Reconstructing the early evolution of Fungi using a six-gene phylogeny. Nature, 443(7113): 818-822.

Katinka MD, Duprat S, Cornillot E, et al. 2001. Genome sequence and gene compaction of the eukaryote parasite *Encephalitozoon cuniculi*. Nature, 414(6862): 450-453.

Kawakami Y, Inoue T, Ito K, et al. 1994. Identification of a chromosome harboring the small subunit ribosomal RNA gene of *Nosema bombycis*. J Invertebr Pathol, 64:147.

Keeling PJ, Fast NM, Law JS, et al. 2005. Comparative genomics of microsporidia. Folia Parasitol, 52(12): 8-14.

Keeling PJ, Fast NM. 2002. Microsporidia: biology and evolution of highly reduced intracellular parasites. Annu Rev Microbiol, 56: 93-116.

Keeling PJ, Luker MA, Palmer JD. 2000. Evidence from beta-tubulin phylogeny that microsporidia evolved from within the fungi. Mol Biol Evol, 17(1): 23-31.

Keeling PJ, McFadden GI. 1998. Origins of microsporidia. Trends Microbiol, 6(1): 19-23.

Keeling PJ, Slamovits CH. 2004. Simplicity and complexity of microsporidian genomes. Eukaryot Cell, 3(6): 1363-1369.

Keeling PJ. 2003. Congruent evidence from α-tubulin and β-tubulin gene phylogenies for a zygomycete origin of microsporidia. Fungal Genet Biol, 38(3): 298-309.

Keohane EM, Orr GA, Takvorian PM, et al. 1999. Polar tube proteins of microsporidia of the family Encephalitozoonidae. J Eukaryot Microbiol, 46(1): 1-5.

Keohane EM, Weiss LM. 1998. Characterization and function of the microsporidian polar tube: a review. Folia Parasitol (Praha), 45(2): 117-127.

Klee J, Besana AM, Genersch E, et al. 2007. Widespread dispersal of the microsporidian *Nosema ceranae*, an emergent pathogen of the western honey bee, *Apis mellifera*. J Invertebr Pathol, 96(1): 1-10.

Langley JRC, Cali A, Somberg EW. 1987. Two-dimensional electrophoretic analysis of spore proteins of the microsporida. J Parasitol,73(5):910-918.

Lee SC, Corradi N, Byrnes EJ, et al. 2008. Microsporidia evolved from ancestral sexual fungi. Curr Biol, 18(21): 1675-1679.

Li Y, Wu Z, Pan G, et al. 2008. Identification of a novel spore wall protein (SWP26) from microsporidia *Nosema bombycis*. Int J Parasitol,39(4):391-398.

Li Z, Pan G Q, Li T, et al. 2012. SWP5, a spore wall protein, interacts with polar tube proteins in the parasitic microsporidian *Nosema bombycis*. Eukaryot Cell, 11(2): 229-237.

Lom J, Nilsen F. 2003. Fish microsporidia: fine structural diversity and phylogeny. Int J

Parasitol, 33:107-127.

Mathis A. 2000. Microsporidia: emerging advances in understanding the basic biology of these unique organisms. Int J Parasitol, 30(7): 795-804.

Matsubayashi H, Koike T, Mikata I, et al. 1959. A case of encephalitozoon-like body infection in man. AMA Arch Pathol, 67(2): 181-187.

Nageli KW. 1857. Uber die neue Krankheit der Seidenraupe und verwandte Organismen. Bot Z, 15: 760-761.

Nai C, Wong HY, Pannenbecker A, et al. 2013. Nutritional physiology of a rock-inhabiting, model micro-colonial fungus from an ancestral lineage of the *Chaetothyriales (Ascomycetes)*. Fungal Genet Biol, 56:54-66.

Nordstoga K, Westbye K. 1976. Polyarteritis nodosa associated with nosematosis in blue foxes. Acta Pathol Microbiol Scand,84:291-296.

Oldroyd BP. 2007. What's killing American honey bees? PLoS Biology, 5(6): e168.

Pan GQ, Xu JS, Li T, et al. 2013. Comparative genomics of parasitic silkworm microsporidia reveal an association between genome expansion and host adaptation. BMC Genomics, 14:186.

Pasteur L. 1870. Etudes Sur La Maladie Des Vers a Soie. Gauthier-Villars, Imprimeur-Libraire, Paris.322.

Peuvel-Fanget I, Polonais V, Brosson D, et al. 2006. EnP1 and EnP2, two proteins associated with the *Encephalitozoon cuniculi* endospore, the chitin-rich inner layer of the microsporidian spore wall. Int J Parasitol, 36(3): 309-318.

Polonais V, Mazet M, Wawrzyniak I, et al. 2010. The human microsporidian *Encephalitozoon hellem* synthesizes two spore wall polymorphic proteins useful for epidemiological studies. Infect Immun, 78:2221-2230.

Polonais V, Prensier G, Metenier G, et al. 2005. Microsporidian polar tube proteins: highly divergent but closely linked genes encode PTP1 and PTP2 in members of the evolutionarily distant *Antonospora* and *Encephalitozoon* groups. Fungal Genet Biol,42: 791-803.

Schwartz DC, Cantor CR. 1984. Separation of yeast chromosome-sized DNAs by pulsed field gradient gel electrophoresis. Cell, 37(1): 67.

Slamovits CH, Fast NM, Law JS, et al. 2004. Genome compaction and stability in microsporidian intracellular parasites. Curr Biol, 14(10): 891-896.

Sprague V, Becnel JJ, Hazard EI. 1992. Taxonomy of phylum microspora. Crit Rev Microbiol, 18(5-6): 285-395.

Sprague V. 1974. *Nosema connori* n. sp., a microsporidian parasite of man. Trans Amer Microscop Soci,12:400-403.

Thomarat F, Vivares CP, Gouy M. 2004. Phylogenetic analysis of the complete genome sequence of *Encephalitozoon cuniculi* supports the fungal origin of microsporidia and reveals a high frequency of fast-evolving genes. J Mol Evol, 59(6): 780-791.

Undeen AH, Vander MRK. 1999. Microsporidian intrasporal sugars and their role in germination. J Invertebr Pathol, 73(3): 294-302.

Vavra J, Larsson JIR. 1999. Structure of the microsporidia. *In:* Wittner M, Weiss L M.The Microsporidia and Microsporidiosis. Washington, DC: ASM Press: 7-84.

Vossbrinck CR, Debrunner-Vossbrinck BA. 2005. Molecular phylogeny of the Microsporidia: ecological, ultrastructural and taxonomic considerations. Folia Parasitol (Praha), 52: 131-142.

Vossbrinck CR, Maddox JV, Friedman S, et al. 1987. Ribosomal RNA sequence suggests microsporidia are extremely ancient eukaryotes. Nature, 326(6111): 411-414.

Wasson K, Peper RL. 2000. Mamalian microsporidiosis. Vet Pathol, 37: 113-128.

Weber R, Bryan RT, Schwartz DA, et al. 1994. Human microsporidial infections. Clin Microbiol Rev, 7: 426-461.

Weidner E, Findley AM, Dolgikh V, et al. 1999. Microsporidian biochemistry and physiology. The Microsporidia and Microsporidiosis,6:172-195.

Weiss LM, Keohane EM. 1999. Microsporidia at the turn of the millenium: Raleigh 1999. J Eukaryot Microbiol, 46(5): 3S-5S.

Weiss LM. 2003. Microsporidia 2003: IWOP-8. J Eukaryot Microbiol, 50 Suppl: 566-568.

Williams BA, Hirt RP, Lucocq J M, et al. 2002. A mitochondrial remnant in the microsporidian Trachipleistophora hominis. Nature,418:865-869.

Williams BAP, Lee RCH, Becnel JJ, et al. 2008. Genome sequence surveys of *Brachiola algerae* and *Edhazardia aedis* reveal microsporidia with low gene densities. BMC genomics, 9(1): 200.

Wittner M, Weiss LM. 1999. The Microsporidia and Microsporidiosis. ASM Press.

Wittner M. 1999. Historic Perspective on the Microsporidia:Expanding Horizons. The Microsporidia and Microsporidiosis, ASM Press: 1-6.

Wongtavatchai J, Conrad PA, Hedrick RP. 1995. Effect of the microsporidian *Enterocytozoon salmonis* on the immune response of chinook salmon. Vet Immunol Immuno-pathol, 48(3-4): 367-374.

Wright JH, Craighead EM. 1922. Infectious motor paralysis in young rabbits. J Experi Med, 36(1): 135-140.

Wu Z, Li Y, Pan G, et al. 2008. Proteomic analysis of spore wall proteins and identification of two spore wall proteins from *Nosema bombycis* (Microsporidia). Proteomics, 8(12):2447-2461.

Xu J, Pan G, Fang L, et al. 2006a. The varying microsporidian genome: existence of long-terminal repeat retrotransposon in domesticated silkworm parasite *Nosema bombycis*. Int J Parasitol, 36(9): 1049-1056.

Xu Y, Takvorian P, Cali A, et al. 2006b. Identification of a new spore wall protein from *Encephalitozoon cuniculi*. Infect Immun, 74:239-247.

Xu YJ, Weiss LM. 2005. The microsporidian polar tube: a highly specialised invasion organelle. Int J Parasitol,35:941-953.

第2章
家蚕微孢子虫与家蚕微粒子病

第2章　家蚕微孢子虫与家蚕微粒子病

李春峰　潘国庆　王林玲

由家蚕微孢子虫（*Nosema bombycis*）引起的蚕病在蚕业上被称为家蚕微粒子病（pébrine），是对养蚕业最具威胁性的一种毁灭性病害，由于家蚕微孢子虫能经卵传播危害子代而被列为蚕业生产的法定检疫对象。本章对家蚕微孢子虫与家蚕微粒子病的研究历史，家蚕微孢子虫的结构、生活史，家蚕微粒子病的流行病学、病理特征及其检测与防治进行了概述。

2.1　家蚕微孢子虫与家蚕微粒子病的研究历史与现状

2.1.1　家蚕微粒子病的发现与病原鉴定

家蚕微粒子病又称为胡椒病、锈病、斑病等，是由家蚕微孢子虫寄生而导致的一种毁灭性的传染性蚕病。家蚕微粒子病的发生历史可上溯至晋代（公元265～316年）的养蚕"黑瘦尽"之病，据邹树文考证，所指"黑瘦尽"之病即微粒子病。在元代初（13世纪30年代）《务本新书》已认识到养蚕制种要淘汰病蛾的重要性；《农桑辑要》描述养蚕制种要淘汰的病蛾如拳翅、秃眉、焦脚、焦尾、熏黄、赤肚、无毛等，其中大部分症状类似微粒子病病蛾的病征，并提出选用健蛾留种及产卵后多次浴种等预防措施。

有记载的家蚕微粒子病的第一次大流行发生于1845年的法国，当时的法国是世界上主要养蚕国家之一，年产蚕茧量超过26 000t，占当时世界产茧量的1/10。随着家蚕微粒子病的流行，到1865年，法国的年产蚕茧量已经降低到4000t。从1853年以后的10年期间，法国的蚕丝业仅因微粒子病的损失即达20亿法郎。同时家蚕微粒子病还迅速传播到附近各国，如意大利、西班牙、叙利亚、罗马尼亚等，几乎所有欧洲的养蚕国家都没能避免微粒子病的暴发。意大利和法国在1856年和1858年分别组织了防治家蚕微粒子病流行委员会，但在遏制家蚕微粒子病的流行方面并没有获得大的成效，欧洲蚕业因此而一蹶不振（刘吉平和徐兴耀，2000）。1865年，著名的微生物学家巴斯德经过5年的努力，查明了家蚕微粒子病的病原是家蚕微孢子虫，该病原能通过蚕卵和食下进行传播。

2.1.2　家蚕微粒子病的病理特征及发病规律

2.1.2.1　家蚕微粒子病病理特征

家蚕微粒子病对蚕的致病作用，主要是夺取宿主营养，引起细胞破裂，使感染器官发生局部生理障碍。其致病过程较缓和，病程较长，是一种慢性传染病。胚种传染的幼蚕多在2～3龄前死亡，而3龄染病的蚕至5龄才死亡。家蚕微粒子病在家蚕的各个发育阶段都表现出不同的病征（图2.1）。

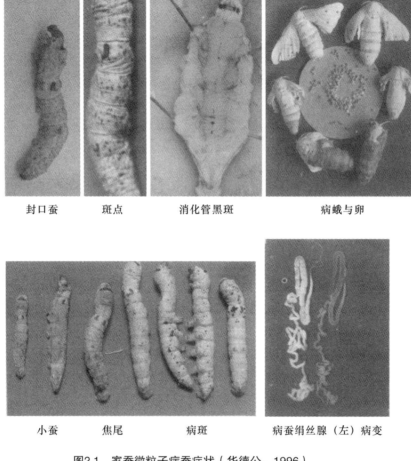

封口蚕　　斑点　　消化管黑斑　　病蛾与卵

小蚕　　焦尾　　病斑　　病蚕绢丝腺（左）病变

图2.1　家蚕微粒子病蚕症状（华德公，1996）

卵期：蚕卵卵形不整，大小不一，出现大量排列不整齐的堆卵、叠卵。这些卵附着力差，容易脱落，不受精卵或死卵多，常有催青死卵、不孵化或孵化途中死亡，孵化不齐。

小蚕期：孵化时期极不一致，收蚁后两天不疏毛，体形萎缩细小，体色污暗，食桑、行动不活泼，发育迟缓，重者逐渐死亡。

大蚕期：体色暗，呈锈色，行动呆滞，食欲减退，发育迟缓，群体大小不齐，部分病蚕体背部或气门线上下出现黑褐色小病斑，状似胡椒；患病幼虫眠中蜕皮困难或不蜕皮，有时还出现半蜕皮蚕。2013年，贺元莉等对家蚕微孢子虫感染大蚕后主要组织的病理变化进行了详细观察。家蚕微孢子虫首先感染肠道细胞，并在中肠细胞中不断增殖，逐渐充满整个细胞（图2.2），使细胞肿大，突出于管腔，并造成细胞结构被破坏。微孢子虫侵染丝腺后，丝腺发育减缓，形状变细小，丝腺中出现肉眼可见的乳白色脓疱状斑块；添食微孢子后9d，丝腺细胞被大量微孢子虫寄生，孢子填满整个腺细胞（图2.3）。丝腺细胞被感染后会直接影响到分泌丝蛋白的功能，因此造成家蚕不结茧或结薄皮茧。被家蚕微孢子虫感染的家蚕脂肪体组织膨大、变形，细胞间连络松弛，细胞被孢子填满，细胞核变形或被裂解消失。家蚕微孢子虫侵染脂肪体组织细胞时是随机的，在同一个区域的组织中，未被侵染的细胞结构同正常的细胞一致，被侵染的细胞内聚集大量孢子，细胞核被挤到细胞边缘或被裂解（图2.4）。

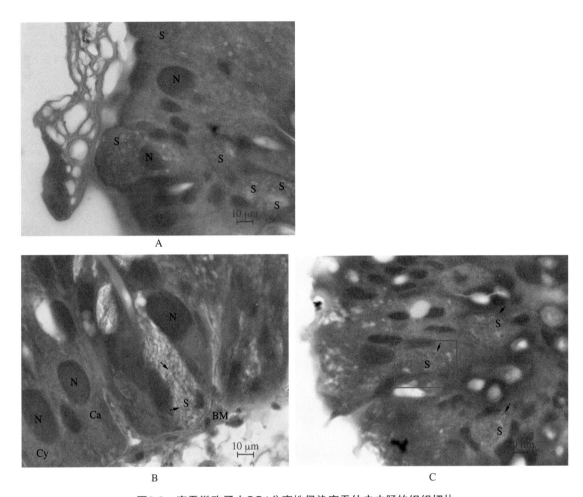

图2.2　家蚕微孢子虫CQ1分离株侵染家蚕幼虫中肠的组织切片

S.孢子；N.细胞核；Ca.杯形细胞；Cy.圆筒形细胞；BM.底膜；红色框中为类似寄生泡结构

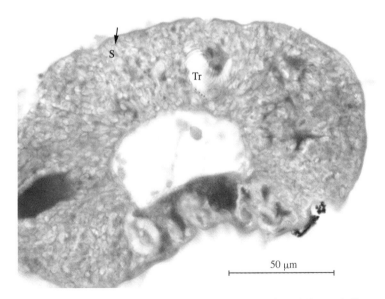

图2.3　家蚕微孢子虫CQ1分离株侵染家蚕幼虫丝腺的组织切片

S.孢子；Tr.气管

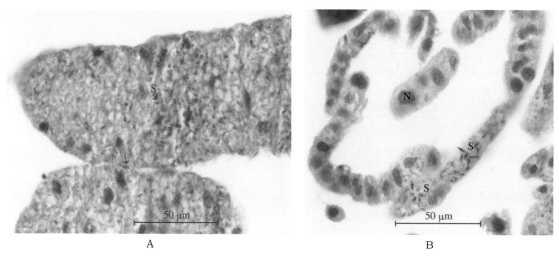

图2.4　家蚕微孢子虫CQ1分离株侵染家蚕幼虫脂肪体的组织切片

N.细胞核；S.孢子

熟蚕期：病重蚕老熟时，吐丝少，多结薄皮茧、畸形茧、裸蛹及蔟中毙蚕。

蛹期：体色暗，体表无光泽，腹部松弛，反应迟钝，脂肪粒粗糙不饱满，血液黏稠度低，有的体壁上出现大小不同的红褐色斑。病情较轻的蛹较健康蛹羽化要早，病情较重的蛹大多成为死笼，即使能羽化也较健康蛹迟。

蛾期：蛾翅薄而脆，鳞毛稀少且容易脱落，血液混浊，尿呈红褐色。羽化后不能展翅或展翅不良，易成卷翅蛾，甚至羽脉上出现水泡或黑斑的拳翅蛾。蛾肚小卵少，腹部背翅管两侧有黄褐色渣点，病蛾的交配能力较差，产卵不正常。

2.1.2.2　家蚕微粒子病传染途径

家蚕微粒子病的传染途径有食下传染与胚种传染两种，食下传染是胚种传染的基础，胚种传染的病蚕体内增殖产生的大量孢子，又为经口传染提供了病原。若对该病的防控稍有疏忽，便容易造成恶性循环。

1. 食下传染

食下传染（又称经口感染）是蚕食下具有感染性的微孢子虫从而染病的一种传染途径。食下感染依赖于孢子的数量和合适的寄主消化道环境。食下传染率因蚕品种、蚕的发育时期、饲育条件不同而有差异。据调查，中系品种抵抗力强，欧系品种较弱，日系品种介乎二者之间。多化性品种抗病力最强，一化性品种最弱，二化性品种居中。家蚕发育龄期不同，在经口接种微孢子虫数量相当的条件下，小蚕比大蚕发病率高。

蚕座内传染是家蚕微粒子病病情扩展的重要形式之一。蚕座感染是指病原通过病蚕排出物（蚕粪、胃液、蛾尿）或脱离物（病卵壳、蜕皮壳、蛹壳、鳞毛），以及病蚕尸体本身污染桑叶，使健康蚕食下引起发病。

养蚕环境被微孢子虫污染是食下传染的另一个途径。在蚕业生产中，蚕室、贮桑室、催青室、上蔟室的地面、墙面、门窗和蚕具被微孢子虫污染情况相当严重。

野外昆虫也是桑蚕微粒子病流行的重要传染源。很多研究报道认为野外昆虫是家蚕发生微粒子病的潜在病原传播者，野外昆虫的迁飞性又使这些微孢子虫的孢子更易扩散，从而更易与家蚕发生交叉感染。桑园环境遭受微粒子病病原污染后，带有微孢子虫的桑叶也可成为家蚕感染微粒子病的重要感染源。

2. 胚种传染

家蚕微粒子病的胚种传染是指病原性微孢子虫在感染家蚕后，通过卵和胚胎传染给子代，并使其感染发病的现象，又称经卵传染或母体传染，是家蚕微粒子病传染的重要途径。

家蚕在大蚕期（4～5龄）感染微粒子病后就会引起胚种传染，在5龄期感染时间越早胚种传染率越高，即5龄起蚕感染微孢子虫的病蚕后代胚种传染率高于其他时期。王裕兴等调查发现家蚕微粒子病的胚胎传染率受多种因素的影响（王裕兴，2002），即使是同一带毒率母蛾的蚕种，由于母蛾感染微孢子虫的时期不同、母蛾带毒程度的不同、蚕种保护方式及蚕品种的不同，对下一代有直接影响的遗传毒率实际上会有很大的差别。在这些因素中，母蛾检验时的孢子密度是影响遗传毒率的首要因素。胚种传染带毒蚕种孵化的蚁蚕大部分在1～3龄发病死亡，占病死蚕总数的57%～71%；4龄以后至化蛾也有部分死亡，其原因主要是由家蚕微孢子虫的二次感染引起的，占病死蚕总数的29%～43%。通过巴斯德母蛾镜检剔除带毒母蛾产下的卵的方法，可以达到控制胚胎传染的目的，该方法是当前最主要的防治微孢子虫的措施之一。

患病雌蚕体内的病原可侵入卵巢，并寄生于蚕卵胚胎，带入下一代蚕体，微粒子病的胚种传染都是在经口传染的前提下发展形成的。因为胚种传染孵化的蚁蚕均在幼虫期死亡，不能完成世代。一般来说，微粒子病的胚种传染大多是后期感染的雌蚕带病生长、完成世代引起的。病蚕体内病原体寄生于卵巢（蛹期为卵管）上皮细胞，在蛹的中期蚕卵形成之前，裂殖子侵入滋养细胞，之后吸收到卵内，此时病原主要分布于浆液膜和卵黄中。在蚕卵受精后胚胎开始形成时，卵内病原随分裂核结合进入胚体，常称发生期感染。这种胚胎因感染时间早，均难以发育成蚁蚕。若胚胎发生期并未感染，到胚胎发育后期，病原才经由脐孔随营养物质吸入胚体中肠，常称发育期感染。此种胚胎因感染较迟，可能发育成蚁蚕而孵化，微粒子病的胚种传染大多由此途径造成。

微孢子虫感染雄蚕后，病原可侵染睾丸、精原细胞、精母细胞及精束。被寄生的精母细胞不能正常发育为精子，但成熟的精子不会感染微孢子虫。当交配时病原可以随精液而进入雌蛾的受精囊，但不能进入卵孔，所以不会造成胚种传染。

2.1.2.3　家蚕微粒子病发病规律

家蚕微粒子病的发生，春季多于夏秋季，卵壳、桑叶、野外昆虫、蚕沙等都可能带有病原性微孢子虫，成为食下传染的来源。4～5龄感染的轻症雌蚕虽能正常发育，但会产下胚种传染卵，这又为蚕期食下传染提供了病原，从而酿成恶性循环，危害严重。蚕座混育感染是引起微粒子病传染的重要因素，混育时间越早危害越大，饲育环境的干燥清洁程度及其中微孢子虫数量的多少，是影响感染率高低的重要因素。

胚种传染的蚕，多数死在胚胎期，少数能够孵化的，则蚁蚕孵化后发育迟缓，严重的当龄死亡，轻度感染最长不到4龄即死亡。这些病蚕幼虫的蚕粪中有排出的家蚕微孢子虫，污染桑叶及蚕座环境。蚁蚕或1～2龄蚕食下孢子而感染的，严重的当龄死亡，轻者可发育到4龄、上蔟后死亡或仅结薄皮茧，这种感染对丝茧育影响较大。4～5龄感染的蚕对丝茧育影响较小，但对种茧育影响极大。大蚕感染微孢子虫后即成为胚种传染的传染源。在以上3个感染时期中，上一个感染时期的蚕会成为下一个时期的传染源，这使微粒子病循环往复难以根除（图2.5）。

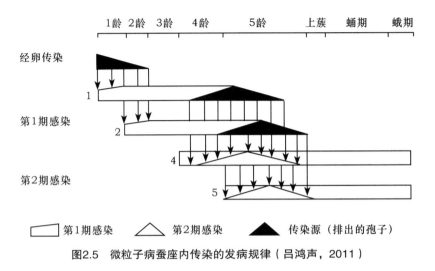

图2.5　微粒子病蚕座内传染的发病规律（吕鸿声，2011）

1886年日本制定了世界上第一个针对家蚕微粒子病的蚕卵检查法规，首次将巴斯德发明的用显微镜检查蚕卵来预防微粒子病的方法用法规的形式确定下来。1911年日本又颁布了蚕业法规，并于1917年、1929年、1945年和1956年相继进行了修订。此法规的确立，使当时的日本有效地控制住了家蚕微粒子病的流行，原种微粒子病淘汰率由1898年的24％下降到20世纪初的15％，到1951年下降到3％。

据霍华德（1925）所著的《华南蚕丝业之调查》记载：在1911～1924年，中国华南地区各地收得的种茧都发现有感染很严重的微粒子病，发病率一般为50％～100％，生产上因微粒子病的损失平均达到10％左右。1949年以后，由于国家重视蚕种生产、管理和蚕种质量的检验，微粒子病基本得到了控制。1986年中国国家农牧渔业部动植物检疫所把蚕微粒子病列入《动物检疫》目录，明确为口岸检疫对象。随后相继制定了国家标准《桑蚕原种》GB 19179—2003、《桑蚕原种检验规程》GB 19178—2003和农业行业标准《桑蚕一代杂交种》NY 326—1997、《桑蚕一代杂交种检验规程》NY/T 327—1997，这些标准均将微粒子病检疫列为重要检测项目。

尽管目前世界各养蚕国家和地区均将家蚕微粒子病列为检疫对象，并在家蚕饲养及蚕种生产环节进行了严格的控制和检查。但微孢子虫作为一种寄生生物的物种，对环境条件有很强的适应性。近年来，世界各养蚕国家和地区的家蚕微粒子病还是时有发生，造成了巨大经济损失。随着近年来我国蚕区转移速度加快，家蚕微粒子病危害有加重的趋势。2010年由农业部组织开展了桑蚕微粒子病发生情况调研，对我国主要从事蚕业生产的广西、江苏、浙江、四川等16个省（市、自治区）2005～2009年家蚕原种和杂交种母蛾微粒子病发生情况进行调查，调查情况不容乐观，这表明目前我国蚕桑生产中微粒子病潜在的危险仍然较大，值得整个行业引起警惕。

2.1.3　家蚕微粒子病病原的分类及遗传多样性

自从1857年Nägeli首次发现第一种微孢子虫——家蚕微孢子虫，微孢子虫这个数量庞大且广泛存在的生命体就逐渐被人类所认知，对其分类地位的研究也几经修改。自发现微孢子虫后生物学家就对微孢子虫的归属发生过争论，有的认为是低等的原生动物，有的认为其属于真菌。

1882年，Balbiani首先将其称为微孢子虫，并归属于原生动物，这一定位得到了当时生物界的普遍认同。1892年，Thelohan提出了第一个微孢子虫分类系统之后，众多学者对微孢子虫的分类系统进行了改良和完善。1909年，Stempell主要根据无性繁殖阶段在细胞内的部位、细胞核数目和分裂体的分裂方式等，将微孢子虫目（Microsporidia Balbiani，1882）分为3个科，共记载8个属，其中家蚕微孢子虫分类于微粒子科（Nosematidae Labbe，1899）。1922年，Leger和Hesse主要根据孢子的极囊数和形态，将微孢子虫目分为两个亚目：双极囊亚目和单极囊亚目，家蚕微孢子虫被分类于姆拉热孢虫科（鲁兴萌和金伟，1999）。1971年，Tuzet等提出了第一个现代分类法，将微孢子虫目列在微孢子虫纲（Microsporidae Corliss &Levine，1963）下，并依据泛孢子母细胞膜的性状分成无多孢子芽膜亚目和多孢子芽膜亚目，然后根据孢子母细胞的细胞核数目、孢子生殖期的合胞体和孢子的附着物等性状，分别将前述的两个亚目分成4个和3个科，共计16个属。而有些微孢子虫往往在前期为双核，后期无核，这样以泛孢子母细胞是否有膜来分类就成了问题，就有学者建议以核的性状代替膜的性状。1977年，Sprague提出将微孢子虫作为一个门来分类定位，1992年，Sprague提出了新的微孢子虫分类系统，将家蚕微孢子虫分类在原生动物界、微孢子虫门（Microsporidia）、双单倍期纲（Dihaplophasea）、离异双单倍期目（Dissociodihapiophasida）、微孢子虫总科（Nosematoidea）、微孢子虫科（Nosematidae）、微孢子虫属（*Nosema*）（Sprague et al.，1992）。

早期微孢子虫的研究主要是根据微孢子虫的性状来确定分类地位，随着分子生物学及现代生物技术的发展和应用，对微孢子虫的分类又有了新的认识。1987年，Vossbrinck等根据核糖体RNA的系统进化分析，以及微孢子虫缺乏线粒体和5.8S RNA的特征，得出微孢子虫属于一种古老真核生物的结论。目前，随着微孢子虫基因组测序计划的广泛开展，以及系统发育基因组学的更多证据的获得，让人们对微孢子虫的分类有了更深入的认识。Gemot等（1997）和Hirt等（1997）分别在蝗虫微孢子虫（*Antonospora locustae*）和纳卡变形孢虫（*Vairimor phanecatrix*）中发现了线粒体的基因*HSP70*，与其他真核生物的线粒体热激蛋白HSP70极为相似，推断微孢子虫并非一开始就没有线粒体，而是后来丢失的。Hirt等（1999）以完整的蝗虫微孢子虫和纳卡变形孢虫的RNA聚合酶Ⅱ大亚基为基础，重新分析了微孢子虫的其他蛋白质基因，发现微孢子虫的*EF1α*（elongation factor）基因中含有的插入序列为动物和真菌所特有，肌动蛋白、α和β微管蛋白与真菌的极为相似，由此认为微孢子虫与真菌具有很近的亲缘关系。Baldauf等（2000）在*Science*杂志上报道了基于若干蛋白质的分子进化，组合EF1α、肌动蛋白、α和β微管蛋白的氨基酸序列构建了一个系统发育树，与传统的SSU rRNA序列的发育树不同，其中微孢子虫被聚类于真菌，其氨基酸分析同源相似系数为95%，核酸同源相似系数为85%。Eisen和Fraser（2003）开展的兔脑炎微孢子虫基因组学的分析也支持微孢子虫属于真菌。Keeling（2003）收集了真菌的子囊菌、担子菌、接合菌和壶菌，以及少数动物的α和β微管蛋白基因与微孢子虫进行了进化分析，认为微孢子虫是接合菌的分支。Lee等（2008）基于基因组的共线性分析，认为微孢子虫属于真菌，起源于一个接合菌祖先，并且还认为微孢子虫曾经可能是有性繁殖。2012年，微孢子虫归类于真菌已得到国际原生动物进化和分类委员会认定（Adl et al., 2012）。

在蚕业生产上，家蚕微粒子病主要由家蚕微孢子虫*Nosema bombycis*在蚕体细胞内寄生而引起。除了家蚕微孢子虫外，研究人员相继发现还有很多能感染家蚕的病原性微孢子虫，其病蚕症状与家蚕微孢子虫感染引起的微粒子病的外观病征极为相似。藤原公首次发现了一种形态、寄生部位等与家蚕微孢子虫不同的微孢子虫，被定名为细型微孢子虫（M），后又相继发现M2T、M11、M12、M1、No.408、No.520、No.611、M2等致病性家蚕微孢子虫。佐藤令一等报道了4种微孢子虫（No. 402、No. 408、No. 520和No. 611）对家蚕的致病力、寄生组织、胚种传染性等均与家蚕微孢子虫相同（Fujiwara, 1984），仅在孢子形态上有些差异，认为是家蚕微孢子虫的形态变异型。我国的蚕业研究人员也发现多种不同类型的微孢子虫，如广东省蚕业研究所在病蚕体内相继发现并分离出MG1、MG2等8种新型微孢子虫，西南农业大学分离得到新型病原微孢子虫SCM6、SCM7、SCM8等（万永继和敖明军，1991,1995）。

目前，国内外学者把能感染家蚕的病原微孢子虫分为3大类：①与微粒子属（*Nosema*）异属的病原性微孢子虫有泰罗汉孢虫属（*Thelohania*），如M32；具褶孢虫属（*Pleistophora*），如M25、M27（Fujiwara,1980）；变形孢虫属（*Vairimorpha*），如M12（Pilley, 1976），以及内网虫属（*Endoreticulatus*），如SCM7（万永继等，1995）；②与家蚕微孢子虫同属异种的微孢子虫有M11、M14、MG1（方定坚和陈汉明，1991）、SCM6（万永继等，1991；肖仕全等，2003）和MZ等；③与家蚕微孢子虫同种异型的微孢子虫有No.402、No.408、No.520、No.611和M-sk等。这些家蚕病原性微孢子虫形态特征各异，对家蚕的致病力有强有弱，多数全身性寄生，而个别仅寄生中肠（如M27）或肌肉（如M32）。其中同种异型的微孢子虫对家蚕都有较强的致病力和胚种传染性，而异属和同属异种的微孢子虫对家蚕的致病力都较弱，有些无胚种传染性，有些胚种传染性很弱。

2.1.4　家蚕微粒子病病原的生活史

家蚕微孢子虫随家蚕幼虫食桑或蚁蚕孵化时吞入桑叶或卵面的孢子而进入蚕的消化道后，一般在经历孢子发芽、裂殖生殖期和孢子形成期3个阶段后，完成一个世代，这一过程称为家蚕微孢子虫的生活史（图2.6）。

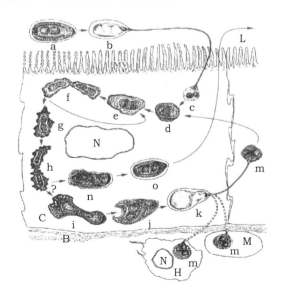

图2.6　家蚕微孢子虫生活史模式图（Iwano and Ishihara, 1991）

L. 中肠肠腔；MV. 微绒毛；C. 中肠上皮细胞；N. 细胞核；B. 基底膜；M. 肌肉细胞；H. 血细胞；a. 长极丝孢子；b. 发芽中的长极丝孢子；c. 芽体；d、e. 裂殖体；f. 分裂中的裂殖体；g. 母孢子；h. 孢子母细胞；n. 长极丝孢子母细胞；i. 短极丝孢子母细胞；o. 长极丝孢子；j. 短极丝孢子；k. 发芽中的短极丝孢子；m. 二次感染体

微孢子虫的生殖周期在宿主细胞内完成，巴斯德最早指出孢子发芽后极管弹出和释放游走体(planont)，游走体离开极管后，直接侵入家蚕中肠细胞以感染家蚕，并在家蚕体细胞内发育成孢子（Burges and Johnson，1973）。随后，各国学者对生活史中的各个发育阶段均进行了详细、深入的研究。微孢子虫的生活史大致可以分为3个阶段，即感染期(infective phase)、裂殖增殖期(proliferative phase)和孢子增殖期(sporognic phase)，其中感染期是位于寄主细胞外具有感染力的阶段，其他两个阶段是位于寄主细胞内的发育阶段。①感染期：环境中的成熟孢子弹出极管，像"注射器"一样刺入宿主细胞的细胞质。孢原质通过弹出的极管管腔释放，极管先端形成芽体，芽体进入宿主细胞内，其外侧膜便消失并具有运动能力，在宿主体内成为传染体而感染其他细胞和组织。刚由孢子释放出的芽体（孢原质）由未分化的细胞质及来源于极膜层的细胞膜构成，在短时间内，细胞构造分化，形成了一层真正的细胞膜，并合成内网膜，成为球形细胞。这样，便进入了裂殖生殖期或营养生殖期。②裂殖增殖期：芽体在侵入宿主细胞后的几个小时内，保持最初的圆形，大小则逐渐增加，但最初仍具双核。随后芽体以二分裂或多分裂逐渐增大发育为裂殖体(schizont)，然后两核合二为一形成具一个核的芽体，变异为母孢子(sporont)，此过程反复进行，母孢子数量增加，从而进入孢子增殖期。③孢子增殖期：母孢子以二分裂方式形成孢子母细胞，并由孢子母细胞发育为成熟的孢子，标志着一个生活史的完成。

微孢子虫在发育过程中存在二型性，二型性分为两种：一种是孢子生殖的二型性；另一种是孢子的二型性。孢子生殖的二型性是指微孢子虫在生活周期中产生两种核型明显不同的孢子：一种为单核，在孢子母细胞中形成；另一种为双核，如*Vairimorpha*及*Parathelohania*微孢子虫。孢子的二型性是指微孢子虫经孢子生殖形成两种不同形态的孢子，但两种孢子均为双核，可在同一个宿主细胞内形成和存在的现象，这两种孢子分别为早生型的短极丝孢子(short polar tube type spore，ST)和晚生型的长极丝孢子(long polar tube type spore，LT)。目前在*Trachipleistophora*、*Amblyspora*、*Burenella*、*Nosema*、*Vairimorpha*、*Thelohania*和*Parathelohania*中均发现具有微孢子虫二型性特征（Hazard et al.，1976；Malone，1985；Vávra et al.，1998）。

孢子二型性的存在被认为有着其特定的生理功能和微生态意义。二型性孢子不仅仅是形态结构上不同，其机能也各不相同。有研究推测短极丝孢子参与微孢子虫在宿主体内的传播，即所谓的水平传播，而长极丝孢子则参与宿主个体间的传播。研究认为，短极丝孢子因其被膜内壁比长极丝孢子薄，不具备抵御宿主体外恶劣环境的结构，且可以在宿主细胞内自动发芽，形成二次感染体，感染邻近细胞组织。而长极丝孢子具有较厚的被膜，是一种能够适应较恶劣环境的结构，必须经口进入消化道，在碱性消化液作用下才能发芽感染宿主。目前，对于长极丝孢子和短极丝孢子的不同传播机制的阐述还缺乏更多有力的实验依据，但为研究微孢子虫提供了更为广阔的思路。

2.1.5　家蚕微粒子病的诊断及防治

蚕丝业每年因微粒子病造成的经济损失非常惨重，从业人员一直希望通过检测方法的改进来减少损失，所以对家蚕微粒子病检测方法的研究一直是热点。病害检测的目的不是为了进行治疗，而是为了隔离或淘汰发病个体，杜绝病原继续对蚕座造成危害，保障健康蚕正常生长发育。

2.1.5.1 诊断

早在19世纪，巴斯德提出了通过母蛾显微镜检查，淘汰病蛾所产的卵，供应无毒蚕种等方法防治家蚕微粒子病。该方法有效地控制住了微粒子病的流行危害，为世界蚕丝业的发展作出了不可磨灭的贡献。家蚕微粒子病的诊断和识别主要有肉眼观察病征病变的检测方法和显微镜观察微孢子虫的检验法。

家蚕受不同病原微生物感染后，往往出现不同的病征。家蚕感染微粒子病后，病蚕绢丝腺上产生乳白色病灶，中肠出现黑色斑块，属于本病的特征性病变。其他症状，如蚕期的食欲减退、发育延迟、眠起不齐、不蜕皮蚕、老熟时易发生不结茧蚕、裸蛹等，都是微粒子病的非典型性症状，这些症状在别的蚕病亦有发现，即使出现肿腹、黑星、秃毛等不良蛾，也不一定患微粒子病，只有患微粒子病的可能，因此肉眼看到的病征，通常只能作初诊参考，有时还需要借助显微镜来进行确诊。基于病征和病变的肉眼观察诊断技术由于简单、实用、硬件条件要求低，在养蚕生产中被广泛使用，但是对诊断者要求较高，需要扎实的理论基础和丰富的实践经验。

家蚕微孢子虫可寄生于蚕体全身组织，故患微粒子病的家蚕幼虫、蛹、蛾、卵内均有病原寄生。在肉眼观察的基础上，应用显微镜镜检有无病原性微孢子虫，是识别微粒子病的一种可靠的诊断方法。养蚕生产上蚕种的检测方法通常是使用由巴斯德创立的母蛾镜检法。母蛾镜检法是用光学显微镜检验母蛾是否携带有微孢子虫来确定其产的卵是否被微孢子虫感染。母蛾镜检法对减少家蚕微粒子病的胚胎传染功不可没，是一种实用、可靠、可行的检验技术。母蛾镜检法一直沿用至今，是蚕业生产上检测微粒子病病原的主要方法。后来又出现了集团磨蛾镜检、补正检查及预知检查，这些方法都是基于显微镜观察微孢子虫的检验法，具有直观、简单、经济的优点。这种方法的不足之处是形态相近的物体不易区分，如会将绿僵孢子、曲霉孢子和花粉粒误认为是微孢子虫，另外毒力不同的微孢子虫也不容易区分开来。很多研究者希望通过先染色后观察的方法来判断微孢子虫的类型，取得了一定的进展。经常使用的染色方法有吉姆萨染色和革兰氏染色，但是它们也容易造成错误判断，很难与视野中的其他颗粒区分开来。荧光染料与微孢子虫的几丁质内壁有较高的亲和性，具有很高的灵敏度，但需要荧光显微镜，只适合于实验室操作且对操作人员要求较高。唐顺明等采用$KMnO_4$-甲基紫法快速染色（唐顺明和张志芳，2002），比较有效地提高了家蚕微孢子虫的检出率。刘吉平等应用荧光染色试剂Calcofluor White M2R染色鉴别家蚕微孢子虫（刘吉平和曾玲，2007），在荧光显微镜下可见家蚕微孢子虫被染上强烈的青蓝色荧光，而寄主组织碎片、病毒、细菌等不被染色，是一种快速有效鉴别微孢子虫的方法。

2.1.5.2 防治

家蚕微粒子病是一种毁灭性的传染性蚕病，在出现病征以前，病蚕通过排出含有病原的粪便污染蚕座和环境，同时家蚕微粒子病病原孢子外面有一层比较厚的孢子壁，现在还没有发现能有效杀灭感染蚕体内病原性微孢子虫的药物，所以一直以来家蚕微粒子病的防治主要是以预防为主。

在防治措施上，主要采用镜检母蛾淘汰病卵以杜绝胚种传染，在原蚕饲养中则通过消毒防病来预防食下传染。根据微粒子病发生、发展规律，防治关键在于杜绝胚种传染，严防食下传染，生产无毒蚕种。在生产中应该严格贯彻执行蚕种生产监管条例，做好母蛾镜检、预知检查及补正检查，生产无毒蚕种。蚕种生产部门要严格执行国家有关母蛾检查的规定，认真做好袋蛾、贮蛾和显微镜检查工作，凡是检查有病的母蛾，必须按规定淘汰其所产的蚕卵。要严格选择原蚕区，注意环境中病原的分布、桑园条件、养蚕设备及饲养技术等方面的调查，一旦定点，要加强对原蚕区的管理和技术指导，严格执行原蚕饲养规程。

严格开展养蚕前的蚕室蚕具消毒和坚持养蚕期经常性的蚕体蚕座消毒，切断传染源，保证蚕座安全。蚕期中严格进行提青分批，淘汰若小蚕、迟蚕、病蚕，检出的病蚕要集中销毁、消毒后深埋。养蚕中应及时清除蚕沙，蚕沙要投入专用蚕沙坑沤制堆肥，腐熟后施用，严禁摊晒和直接施于桑园，防止病原传播污染。防治桑园虫害，加强桑叶消毒，杜绝野外带毒昆虫对家蚕的交叉感染。加强对引进蚕种的管理，从外地引进蚕种都要认真调查和检查，确认无微粒子病后，才能在本地制种和大面积饲养。

除了常规防治措施外，众多学者还尝试利用物理或化学方法进行家蚕微粒子病的治疗。利用宿主对高温的忍受力比微孢子虫强的特性，可利用热疗法防治微粒子病。广东蚕农有采用温汤浸种抑制多化性蚕品种微粒子病的经验，家蚕微粒子病高温疗法，首见我国清代广东的"浴水法预防微粒子病"，温汤浴种能杀弱留强预防蚕病的发生。柏亚尔高娃认为高温对家蚕有良好影响，对产下后12h的蚕卵在46℃水浴18min，孵化后的家蚕能够抵抗微粒子病，哈柏琴柯娃等利用高温（33～34℃）处理蚕蛹，可以减少微粒子病发生率。华南农学院蚕桑系以多化性黄茧系统301为实验材料进行了系统的研究，结果表明在产卵后8～10h进行67℃、10～15s的温汤浴种，能够大大降低家蚕微粒子病的发病率，并对孵化率、饲育经过与茧质无不良的影响。卢铿明等利用干热空气处理8个多化性蚕品种及两个二化性蚕品种微粒子病蚕卵，进行防治微粒子病胚种传染研究。产后12h带微粒子病的蚕卵，经46～48℃热空气处理40～60min，微粒子病胚种传染的治疗效果达97.25%～100%，对实用孵化率无不良影响。在农村定点生产试验结果表明，热空气处理蚕种，使蚁蚕、1～3龄迟眠蚕的微粒子率有明显下降，而蚕茧产量和茧质成绩有所提高。徐兴耀等也采用干热空气对广东省生产上使用的10个家蚕品种进行热处理，结果表明，蚕卵产下后常温（25～27℃）保护12h，46℃干热处理60min或47℃干热处理40min，不影响实用孵化率，而对微粒子病胚种传染的防治效果达到93%～100%（徐兴耀等，1998）。这主要是利用家蚕微孢子虫裂殖体、孢子和蚕卵对温度敏感性的差异，在一定温度下可以杀死或抑制家蚕微孢子虫的裂殖体或孢子而无损于蚕卵。

在化学治疗方面，已经发现多种化学药物可用来治疗家蚕微粒子病。刘仕贤等（1993）在对多菌灵、苯来特、托布津等的药效作了详细的研究后开发了国内第一种家蚕微粒子病治疗药剂"防微灵"，可有效地治疗蚕期食下病原孢子虫引起的微粒子病。沈中元和孟春燕（2000）开发了含50%有效成分为丙硫苯咪唑的"克微一号"，不仅对食下传染的病蚕有很好的治疗效果，并对经卵传染的微粒子病同样具有治疗效果。王裕兴和蔡亚芬（1999）应用"原虫净"对家蚕微粒子病进行了防治试验，"原虫净"在实验室内对高浓度感染、多次的极端感染具有95%以上的疗效，对胚种感染蚕也具有40%左右的疗效，在多个生产点的试验均取得了稳定的疗效。王建芳等（2004）利用化学药剂KW1添食对家蚕微粒子病进行预防和治疗试验，结果表明1600mg/L以上浓度每24h添食家蚕一次可减少发病率，从而有效控制微粒子病的发生和发展，且对蚕体生长发育及结茧率等无明显影响。骆承军（2001）研究结果表明，"灭微灵"对家蚕微孢子虫有强烈的杀灭作用，是一种高效、安全、稳定、低腐蚀的新型桑叶叶面消毒剂。用浓度50mg/L的灭微灵处理2~5min，对微孢子虫可达到理想的杀灭效果，比目前常规消毒剂漂粉精对微孢子虫临界杀灭浓度降低40倍以上。这些治疗家蚕微粒子病药物的发现和利用充分展示了对微粒子病的治疗前景，家蚕微粒子病的防治有可能由过去单一的预防发展到以预防为主、防治相结合的综合防治体系。

尽管已经发现的多菌灵、甲基托布津、丙硫咪唑等多种化学药物对家蚕微粒子病具有治疗作用，但由于药物本身的毒性作用、家蚕微孢子虫的细胞内寄生特性、对咪唑类药物的抗性及微粒子病在蚕座内较强的二次感染性，使得这些化学药物在生产上的应用还存在较大局限性。总的来说，有待于进一步开发在桑叶或蚕体内滞留时间久、兼顾多种蚕病防治的复合型防治药剂。

2.2 家蚕微孢子虫的结构

从病蚕的体液、粪便、组织病变部位做成涂片标本，在光学显微镜下可观察到有浅绿色折光的椭圆形孢子（图2.7）。家蚕微孢子虫长径3~4μm，短径1.5~2.2μm，少数形状较大。光学显微镜下观察不到其内部构造，电子显微镜的广泛应用，为微孢子虫超微结构及生活史的研究提供了有效的手段。超微结构显示微孢子虫主要由孢子壁（spore wall）、孢原质（sporoplasm）、发芽装置（extrusion apparatus）和孢子细胞器（organelle）等组成（图2.8）。

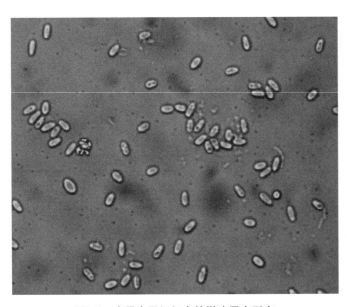

图2.7　家蚕中肠组织中的微孢子虫形态

孢子壁主要起着保护孢子、识别宿主及激活孢子的作用，可以抵御外界环境胁迫，以使孢子长期存活于宿主细胞或外界环境中，其对水的渗透性调节和对离子的吸收，可以启动孢子的激活机制，使内部的渗透压迅速升高而激发极丝的弹出。孢子壁由3层结构组成，由外到内依次为高电子密度的刺突状外层即孢子外壁（exospore）、电子透明薄层即孢子内壁

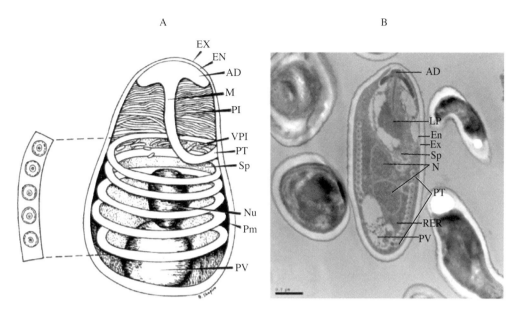

图2.8 微孢子虫超微结构

A.微孢子虫的超微结构模式图（Sato et al., 1982）；B.家蚕微孢子虫超微结构；
EX. 孢子外壁（electron-dense exospore）；EN. 孢子内壁（electron-lucent endospore）；AD. 锚定板
（anchoring disc）；PT. 极管（polar tube）；LP. 极膜层（lamellar polaroplast）；PV. 后极泡（posterior
vacuole）；N. 细胞核（nucleus）；Sp. 孢原质（sporoplasm）；RER. 粗面内质网（rough endoplasmic
reticulum）；Pm. 孢原质膜（plasma membrane）

（endospore）和原生质膜（plasma membrane）。孢子外壁为蛋白性的不透明电子层，表面不光滑，有突起。孢子外壁所含的蛋白质种类繁多，且均为物种特异的，不同种之间的蛋白质基本无相似性或相似性极低。孢子内壁为由几丁质和蛋白质组成的透明电子层，似纤维状，分别与孢子外壁和孢原质膜相连，具有选择通透性。原生质膜则将孢子壁与孢原质隔开。

　　发芽装置主要由4个部分构成，即孢子壁内侧螺旋状盘绕的极管、若干叠成片状的极膜层、结构相对松散的极膜层由多层膜包围成的后极泡（Bigliardi and Sacchi, 2001）。极管前部呈棒状，自孢子的前半部与孢子纵轴呈平行状延伸，极管后部沿孢子壁以螺旋状卷曲，并与纵轴呈一定角度的倾斜，家蚕微孢子虫的极管圈数一般在 12～14圈，多为13圈，极丝倾斜角52°（高永珍和黄可威，1999）。极管是由内外两层构成的管，外管的前端连接着伞状固定板，与孢子壁密切相连，此处的孢子壁较薄并与孢子的发芽有关。内管的前端留在固定板内部，呈游离状，孢子的内压升高时，突破孢子壁而向外突出，内藏的极管翻转，向孢子外弹出，这就是孢子发芽的基本过程。极管长度一般为50～150μm，直径一般为0.1～0.2μm。极管具有柔韧性，在运送孢原质的过程中其管直径可以增加到0.4μm（Frixione et al., 1992）。目前已发现3种构成极管的蛋白质，分别命名为PTP1、PTP2和PTP3蛋白。极膜层可分为2层，前部由若干层片状膜叠加而成，排列紧密，从孢子纵切面看呈马蹄形；后部由平整的液囊组成，排列相对疏松。孢子的极膜后面2个核，核由2 层膜包裹，形状不规则，内部结构致密。在孢子的后部具有由2层或多层膜包围的后极泡。孢子细胞器还包括内质网、核糖体、原始的高尔基体；关于线粒体的存在与否，现在还没有直接的实验证据，但在家蚕微孢子虫基因组中已经鉴定到了26个与线粒体相关的基因，部分已经定位于孢子虫的孢原质内。

2.2.1 孢子发芽形态

家蚕微孢子虫侵染也称孢子发芽。微孢子虫以孢原质的释放、形成芽体来完成孢子的发芽入侵（Undeen and Avery, 1984）。当孢子进入家蚕消化道后，受碱性消化液的刺激，孢子首先通过极膜层吸收大量的水分，当其达到一定渗透压时，压力转移至后极泡，随着后极泡的膨大，极丝便开始突出。沿孢子壁卷曲的极丝先解开螺旋，在后极泡的位置自由旋动，极丝游离端从管腔翻转，向孢子前极处突出（Ishihara, 1968）。孢原质在极丝弹出前被吸入极丝内，通过极丝管腔向外脱出或直接随极丝的弹出而从极帽处排出孢子。释放的极丝长度为50～150μm，孢原质可以很快地通过极丝进入宿主细胞质中。发芽后的孢子成为空壳，光泽消失而稍凹陷。完成发芽的时间，短则40min，长则4～6h，经8h未能发芽的孢子则随排泄物排出体外。孢原质侵入宿主细胞是感染的开始，通常称初次感染。

微孢子虫孢子内部渗透压升高是孢子发芽的最直接驱动力，pH、离子种类及浓度、温度等环境因子对微孢子虫的发芽也具有重要的作用。家蚕微孢子虫发芽的最适pH为9～11，消化液中钾离子与碳酸根离子有刺激孢子发芽的作用，而钙离子和汞离子则有显著的抑制作用。图2.9与图2.10是扫描电镜观察到的家蚕微孢子虫体外发芽结果。孢子发芽的最适温度为25℃，40℃以上或10℃以下几乎不能发芽。微孢子虫孢壁蛋白是微孢子虫最先且最直接与宿主接触的部分，在微孢子虫对宿主的感染、入侵及致病过程中起着重要作用。微孢子虫孢子在侵染宿主细胞的过程中，孢子表面蛋白是外界刺激因子激活孢子时最先接触的孢子结构，能够将外界刺激信号由孢外转移至孢内，导致孢子内部发生一系列变化，引发极丝的弹出和侵染的发生。

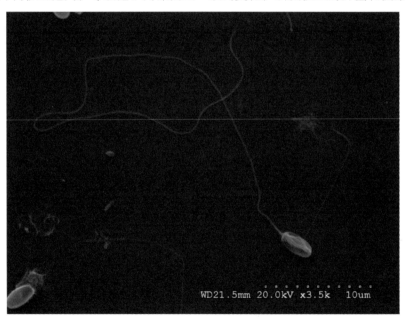

图2.9　家蚕微孢子虫经碳酸钾溶液处理后弹出的极丝

2.2.2 裂殖生殖形态

裂殖生殖期（schizogony）也称营养生殖期（vegetative stage）。刚由孢子释放出的孢原质由双核、未分化的细胞质及来源于极膜层的细胞膜构成，随后细胞构造分化，形成了一层真正的细胞膜，并合成内网膜，成为球形细胞。这样，便进入了裂殖生殖期或营养生殖期。发芽

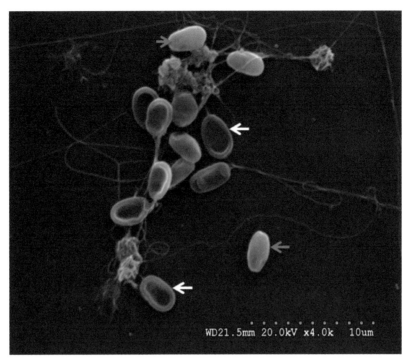

图2.10 扫描电镜观察弹出极丝的家蚕微孢子虫孢子和未弹出极丝的孢子

红色箭头所指为未发芽的孢子；白色箭头所指为发芽的孢子

后的孢原质在进入宿主细胞后，停留在宿主细胞质内，经过细胞构造的分化、膜的形成和两个细胞核的融合以后成为球形细胞，此阶段也称芽体。芽体内含较多的核糖体和小胞体，分泌蛋白酶，分解吸收宿主细胞质为营养，在宿主细胞内开始裂殖生殖。芽体通过吸收寄主细胞的营养，体积不断增大，形状有球形、长圆形及圆角形等多种形态，细胞开始分裂，产生裂殖体。裂殖体在宿主细胞内进行分裂增殖时，在细胞核发生分裂时，细胞质也同时分裂，形成成对的裂殖体；当细胞核分裂时，细胞质未发生分裂，结果便产生多核变形体，最后才发生细胞质分裂，形成新的裂殖体，这样当细胞核的分裂速度比细胞质快时，便会形成一串相连的裂殖体（Ohshima，1973）。

裂殖生殖期的裂殖体内通常含单核，以及内质网、核糖体、高尔基体等细胞器，由于分裂增殖，形成大量裂殖体，可使宿主细胞破裂而脱出，通过血液循环再侵入新的宿主细胞，从而扩大感染，通称二次感染。由于裂殖体具有再次感染和增殖的双重性，这一时期对宿主的危害最大。

2.2.3 成熟孢子形态

营养生殖期孢子在宿主细胞内经过较长时间的分裂增殖，早期形成的裂殖体开始发育形成新孢子。此时裂殖体在宿主细胞内定位，细胞膜增厚，为纺锤形的单核细胞，也称母孢子、产芽体或孢子芽母细胞。母孢子经过两次核分裂，形成两个双核的孢子母细胞。孢子母细胞的进一步发育，伴随细胞膜的肥厚化、与宿主细胞质的分离及孢子内部细胞器的分化，最终其内部有内质网、高尔基体等细胞器。孢子的极丝及其他结构也在这一时期形成，最后发育形成成熟孢子，完成一个世代。家蚕微孢子虫在蚕体内可以形成两种类型的孢子，长极丝孢子（极丝圈数为11～13）和短极丝孢子（极丝圈数为4～6）。短极丝孢子在宿主体内可自动发芽，形成二次感染体。家蚕微孢子虫在蚕体内寄生发育周期，最短为4d，一般情况下则为7～8d（图2.11）。家蚕微孢子虫具有全身感染性，蚕体内各组织均能检出孢子，但消化道形成成熟孢子最早。

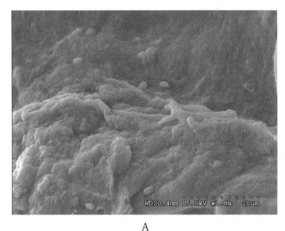
A

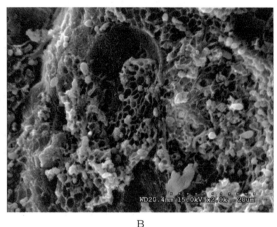
B

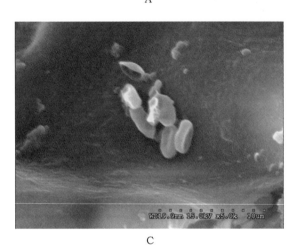
C

图2.11　微粒子病蚕肠道扫描电镜观察
A. 家蚕感染微孢子虫132h后中肠观察；B.家蚕感染微孢子虫156h后中肠观察；C.家蚕感染微孢子虫188h后中肠观察

　　家蚕微孢子虫侵染家蚕中肠后，在中肠圆筒形细胞和杯形细胞中均可见不同发育程度的孢子，细胞之间疏松，间隙增大，细胞质内部分或全被孢子充满（图2.12）。在中肠细胞中观察发现，微孢子虫裂殖体为双核，较孢子大，电子密度比孢子期小（图2.12A）；母孢子和孢子母细胞逐渐发育为成熟孢子的形状，电子密度增大，表面有一层薄而致密的外壁，这层外壁将来发育为成熟孢子的孢壁；在成熟的孢子中，可观察到一层厚而致密的孢壁，极管（polar tube）盘旋在胞壁的内侧（图2.12B）；观察中还发现组织内含有形态和孢子母细胞相似的椭圆形结构，但其内有空泡状的结构，这些空泡状结构功能如何，还不清楚。在图2.12C中，可见中肠细胞大量微绒毛的横切面及纵切面，细胞前部有裂殖体存在，后部存在大量的线粒体。

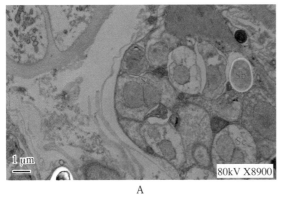

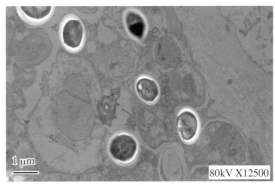

A

B

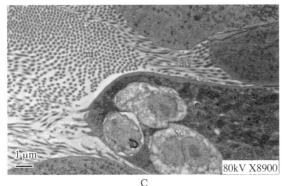

C

图2.12　家蚕微孢子虫CQ1分离株在侵染家蚕幼虫
中肠细胞内增殖的TEM照片

Sc. 裂殖体；Sb. 孢子母细胞；Pt. 极管；S. 孢子；mv.
微绒毛；Mit. 线粒体

　　被微孢子虫感染后的丝腺组织，细胞中有微孢子分布，丝腺细胞之间松弛，细胞质内填满孢子，细胞器等减少（图2.13A）。丝腺内膜及内腔中的丝素、丝胶中无孢子寄生；胞质疏松，裂殖体、母孢子、孢子母细胞、成熟的孢子分布其中（图2.13B），其形态与中肠细胞中的孢子形态相同。在图2.13C中，连续分布着4个裂殖体，这可能是孢原质分裂所致。

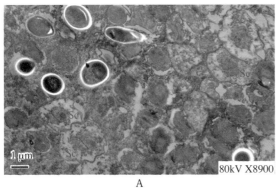

A

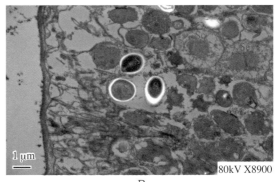

B

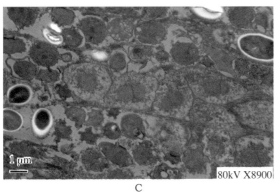

C

图2.13　家蚕微孢子虫CQ1分离株在侵染家蚕幼虫
丝腺细胞中增殖的TEM照片

Sc. 裂殖体；Sb.孢子母细胞；S.孢子；Pt.极管

家蚕脂肪体被微孢子虫感染后，孢子在细胞中大量寄生，细胞间松弛，间隙增大（图2.14），这也是感染后的脂肪体膨大的原因。细胞类脂体减少，甚至缺失，可能是被微孢子虫增殖消耗所致。细胞内的微孢子虫裂殖体、母孢子、孢子母细胞、成熟的孢子多以游离的形式分布其中（图2.14C），其形态同中肠细胞中分布的孢子相同。有趣的是，发现部分孢子寄生在类似寄生泡的结构里（图2.14A），该结构呈椭圆形，长短径分别为17μm和12μm，大小与中肠中观察到的膜结构类似，可观察到清晰的泡状结构膜。

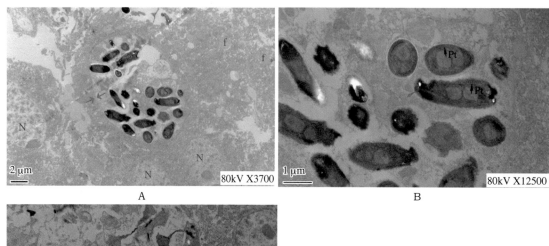

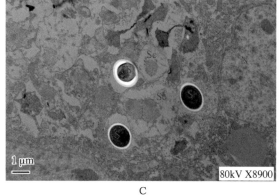

图2.14 家蚕微孢子虫CQ1分离株在侵染家蚕幼虫脂肪体细胞中增殖的TEM照片

A. 红色箭头所指为疑似寄生泡膜；B.为A图部分放大，红色箭头为固定盘；N. 细胞核；f：脂肪小球；S.孢子；Pt.极管；Sc.裂殖体

孢子是家蚕微孢子虫的休眠体，具有坚韧的孢子壁，对物理、化学刺激的抵抗性较强。而病蚕（如幼虫、蛹及蛾）尸体及蚕排泄物中的微孢子虫，因受病体组织的保护，对不良环境的抵抗性更强。一般来讲，孢子在阴暗潮湿处生存期长，在干燥明亮处生存期短。将家蚕微粒子病的病死蚕尸体在阴暗处保存7年，其孢子仍有较高的致病力，而在干热和光亮的环境中容易失活。纯化的家蚕微孢子虫置于5℃水中16个月仍有致病力，而放在室内明亮处水中的孢子至16个月已失去致病力。家蚕微孢子虫感染后的病蚕经鱼、家禽或家畜食下排泄，排泄物中的孢子对蚕的致病力与新鲜孢子相似，未受影响（黄君霆等，1996）。

2.3 家蚕微孢子虫的研究趋势

2.3.1 家蚕微孢子虫侵染机制

微孢子虫具有独特的感染过程。被摄入的孢子释放细长的极丝将感染性的孢原质注入到宿主细胞的细胞质内。目前，描述极管进入宿主细胞存在几种假说，一种假说认为孢子强有力地弹出极丝，随后将极管刺穿宿主细胞质膜（Keohane and Weiss., 1998）。另一种假说认为，弹出的极丝在极丝蛋白(尤其是PTP1)与宿主细胞的某种受体相互作用下进入宿主细胞（Xu et al., 2004）。无论是哪种假说，感染性的孢原质最终都是通过这种细长的极管进入到宿主细胞的细胞质，并进行繁殖。经过繁殖发育后，宿主细胞破裂并将成熟的孢子释放细胞外环境中。为了使侵染更有效率，孢子必须尽可能地接近宿主细胞，否则极管弹出将无方向性且感染效率很低。另外，微孢子虫也可以被宿主细胞吞噬（Couzinet et al., 2000; Franzen et al., 2005）。微孢子虫的激活和发芽是其侵染宿主过程的重要环节。激活所需的条件因微孢子虫的种类繁多而千差万别，不同种微孢子虫孢原质的释放有着特殊的条件需求，受理化因子的影响较大，其中以环境pH、Ca^{2+}浓度、孢子内部渗透压最为重要。

以前研究孢子极丝弹出及宿主细胞感染的事件共有4个步骤：①孢子激活；②孢子内的渗透压升高；③极丝外翻弹出；④孢原质经极管进入到宿主细胞的细胞质中。最近的研究认为，在微孢子虫孢子被激活前，存在孢子与宿主细胞黏附的过程。微孢子虫孢子黏附到宿主细胞表面的机制涉及宿主细胞表面的硫酸化氨基葡聚糖（Hayman et al., 2005）。肝素，硫酸软骨素A和硫酸软骨素B具有抑制孢子黏附的作用，与正常对照相比，添加以上物质后，孢子对细胞的黏附下降了88%。而非硫酸化的阴离子透明质酸对孢子黏附没有抑制作用，说明孢子黏附不是直接与阴离子相连的。当孢子黏附被外源性的硫酸葡聚糖所抑制时，宿主细胞的感染也显著下降。通过检测外源性二价阳离子的效应，表明孢子黏附这一物理事件可能引发孢子激活等一系列的信号级联反应。Mg^{2+}和Mn^{2+}能增加孢子的黏附率，而Ca^{2+}虽然对孢子的黏附没有明显的增加，但可以提高孢子的侵染率，充分证实了孢子的黏附与侵染有直接的联系，抑制孢子的黏附就降低了孢子的侵染；同时也说明了微孢子虫孢子具有某种表面分子，可能是凝集素，一旦被Mg^{2+}和Mn^{2+}激活，孢子将更有效地黏附在宿主细胞的表面，而导致侵染能力的加强。通过对孢壁蛋白的研究后发现，*E. cuniculi*和*E. intestinalis*的一种孢壁蛋白EnP1作用于宿主细胞表面，对孢子的黏附起着重要的作用。因此，目前认为孢子极丝弹出及宿主细胞感染的事件共有5个步骤：①孢子与宿主细胞的黏附；②孢子激活；③孢子内的渗透压升高；④极丝外翻弹出；⑤孢原质经极管进入到宿主细胞的细胞质中（Southern et al., 2007）。孢壁蛋白在孢子与宿主细胞的黏附过程中起着十分重要的作用，但其作用机制还不清楚。

2.3.2 家蚕微孢子虫垂直传播

垂直传播是家蚕微粒子病造成重大危害的主要因素，不同微孢子虫所表现出的垂直传播特点不一致，家蚕微孢子虫表现出极强的垂直传播特性，也叫胚传特性。分离于家蚕的变形微孢子虫则不具备胚传特性。关于垂直传播和病原毒力之间存在怎样的关系，Reid等(2012)在对顶复门两个物种刚地弓形虫（*Toxoplasma gondii*）和犬隐孢子虫（*Neospora caninum*）开展比较基因组学的研究时发现，病原的毒力和垂直传播具有一定的关系，病原的毒力越强，越倾向于宿主致死，不易于胚传。而在进化中毒力变弱，倾向于不致死宿主，却可以感染生殖组织造成垂直传播。他们发现犬隐孢子虫ROP18在进化过程中发生了假基因化，该基因只在刚地弓形虫特异表达（图2.15），使犬隐孢子虫的毒力下降，更容易造成其垂直传播。目前，已发现多种微孢子虫具有不同程度的胚传能力，有的微孢子虫可感染不同的宿主，如家蚕微孢子虫就可感染数十种昆虫宿主，具有很强的宿主适应性。鉴于胚传在家蚕微粒子病中的重要性，在蚕学研究的后基因组时代，垂直传播的研究将成为微粒子病研究的重要科学问题。垂直传播研究主要可以通过细胞生物学、发育生物学、分子生物学、免疫学及比较基因组学的原理和方法，鉴定与垂直传播相关病原基因，寻找可以进行阻断垂直传播的分子靶标，通过RNA干涉或转基因操作，赋予家蚕对微孢子虫的抗性，阻碍其垂直传播。同时，挖掘、分析并标准化生产上使用过的温汤浴种杀灭家蚕微孢子虫的策略，分析其作用的分子机制。

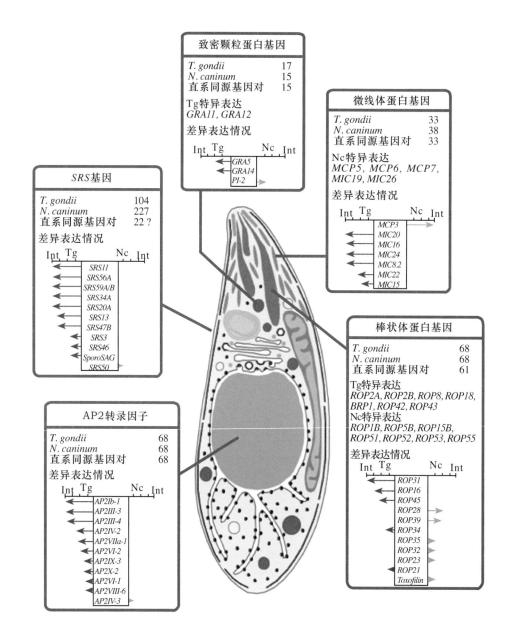

图2.15 弓形体和隐孢子虫的已知和预测的与宿主互作的基因及AP2转录因子的表达模式（Reid et al., 2012）

2.3.3 家蚕微孢子虫与宿主的互作

微生物与宿主的互作研究是细胞微生物学研究的主要内容，是世界上主流微生物学实验室开展的重要内容。其主要研究病原在入侵宿主并在宿主增殖过程中与宿主分子互作。家蚕微孢子虫作为一种专性细胞内寄生的真核生物，不存在寄生泡结构，其原生质膜直接与宿主细胞质接触，目前已经发现微孢子虫入侵和增殖过程中存在与宿主的分子互作。已有研究表明，微孢子虫感染宿主并在细胞内成功的增殖，宿主的代谢、免疫通路会受到不同水平的诱导，宿主也同时启动其免疫机制，针对微孢子虫的入侵产生抗性分子，这些分子互作结果使微孢子虫有效地"劫持"感染宿主细胞，甚至感染其生殖细胞，造成胚胎传播。目前，已在家蚕微孢子虫鉴定出了315种具有信号肽的蛋白编码序列，包括孢壁蛋白、极管蛋白等结构蛋白；还包括丝氨酸蛋白酶抑制物、蓖麻毒素 B 凝集素等分泌到宿主细胞中发挥作用的功能蛋白。

2.3.4　家蚕微粒子病综合防控体系

家蚕微粒子病的综合防控体系是目前蚕种生产急需建立和完善的生产技术体系。生产实践表明，微粒子病的防控是蚕种生产的头号问题。蚕种生产部门投入了大量的人力、物力到蚕室、桑叶消毒、蚕种检查，蚕种生产的环节经济成本约有2/3投入到微粒子病的防控上，蚕种生产一线的技术人员苦不堪言，期盼新的微粒子病防控体系能降低劳动强度，节约人力物力成本。现代微粒子病综合防控体系的构建包括蚕种生产过程控制、蚕种检测及家蚕抗性育种等三方面的技术集成。

蚕种生产过程的控制包括蚕室的消毒、桑园管理及桑叶消毒、养蚕管理等三个方面。蚕室消毒已非常成熟，漂白粉结合其他消毒剂的配合使用均可取得较好的效果。桑园管理及叶面消毒也有较成熟的技术体系。目前由于桑园昆虫携带的微孢子虫种类复杂，有多种微孢子虫可以感染家蚕，桑叶叶面消毒是大部分蚕种场都采取的技术措施，叶面消毒不仅消耗了大量的人力物力，同时也降低了桑叶质量。桑园管理及叶面消毒技术还需要进一步的提高和完善。

蚕种检测是微粒子病防控的重要环节，近年来人们尝试免疫学、分子生物学等相关方法来升级换代传统的母蛾镜检法，但目前来看，还有一段路要走。近年来，针对家蚕微孢子虫种间孢壁蛋白抗原性的不同，逐步发展起了一些免疫学检测方法。免疫学鉴别法是利用抗原与抗体的特异性结合反应，用已知的抗体进行微孢子虫抗原的检测，从而进行病害诊断。这种方法具有特异性强、灵敏度高的特点，不仅能区分微孢子虫与其他类似物，还能鉴别微孢子虫种类的异同。应用免疫学方法鉴别微孢子虫，首先要制备针对各种孢子表面抗原的抗血清。近年来，家蚕微孢子虫孢子表面抗原的抗体，已由不同的研究者相继研究成功。已建立的鉴别家蚕微孢子虫的免疫学检测方法有：酶联免疫吸附法（Kawarabata and Ishihara，1984）、荧光抗体法（佐藤令一，1981）、玻片凝聚法（河源畑勇等，1984）、环状凝聚法（郑祥明等，1992）、SPA协同凝集反应（梅玲玲和金伟，1988）、碳素凝集试验法（陈祖佩等，1994）、单抗直接ELISA法（万国富等，1994）、单抗间接ELISA法、单抗致敏乳胶法、单抗免疫金染色（徐兴耀等，1998）、免疫过氧化酶染色法（韩世明和渡部仁，1988）等。芦琨等已经建立了免疫学快速检测试纸条，免疫学方法虽然具有较高的灵敏度与特异性，但也存在相当高的交叉反应与非特异性反应，加之成本和对操作人员的要求都较高，在生产上暂难推广使用。

随着分子生物学的不断进步和生物技术的飞速发展，利用分子生物学手段对微孢子虫诊断鉴别也越来越受到重视。蚕病的分子生物学诊断技术主要包括对病原核酸和蛋白质等的测定，关键在于测定这些分子的特异序列或结构。病原微生物基因组都含有特异序列，可以用分子生物学的方法予以检出，而特异序列的存在则说明了该病原的存在。常用的分子生物学诊断技术包括聚合酶链反应（PCR）、基因组电泳分析、核酸杂交等。其中利用PCR技术诊断不同微孢子虫最常见。在家蚕微孢子虫研究方面，Kawakami等（1995）和陈秀等（1996）根据微孢子虫的SSU rRNA基因序列设计引物，对家蚕病原性微孢子虫进行PCR诊断。中国科学院动物研究所研制的适用于家蚕微粒子病的早期诊断和检测的"微粒子检测试剂盒"也是基于PCR建立的。除PCR技术外，原位杂交技术也用于诊断不同的微孢子虫。原位杂交技术利用标记的探针在组织和细胞水平鉴定目标核酸的存在。韦亚东等用原位杂交技术诊断家蚕卵及幼虫体内感染的家蚕微孢子虫，尝试进行蚕种质量检测及家蚕微粒子病的早期诊断（韦亚东等，2005）。但这些方法目前由于操作复杂、耗时和需要昂贵的仪器设备，以及灵敏度、特异性和成本的问题，暂时还未在生产上大面积推广和运用。

家蚕微粒子病抗性育种的研究仅有极少的报道，1981年，刘世贤等发现在对家蚕微粒子病的抗性品种筛查过程中，在测试的30多个二化性和多化性品种中测定出抗性最强的品种是'白皮淡'，其半数致病浓度达到10^6个孢子/mL，抗病力最弱的是'高白'和'高花'，其半数致病浓度为10^3个孢子/mL。刘世贤通过对抗微粒子病性状的遗传研究表明，不同家蚕品种存在着不同的抗微粒子病基因。强抗系同中抗系之间杂交后的F1-F4，在抗微粒子病性状方面呈不完全显性遗传，而且这种抗性随着杂交代数可以通过选择逐步累积加强，并提出选育抗微粒子病性状强的蚕品种是可行的，可选用抗微粒子病性状强的'白皮淡'品种作为抗病品种的基础亲本材料之一，再选择一个茧丝质量好的蚕品种作为另一个杂交用的亲本材料。刘世贤的研究工作表明，针对微粒子病的传统抗性育种工作十分必要。

随着微孢子虫基础研究的推进，RNAi和家蚕转基因技术的成熟，开展家蚕微粒子病抗性育种的研究势在必行。目前，在昆虫的转基因操作中，人们首先在按蚊抗疟原虫的转基因操作上取得了突破。通过双价单克隆抗体的转基因操作，研究者获得了对疟原虫有显著抗性的按蚊，希望借此干扰疟原虫的生活史，达到减少人类疟疾发病率的目的。最近，作者课题组通过转基因操作，也成功完成了在家蚕细胞和个体中表达抗微孢子虫表面蛋白的单克隆抗体的工作，并且在家蚕转基因细胞中，检测到了其对微孢子虫增殖表现出的抗性。基于此，通过转基因操作，赋予家蚕新的抗性分子，进行抗病分子育种，在微粒子病抗性育种中也是很有前途的，值得深入开展。

参考文献

毕德公 . 1996. 蚕桑病虫害原色图谱 . 济南：山东科学技术出版社 .

陈秀，黄可威，庄敏，等 . 1996. 家蚕微粒子病的 PCR 诊断技术研究 . 蚕业科学，22（4）:229-234.

陈祖佩，潘敏慧，冯丽春，等 .1994. 家蚕微粒子病血清学检测技术研究Ⅲ——炭素凝集反应法与常规镜检检微法对比试验 . 蚕学通讯，（3）: 2-6.

方定坚，陈汉明 . 1991. 家蚕新微孢子虫 MG，1MG 的研究：Ⅰ . 形态，病原性 . 广东农业科学 ,(2): 35-38.

高永珍，黄可威 .1999. 家蚕病原性微孢子虫的超微结构研究 . 蚕业科学，25（3）: 163-169.

韩世明，渡部仁 . 1988. 家蚕母蛾检查中微粒子孢子的酶标抗体鉴别法 . 中国蚕业，(4):

43-45.

黄君霆，朱万民，夏建国，等．1996.中国蚕丝大全.成都：四川科学技术出版社．

霍华德·巴士韦尔．1981.华南蚕丝业之调查.刘仕贤译.广东省农业科学院蚕业研究所．

金伟．2001.家蚕病理学.北京：中国农业出版社．

刘吉平，徐兴耀．2000.家蚕微粒子病流行发生的历史和现状.中国蚕业，（1）：9-11.

刘吉平，曾玲．2007. Calcofluor White M2R 荧光染色法识别家蚕微孢子虫.昆虫学报，50(11): 1185-1186.

刘仕贤，方定坚，廖森泰，等．1993.防微灵治疗家蚕粒子病研究.广东农业科学，（4）：40-43.

芦琨．2009.家蚕微粒子病免疫学快速检测试纸条的研制.重庆：西南大学硕士学位论文．

鲁兴萌，金伟．1999.微孢子虫分类学研究进展.科技通报，15（2）:119-135.

吕鸿声．2011.养蚕学原理.上海：上海科学技术出版社．

骆承军，曾健，何丽华，等．2001.新型桑叶叶面消毒剂灭微灵防治家蚕微粒子病研究.浙江农业科学，(4)：208-211.

梅玲玲，金伟．1988. SPA——协同凝集反应快速鉴别微孢子虫孢子的研究.蚕业科学，14(2): 110-111.

沈中元，孟春燕．2000.微毒灵对家蚕微粒子病治疗效果试验初报.中国蚕业,(2): 20-22.

唐顺明，张志芳．2002.一种家蚕微孢子虫孢子快速染色鉴定的方法.中国蚕业，(2): 27-28.

万国富，卢铿明，黄自然，等．1994.单克隆抗体直接 ELISA 法检测家蚕微孢子虫.广东蚕业,(4): 007.

万永继，敖明军．1991.家蚕新病原性微孢子虫 (*Nosema* sp.) 的研究.西南农业大学学报，13(6): 621-625.

万永继，敖明军．1995.家蚕病原性微孢子虫 SCM7 (*Endoreticulatus* sp.) 的分离和研究.蚕业科学,21(3): 168-172.

王建芳，李亚清，肖乃康．2004.KW1 对家蚕微粒子病的防治效果试验初报.北方蚕业，25（4）：19-20.

王裕兴，蔡亚芬．1999.“原虫净”对家蚕微粒子病的防治效果.中国蚕业,(1): 9-11.

王裕兴．2002.对家蚕微粒子病一代杂交种母蛾毒率代表性的分析.江苏蚕业，24(4): 28-30.

韦亚东，张国政，陆长德．2005.家蚕微孢子虫原位杂交诊断技术研究.蚕业科学，31（1）：64-68.

肖仕全，潘敏慧，万永继，等．2003.家蚕病原微生物的交叉感染研究.蚕学通讯，23(3): 1-5.

徐兴耀，宁波．1998.家蚕微孢子虫单抗金银染色法检测技术的研究.蚕业科学，24(1): 11-14.

徐兴耀，邹宇晓，卢铿明，等．1998.干热空气处理防治家蚕微粒子病胚种传染的研究.蚕业科学,24（3）:149-155.

郑祥明，方定坚，廖森泰．1992.几种常用血清学方法鉴别蚕微孢子虫孢子的研究.广东蚕业，（3）：29-33.

Adl SM, Simpson AGB, Lane CE, et al. 2012.The revised classification of eukaryotes. Journal of Eukaryotic Microbiology, 59(5): 429-514.

Baldauf SL, Roger AJ, Wenk-Siefert I, et al. 2000. A kingdom-level phylogeny of eukaryotes based on combined protein date. Science, 290(5493): 972-977.

Bigliardi E, Sacchi L. 2001. Cell biology and invasion of the microsporidia. Microbes Infect, 3(5): 373-379.

Burges SJ, Johnson AE.1973. Probabilistic short-term river yield forecasts. J Irrigat Drain Div, 99(2): 143-155.

Couzinet S, Cejas E, Schittny J, et al. 2000. Phagocytic uptake of *Encephalitozoon cuniculi* by nonprofessional phagocytes. Infect Immuny, 68(12): 6939-6945.

Eisen JA, Fraser CM. 2003. Phylogenomics: intersection of evolution and genomics. Science, 300(5626): 1706-1707.

Franzen C, Miller A, Hartmann P, et al. 2005. Cell invasion and intracellular fate of *Encephalitozoon cuniculi* (Microsporidia). Parasitol, 130(3): 285-292.

Frixione E, Ruiz L, Cerbon J, et al. 1997. Germination of *Nosema algerae* (Microspora) spores: conditional inhibition by D_2O, ethanol and Hg^{2+} suggests dependence of water influx upon membrane hydration and specific transmembrane pathways. J Eukaryot Microbiol, 44(2): 109-116.

Frixione E, Ruiz L, Santillán M. 1992. Dynamics of polar filament discharge and sporoplasm expulsion by microsporidian spores. Cell Motil Cytoskel, 22: 38-50.

Fujiwara T. 1980. Three microsporidians (*Nosema* spp.) from the silkworm, *Bombyxmori*. J Sericult Science Japan, 49(3): 229-236.

Fujiwara T. 1984. A Pleistophora like microsporidian isolated from the silkworm, *Bombyxmori*. J Sericult Science Japan, 53:398-402.

Gemot A, Philippe H, Le Guyader H. 1997. Evidence for loss of mitochondria in microsporidia from a mitochondria-type-HSP70 in *Nosema locustae*. Mol Biochem Parastiol, 87(2): 159-168.

Grynkiewicz G, Poenie M,Tsien RY. 1985. A new generation of Ca^{2+} indicators with greatly improved fluorescence properties. J Biolog Chemist, 260(6): 3440-3450.

Hashimoto K, Sasaki Y,Takinami K. 1976. Conditions for extrusion of the polar filament of the spore of *Plistophora anguillarum*, a microsporidian parasite in *Anguilla japonica*. Bulletin Japan Society Scient Fish, 42:837-845.

Hayman JR, Southern TR, Nash TE. 2005. Role of sulfated glycans in adherence of the microsporidian *Encephalitozoon intestinalis* to host cells *in vitro*. Infect Immun, 73(2): 841-848.

Hazard EI,Oldacre SW. 1975. Revision of Microsporidia (Protozoa) close to Thelohania: with descriptions of one new family, eight new genera, and thirteen new species. U.S. Dept. Agric. Tech. Bull.No. 1530.U.S. Department of Agriculture, Washington, DC.

Hirt RP, Healy B, Vossbrinck CR, et al. 1997. A mitochondrial *hsp70* orthologue in *Vairimorpha necatrix*: molecular evidence that microsporidia once contained mitochondria. Curr Biol, 7: 995-998.

Hirt RP, Logsdon JM, Healy B, et al. 1999. Microsporidia are related to fungi: evidence from the largest subunit of RNA polymerase Ⅱ and other proteins. Proc Natl Acad Sci, 96(2): 580-585.

Ishihara R. 1968. Some observations on the fine structure of sporoplasm discharged from spores of a microsporidian, *Nosema bombycis*. J Inverteb Path, 12(3): 245-258.

Iwano H, Ishihara R. 1991. Dimorphism of spores of *Nosema* spp. in cultured cell. J Invert Pathol, 57(2): 211-219.

Kawarabata T, Ishihara R. 1984. Infection and development of *Nosemabombycis* (Microsporida: Protozoa) in cell line of *Antheraea eucalypti*. J Invert Pathol, 44(1): 52-62.

Keeling PJ. 2003. Congruent evidence from α-tubulin and β-tubulin gene phylogenies for a zygomycete origin of microsporidia. Fungal Genet Biol, 38(3): 298-309.

Keohane EM, Weiss LM. 1998. Characterization and function of the microsporidian polar tube. a review. Folia Parasitologica, 45(2): 117.

Lee SC, Corradi N, Byrnes EJ, et al. 2008. Microsporidia evolved from ancestral sexual fungi. Curr Biol, 18(21): 1675-1679.

Malone LA. 1985. A new pathogen, *Microsporidium itiiti* n. sp.(Microsporida), from the argentine stem weevil, *Listronotus bonariensis* (Coleoptera, Curculionidae). J Eukaryot Microbiol, 32(3): 535-541.

Ohshima K. 1973. On the autogamy of nuclei and the spore formation of *Nosema bombycis* Nageli. Annot Zool Jap, 46(1): 30-44.

Pilley BM. 1976. A new genus,*Vairimorpha* (Protozoa: Microsporida), for *Nosema necatrix* Kramer 1965: pathogenicity and life cycle in *Spodoptera exempta* (Lepidoptera: Noctuidae). J Invert Pathol, 28(2): 177-183.

Reid AJ, Vermont SJ, Cotton JA, et al. 2012. Comparative genomics of the apicomplexan parasites *Toxoplasma gondii* and *Neospora caninum*: coccidia differing in host range and transmission strategy. PLoS Pathog,15(3):1002567.

Sato R, Kobayashi M, Watanabe H. 1982. Internal ultrastructure of spores of microsporidians isolated from the silkworm. J Invert Pathol, 40: 260-265.

Southern TR, Jolly CE, Lester ME, et al. 2007. EnP1, a microsporidian spore wall protein that enables spores to adhere to and infect host cells *in vitro*. Eukaryotic Cell, 6(8): 1354-1362.

Sprague V, Becnel JJ, Hazard EI. 1992. Taxonomy of phylum Microspora. CritRev Microb, 18(5-6): 285-395.

Undeen AH, Avery SW. 1984. Germination of experimentally nontrans missible microsporidia. J Invert Pathol, 43(2): 299-301.

Undeen AH, Frixione E. 1990. The role of osmotic pressure in the germination of *Nosema algerae* Spores. J Eukaryot Microb, 37(6): 561-567.

Vávra J, Yachnis AT, Shadduck JA, et al. 1998. Microsporidia of the genus *Trachiplei-stophora*——causative agents of human microsporidiosis: description of *Trachipleistophor aanthropophthera* n. sp.(Protozoa: Microsporidia). J Eukaryot Microb, 45(3): 273-283.

Vossbrink CR, Maddox JV, Friedman S, et al. 1987. Ribosomal RNA sequence suggests microsporidia are extremely ancient eukaryotes. Nature, 326: 411-414.

Weidner E, Byrd W. 1982. The microsporidian spore invasion tube. II. Role of calcium in the activation of invasion tube discharge. J Cell Biol, 93(3): 970-975.

Weidner E. 1992. Cytoskeletal proteins expressed by microsporidian parasites. Subcell Biochem,18:385-399.

Wittner M, Weiss LM. 1999.The Microsporidia and Microsporidiosis . Washington: ASM Press.

Xu YJ, Takvorian PM, Cali A, et al. 2004. Glycosylation of the major polar tube protein of *Encephalitozoon hellem*, a microsporidian parasite that infects humans. Infect Immun, 72(11): 6341-6350.

第3章
家蚕微孢子虫基因组框架图

第3章 家蚕微孢子虫基因组框架图

李 田 潘国庆 许金山

1920年，德国汉堡大学植物学教授汉斯·温克勒（Hans Winkler）首次使用基因组这一词。基因组（genome）是指一个生物体DNA（某些病毒为RNA）中所包含的所有遗传信息，其中既包括基因编码区也包括非编码区。更精确地讲，基因组是指一套染色体的完整DNA序列。1990年启动的人类基因组计划，不但完成了人类基因组测序，而且推动了大肠杆菌、詹氏甲烷球菌、酿酒酵母、线虫等模式物种的基因组测序，将人类的生物学研究推进到组学时代。近期DNA测序技术的发展与革新，尤其是近5年来第二代、第三代测序技术的发明，不但降低了基因组测序成本，而且缩短了基因组测序周期，从而大大推动了基因组学的研究进程。

基因组框架图是指基因组测序组装结果能够覆盖常染色体区域的90%，基因区域的95%，重叠群序列N50长度达到5kb以上，骨架序列N50长度达到20kb以上，单碱基错误率低于十万分之一。而基因组精细图则能够覆盖常染色体区域的95%，基因区域的98%，重叠群序列N50长度达到20kb以上，骨架序列N50长度达到300kb以上，单碱基错误率低于十万分之一。

2001年兔脑炎微孢子虫基因组数据在*Nature*杂志上的发表，标志着微孢子虫的研究进入组学时代，同时也大大推进了微孢子虫病原生物学的研究。家蚕微孢子虫是家蚕微粒子病的病原，是人类鉴定的第一种微孢子虫，其基因组的测序完成不但能够大大加快微粒子病的诊断和防控研究，也将进一步推动微孢子虫分子生物学的深入研究。家蚕微孢子虫是最早获得核型鉴定的微孢子虫，也是在形态学和病原学方面得到较多前期研究的微孢子虫，这些研究成果为家蚕微孢子虫基因组的结构解析奠定了坚实的基础。

3.1 微孢子虫核型

核型（karyotype）是指染色体组在有丝分裂中期的表型，是染色体数目、大小、形态，染色体的两臂长度，着丝点的位置及次缢痕、随体的有无等特征的总和。核型分析是根据染色体的长度、着丝点位置、臂比、随体的有无等特征，并借助染色体分带技术对某一生物的染色体进行分析、比较、排序和编号。因此，核型是细胞遗传学、现代分类学和进化论的重要研究内容。

3.1.1 染色体数目

微孢子虫个体微小［成熟孢子为（3~8）μm×（1~3）μm］，结构特殊，生活史复杂（Weiss，2001；Wittner and Weiss, 1999）。早期已报道的成熟孢子超微结构模式中，绝大多数只含有一个细胞核，而Sato等采用完整的固定方法，首次观察到家蚕微孢子虫含有两个细胞核（Sato et al., 1982）。

1994年，Kawakami等首次报道了家蚕微孢子虫的分子核型，通过脉冲场电泳分离出18条染色体条带。对重庆地区家蚕微孢子虫分离株CQ1进行脉冲场电泳分析发现，家蚕微孢子虫至少有19条染色体（图3.1），大小范围为380kb～1.9Mb，明显不同于Kawakami的分析结果——380kb～1.5Mb。Akiyoshi等（2009）在对比氏肠道微孢子虫（*Enterocytozoon bieneusi*）的分子核型研究中，通过钳位均匀电场技术（contour-clamped homogeneous electric field gel electrophoresis）在凝胶上获得了3条条带，其中第2条带溴化乙锭染色相对强度是另外两条的4倍，因此推断肠道微孢子虫的染色体总数为6条，其中第2条条带中可能包含4条大小相似的染色体。

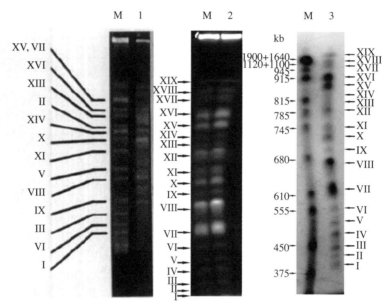

图3.1 不同株系家蚕微孢子虫分子核型图谱及染色体大小估算（黄为，2012）

M. 酿酒酵母染色体Marker；Ⅰ～ⅩⅨ. 家蚕微孢子虫染色体条带编号；1. 日本株系家蚕微孢子虫分子核型（Kawakami et al., 1994）；2. 中国重庆家蚕微孢子虫CQ1株分子核型；3. 中国重庆家蚕微孢子虫CQ1株分子核型染色体大小估算。脉冲场凝胶电泳图谱显示家蚕微孢子虫CQ1株至少有19条染色体

3.1.2 基因组大小

通过对家蚕微孢子虫CQ1株系分子核型的染色观察，发现第Ⅶ、Ⅷ、Ⅹ、Ⅻ、ⅩⅤ、ⅩⅥ条染色体条带的溴化乙锭染色相对于其他条带深得多（图3.1），推测家蚕微孢子虫CQ1株的染色体数目应在19条以上。而根据分子核型电泳图的光密度（图3.2）估算，家蚕微孢子虫CQ1株的染色体数目为29～30条，基因组大小为21.977～22.831Mb（表3.1）。

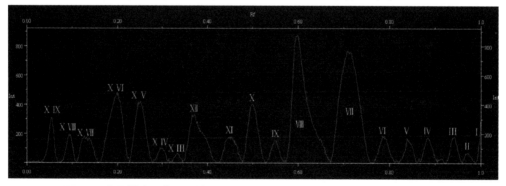

图3.2 家蚕微孢子虫CQ1株系分子核型各条带光密度图谱（黄为，2012）

横坐标为染色体条带；纵坐标为光密度值；Ⅰ～ⅩⅨ为家蚕微孢子虫染色体条带编号。峰图表示各染色体条带的光密度值，峰值越大则染色体的大小越大，峰图表明某些条带（如Ⅶ、Ⅷ）可能为多条染色体

表3.1　家蚕微孢子虫CQ1株系染色体数目及大小估算

染色体编号	条带中可能包含不同染色体数	条带大小/kb
XIX	1	1 925
XVIII	1	1 092
XVII	2	1 017
XVI	2	939
XV	2	910
XIV	1 或0.5	844
XIII	1 或0.5	810
XII	2	795
XI	1	745
X	2	725
IX	1	697
VIII	4	669
VII	4	619
VI	1	558
V	1	510
IV	1	477
III	1	438
II	1 或0.5	417
I	1	394
总计	29或30	21 977～22 831

注：I～XIX为家蚕微孢子虫染色体条带编号

对8个属17个种微孢子虫核型的比较发现，微孢子虫核型具有较大的多态性，即使同属不同种的微孢子虫，其染色体数目和大小也存在很大的差别（表3.2）。

表3.2　脉冲场凝胶电泳确定的微孢子虫染色体数目和核型

微孢子虫	宿主	PFGE带型	染色体数目	染色体大小/kb	基因组大小/kb	参考文献
Amblyapora sp.	–	7	–			Hazard et al., 1979
Nosema bombycis	家蚕 (*Bombyx mori*)	18	–	–	15 330	Kawakami et al., 1994
Nosema sp.M11-NU	家蚕	13		–	11 170	Kawakami et al., 1994
Nosema costelytrae	新西兰草金龟 (*Costelytra zealandica*)	8	–	290～1 810	7 420	Malone et al., 1993
Nosema pyrausta	欧洲玉米螟 (*Ostrinian ubilalis*)	13		130～440	10 560	Munderloh et al., 1990
Nosema furnacalis	亚洲玉米螟 (*Ostrinia furnacalis*)	13		130～440	10 240	Munderloh et al., 1990
Nosema locustae	热带飞蝗 (*Locustae migratoria*)	18		139～651		Amigo et al., 2002
Vairimorpha sp.	昆虫	8		720～1 790	10 200	Malone et al., 1993
Vairimorpha sp.M1-NU	家蚕	13		?	16 190	Kawakami et al., 1994
*Vavraia oncoperae*1	蛴螬 (*Wiseana* spp.)	16		140～1 830	10 270	Maone et al., 1993
*Vavraia oncoperae*2	新西兰草金龟 (*Costelytra zealandica*)	14		130～1 930	8 000	Maone et al., 1993
Pleitophora sp.P1-NU	斜纹夜蛾 (*Spodoptera depravata*)	13			4 410	Kawakami et al., 1994
Glugeaa therinae	鱼类	16		420～2 700	19 600	Biderre et al., 1997
Spraguea lophii	鱼类	12		230～980	6 200	Biderre et al., 1997
Encephalitozoon cuniculi	哺乳动物	11	11	217～315	2 900	Biderre et al., 1997

续表

微孢子虫	宿主	PFGE带型	染色体数目	染色体大小/kb	基因组大小/kb	参考文献
Encephalitozoon intestinalis	哺乳动物	11		190~280	2 300	Biderre et al., 1997
Encephalitozoon hellem	哺乳动物	12		175~315	2 500	Peyretaillade et al., 1998
Enterocytozoon bieneus	哺乳动物	3	6	920~1 060	6 000	Akiyoshi et al., 2009

注：PFGE为脉冲场凝胶电泳（pulsed field gel electrophoresis）

3.2 家蚕微孢子虫全基因组测序

全基因组测序是指对物种个体基因组全部序列的测定，主要包括3个步骤：测序、拼接和注释。测序步骤是指构建基因组DNA片段文库，并对文库进行序列测定；拼接是对测序获得的序列进行连接组装成大片段的过程；注释则是对组装后的大片段进行基因预测和功能预测及分类的过程。

3.2.1 基因组文库构建

"鸟枪法"（shot-gun）作为一种传统的基因组测序策略已成功地应用于人、水稻、家蚕等许多物种基因组的测序计划。家蚕微孢子虫基因组测序也沿用了"鸟枪法"策略。首先，对家蚕微孢子虫进行蔗糖密度梯度离心，获得高纯度的孢子，通过极管激发法提取孢子的基因组DNA，然后利用超声波将基因组DNA打碎成小片段，通过琼脂糖凝胶电泳分离大小约为2kb的DNA片段，并分别与pUC18克隆载体连接，转化大肠杆菌JM109（*Escherichia coli* JM109）后进行培养扩增，从而构建成家蚕微孢子虫基因组DNA的质粒文库。

细菌人工染色体（bacterial artificial chromosome，BAC）是一种可容纳超大插入片段（约300kb）的克隆载体，常被用来构建大片段基因组文库，以辅助"鸟枪法"文库测序序列的拼接。对家蚕微孢子虫基因组进行酶切位点分析后，选择Hind Ⅲ进行DNA酶切（图3.3），

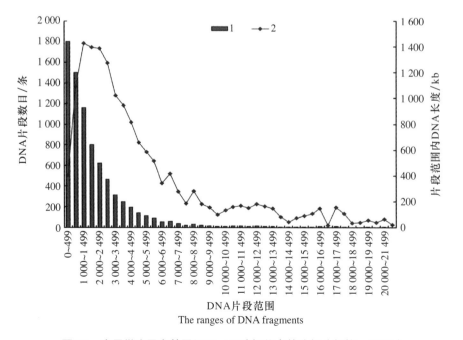

图3.3 家蚕微孢子虫基因组*Hind* Ⅲ酶切位点的分析（杨柳，2009）

■ 1. DNA片段数目；◆ 2. 片段范围内DNA长度

构建了一小型BAC（mini-BAC）文库，插入片段长度为10～30kb。

　　以Illumina公司的Solexa为代表的第二代测序技术是一种高通量、低成本、短周期的新型测序技术。为了获得更高覆盖度的基因组数据，家蚕微孢子虫全基因组测序计划借助Solexa建库及测序技术，构建了一个插入片段为500bp的DNA文库，并进行了高通量测序。

3.2.2　基因组文库测序

　　家蚕微孢子虫基因组测序共获得554.16Mb测序数据，是基因组大小的36.2倍。这些数据包括：利用ABI公司的MegaBase1000测序仪对"鸟枪法"质粒文库进行正反向测序获得的231 293条末端序列，通过MegaBase1000测序仪对mini-BAC文库测序获得的13 673条克隆末端序列，以及通过Solexa测序获得的443.36Mb的高通量数据（表3.3）。这些序列为后期基因组序列的组装提供了非常充足的数据。

表3.3　家蚕微孢子虫基因组文库及其测序统计

	插入片段大小/kb	总长/Mb	测序深度/倍	平均长度/bp	reads总数	有效reads百分比/%
mini-BAC文库	10～30	6.56	0.42	480	13 673	86
质粒文库	2	104.24	6.62	451	231 293	83
Solexa文库	0.5	443.36	28.2	75	2 955 733	89
总计		554.16	35.24			

3.2.3　基因组序列的组装

　　基因组测序数据的处理及组装流程如图3.4所示，首先对测序获得的峰图文件进行Basecalling序列读取，转化为序列文件；接着采用Crossmatch（Green，1994）软件屏蔽载体序列，然后采用RePS（Wang et al.，2002）软件进行组装。具体方法为对所有测序读长（reads）统计20-mer的深度，将深度过高的reads判断为重复序列暂时去除，对剩余的reads用软件Phrap组装成重叠群序列（contig）。利用单克隆两末端的一对有效关系对（两个末端测序都在Unique区的正反向关系称为一对有效关系），可将小片段重叠群序列进行连接，形成大片段骨架序列（scaffold），此时再将前面屏蔽掉的重复序列恢复到骨架序列中相应的位置上；最后，利用mini-BAC克隆的末端序列

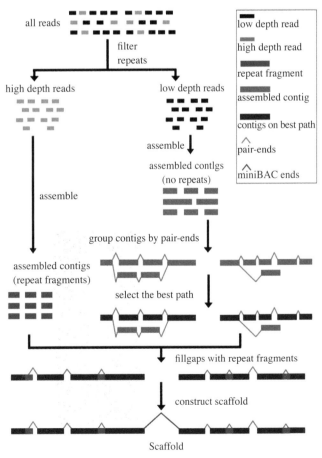

图3.4　家蚕微孢子虫基因组组装流程

reads. 测序序列；contig. 重叠群序列；scaffold. 骨架序列

对骨架序列进行连接，构建超级骨架序列（superscaffold）。

　　经过以上组装过程，共获得了3551条重叠群序列，构建了1605条骨架序列，即家蚕微孢子虫基因组框架序列，序列总长为15.7Mb，N50为57kb（表3.4），最长序列为571.059kb，平均GC含量为31%。

表3.4　家蚕微孢子虫基因组组装结果

	N50 /bp	序列数目/条	序列总长/kb
构成骨架序列的重叠群序列（contig）	7 165	2 435	10 951
未构成骨架序列的重叠群序列（singlet）	3 807	1 116	3 395
骨架序列（scaffold）	57 394	1 605	15 680

3.3　家蚕微孢子虫转录组测序

　　转录组（transcriptome）是一物种在某时期所有表达基因的转录本，即mRNA的集合。转录组的研究可以通过基因芯片、cDNA文库和新一代的转录组测序等技术来进行。通过对转录组数据的分析，不仅可以获得基因表达信息，而且还可以获得基因序列和结构信息。在基因组研究中，这些信息对基因预测和校正具有非常重要的参考。

　　为了辅助基因组注释，利用SMART cDNA 文库构建试剂盒（Clontech）构建成熟孢子cDNA文库，并对克隆进行大量Sanger法测序。同时，还通过新一代高通量测序仪Solexa进行了感染微孢子虫的家蚕中肠和丝腺混合样品转录组测序。

3.3.1　EST序列测定

　　家蚕微孢子虫核糖体为原核型的70S核糖体，小亚基核糖体RNA为16S rRNA。家蚕微孢子虫总RNA经琼脂糖凝胶电泳后可呈现3条带：23S、16S和5S（图3.5A）。从总RNA中纯化出mRNA，经反转录PCR后可获得表达基因的双链cDNA（dscDNA），如图3.5B所示，dscDNA在0.5～4kb呈弥散条带，在1kb左右有一主带。dscDNA连入载体后构建了cDNA文库，初始文库的滴度为8.6×10^6pfu/mL，对文库进行扩增后，滴度为5.3×10^9pfu/mL。

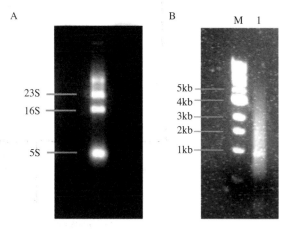

图3.5　家蚕微孢子虫总RNA（A）和双链cDNA（B）电泳图

M. 1kb ladder marker；1. 双链cDNA；微孢子虫核糖体为原核型70S核糖体，电泳检测发现合成的双链DNA在1kb处有一条主带

cDNA文库进行测序获得11 155条ESTs，拼接后得到1517条单一EST序列（unique EST），长度为200～600bp，平均长度为339.99bp（图3.6）。由于提取总RNA的样品材料为成熟孢子生命活动不活跃，因此转录的mRNA的丰度较低，EST序列的冗余性较高。

将EST序列与基因组比对可获得其基因组上的基因结构信息。家蚕微孢子虫11 155条ESTs序列中10 856条与398条骨架序列上有比对信息，平均覆盖度为0.07，平均每个碱基的覆盖深度为1.01，其中

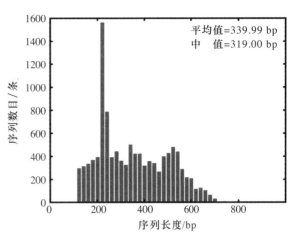

图3.6 家蚕微孢子虫单一EST序列长度分布

8863 条EST覆盖了744个基因，平均覆盖深度为8.81，平均GC含量为31%，略大于所有转录组标签的平均GC含量（30%），并且随着覆盖度的增加，基因的GC含量也有所增大（图3.7）。

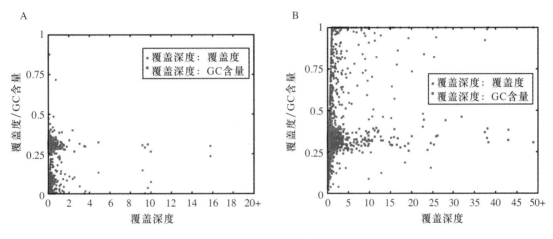

图3.7 家蚕微孢子虫EST序列与骨架序列（A）和基因序列（B）比对结果统计

3.3.2 高通量转录组测序

转录组是指特定细胞在某一功能状态下所转录出来的所有RNA的总和，包括mRNA和非编码RNA。转录组数据是研究基因功能和结构的基础，通过新一代高通量测序技术，能够全面快速地获得某一物种特定细胞、组织或器官在某一状态下几乎所有的转录本序列。

3.3.2.1 家蚕受感染组织的转录组测序

对微孢子虫感染的家蚕中肠转录组进行测序，过滤测序质量低于Q20的序列后，共获得标签2 399 132个。与家蚕微孢子虫基因组骨架序列进行SOAP软件的相似性比对后，获得家蚕微孢子虫表达序列标签332 187个，以同样的标准(错配数目mismatch≤2bp)与家蚕微孢子虫所有蛋白质编码基因序列比对后，获得基因表达标签238 294个(表3.5)。

表3.5 转录组序列与家蚕微孢子虫基因组比对结果统计

	感染家蚕中肠转录组	感染家蚕丝腺转录组
reads总数	2 399 132	2 146 548
与基因组比对		
匹配reads数	332 187 (13.85%)	24 546 (1.14%)
完全匹配reads数	248 263	19 101
错配少于2bp的reads数	83 924	5 445
与基因比对		
匹配reads数	238 294 (9.93%)	19 700 (0.92%)
完全匹配reads数	172 396	14 833
错配数少于2bp的reads数	65 898	4 867

对微孢子虫感染的家蚕丝腺转录组进行测序,过滤低于Q20的序列后,共获得标签2 146 548个。与家蚕微孢子虫基因组骨架序列进行SOAP比对后,获得家蚕微孢子虫序列标签24 546个,以同样的标准(错配数目mismatch≤2bp)与家蚕微孢子虫所有蛋白质编码基因序列比对后,获得基因表达标签19 700个(表3.5)。

3.3.2.2 转录组序列的鉴定

感染家蚕中肠混合样品转录组文库中332 187条标签序列与家蚕微孢子虫基因组序列有严格匹配信息,对其序列特征及分布进行统计发现,转录组标签覆盖了1188条基因组骨架序列,占全部骨架序列数目的69.50%,平均覆盖度为0.21,平均覆盖深度为0.88,平均GC含量为0.30(图3.8A)。

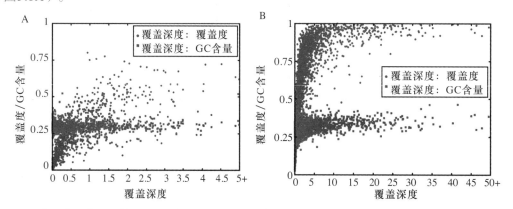

图3.8 家蚕中肠内孢子转录组序列与家蚕微孢子虫基因组骨架序列(A)和基因序列(B)比对结果分布

感染家蚕中肠混合样品转录组文库中238 294条标签序列与家蚕微孢子虫基因序列进行严格匹配后,对其序列特征及分布进行统计发现,转录组标签覆盖了3696条CDS序列,占全部CDS数量的82.50%,平均覆盖度为0.53,平均覆盖深度为3.81,平均GC含量为0.31,稍高于所有转录标签的平均GC含量(0.30)。同时,随着覆盖度的增加,表达基因的GC含量也明显增大(图3.8B)。

感染家蚕丝腺混合样品转录组文库中24 546条标签序列与家蚕微孢子虫基因组进行严格匹配后,对其序列特征及分布进行统计发现,转录组标签覆盖了550条基因组骨架序列,占全部骨架数目的34.20%,平均覆盖度为0.07,平均覆盖深度为0.13,平均GC含量为0.30(图

3.9A）。从标签数量上来看，家蚕丝腺组织转录组文库中孢子的表达标签数目要远小于中肠文库中孢子表达标签数目。

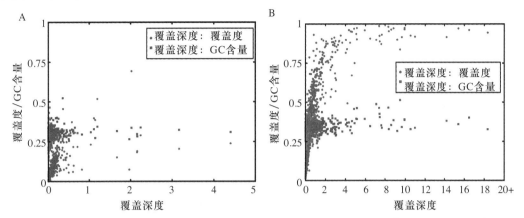

图3.9　家蚕丝腺内孢子转录组序列与家蚕微孢子虫基因组骨架序列（A）和基因序列（B）比对结果分布

感染家蚕丝腺混合样品转录组文库中19 700条标签序列与家蚕微孢子虫CDS也有严格匹配信息，对其序列特征及分布进行分析发现，转录组标签覆盖了1485条CDS序列，占全部CDS数量的33.20%，平均覆盖度为0.27，平均覆盖深度为0.81，平均GC含量为0.32，高于所有转录标签的平均GC含量（0.30）。同时，随着覆盖度的增加，表达基因的GC含量也明显增大 (图3.9B)。同样，从标签数量上来看，丝腺组织中覆盖到孢子CDS上的表达标签数目要远小于中肠文库中相应的孢子表达标签数目。

3.4　家蚕微孢子虫基因组注释

基因组注释包括重复序列（包括转座元件）预测、基因（包括编码和非编码基因）预测、基因功能注释、基因功能分类等过程。

3.4.1　重复序列

重复序列是存在于基因组中的高拷贝序列，在进行基因组注释时会造成严重干扰。因此，在进行基因预测之前，需要对重复序列进行预测并将其屏蔽。研究人员利用ReAS（Li et al., 2005），PILER-DF（Edgar and Myers, 2005），Repeat Scout（Price et al., 2005）和LTR_ Finder（Xu and Wang, 2007）等软件对家蚕微孢子虫基因组中的重复序列进行了预测。

相对于其他已报道的微孢子虫基因组，家蚕微孢子虫基因组中存在大量的重复序列，总长达到6Mb，约占整个基因组的39%（图3.10）。对重复序列

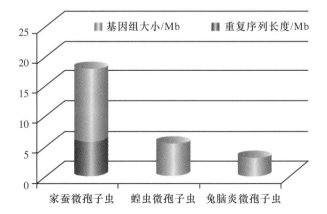

图3.10　家蚕微孢子虫、蝗虫微孢子虫和兔脑炎微孢子虫基因组中转座元件的含量家蚕微孢子虫基因组中含有大量的重复序列，占基因组的39%

进行分类发现，家蚕微孢子虫包含了绝大部分目前已知的重复序列类型，其中DNA型的转座子中，hAT亚型含量最丰富，其总长占基因组大小的6%。除了已知类型的重复序列，家蚕微孢子虫还含有大量未知类型的重复序列，这些序列占基因组总长的14.06%（表3.6）。

表3.6　家蚕微孢子虫转座元件分类统计

类型	长度/bp	百分比/%
DNA	2 879 188	18.37
LTR	611 288	3.89
LINE	222 325	1.42
Rolling-circle	102 334	0.65
SINE	28 669	0.18
未知	2 204 497	14.06
总计	6 048 301	38.57

3.4.2　基因预测

3.4.2.1　蛋白质编码基因

将重复序列从基因组组装序列中屏蔽掉后，再利用Glimmer3.0（Lomsadze et al., 2005）、BLAST（Altschul et al., 1997）、Genewise 2.0（Birney et al., 2004）、GeneMarkS 4.6和Augustus 2.0（Stanke et al., 2008）等软件对家蚕微孢子虫蛋白质编码基因进行预测，并对预测结果进行整合、校正后，共获得了4460个基因，平均长度为741bp，平均GC含量为31%，总长占基因组大小的21.7%。

同其他微孢子虫相比，家蚕微孢子虫基因组较大、GC含量较低、编码基因较多；但基因密度较小，平均基因间区长度明显大于其他微孢子虫，平均基因长度也偏小（表3.7）。

表3.7　微孢子虫基因组序列特征比较

	家蚕微孢子虫	东方蜜蜂微孢子虫	兔脑炎微孢子虫	比氏肠道微孢子虫	蝗虫微孢子虫
基因组					
基因组大小/Mb	15.7	7.9	2.9	6	5.3
(G+C) 含量/%	31	25	47	25	47
编码基因					
编码基因数	4460	2614	1997	3632	2606
(G+C) 含量/%	31	27	48	26	46
可读框平均长度/bp	741	904	1077	995	699
基因间区平均长度/bp	1910	510	129	127	507
编码区所占比率/%	21	30	74	68	30
有内含子基因的数目	157*	6	13	19	NA
基因密度/(bp/基因)	3517	3007	1025	1148	2331
非编码基因					
tRNA基因数目	175	65	44	74	NA
rRNA基因数目	84	NA	25	98	NA
重复序列					
转座元件占基因组比率/%	45.2	NA	0	NA	NA
串联重复占基因组比率/%	1.6	NA	0.2	NA	NA

注：NA代表未知

数据来源：东方蜜蜂微孢子虫（Cornman et al., 2009）、兔脑炎微孢子虫（Katinka et al., 2001）、比氏肠道微孢子虫（Akiyoshi et al., 2009）和蝗虫微孢子虫（Slamovits et al., 2004）

*基因预测软件Augustus（Stanke et al., 2008）的预测结果

3.4.2.2　rRNA与tRNA基因

利用tRNAscan-SE（Lowe and Eddy, 1997）软件，采用真核生物参数模型对家蚕微孢子虫tRNA基因进行预测，共发现了175个tRNA基因，包括161个标准氨基酸tRNA基因、12个tRNA假基因和2个未知的异构体型tRNA基因。所有tRNA基因中，有7个具有内含子，分别为2个Ile-TAT和5个Tyr-GTA。如表3.8所示，家蚕微孢子虫在某些氨基酸上表现出强烈的密码子偏好性。例如，氨基酸Phe只使用反密码子GAA，氨基酸Asn只使用反密码子GTT，氨基酸Asp只使用反密码子GTC等。

表3.8　家蚕微孢子虫tRNA密码子表

氨基酸	tRNA拷贝数	tRNA反密码子及其拷贝数					
Ala	5	AGC: 1	GGC: 1	CGC: 0	TGC: 3		
Gly	9	ACC: 0	GCC: 2	CCC: 2	TCC: 5		
Pro	8	AGG: 3	GGG: 0	CGG: 1	TGG: 4		
Thr	6	AGT: 4	GGT: 0	CGT: 1	TGT: 1		
Val	7	AAC: 3	GAC: 0	CAC: 2	TAC: 2		
Ser	10	AGA: 4	GGA: 0	CGA: 2	TGA: 2	ACT: 0	GCT: 2
Arg	10	ACG: 2	GCG: 0	CCG: 0	TCG: 3	CCT: 2	TCT: 3
Leu	15	AAG: 4	GAG: 0	CAG: 4	TAG: 2	CAA: 2	TAA: 3
Phe	6	AAA: 0	GAA: 6				
Asn	9	ATT: 0	GTT: 9				
Lys	13	CTT: 7	TTT: 6				
Asp	6	ATC: 0	GTC: 6				
Glu	11	CTC: 5	TTC: 6				
His	4	ATG: 0	GTG: 4				
Gln	5	CTG: 2	TTG: 3				
Ile	5	AAT: 3	GAT: 0	TAT: 2			
Met	17	CAT: 17					
Tyr	5	ATA: 0	GTA: 5				
Supres	0	CTA: 0	TTA:				
Cys	7	ACA: 0	GCA: 7				
Trp	3	CCA: 3					
SelCys	0	TCA: 0					

家蚕微孢子虫核糖体是原核型核糖体。2004年，Huang等（2004）报道了家蚕微孢子虫的完整rDNA序列。以已报道的完整rDNA序列为参考，对家蚕微孢子虫所有rRNA基因拷贝进行BLASTN检索，共发现了84个完整及不完整的rRNA基因单元。从基因组分布来看，家蚕微孢子虫rRNA基因主要分布于相应框架图的末端（图3.11）。

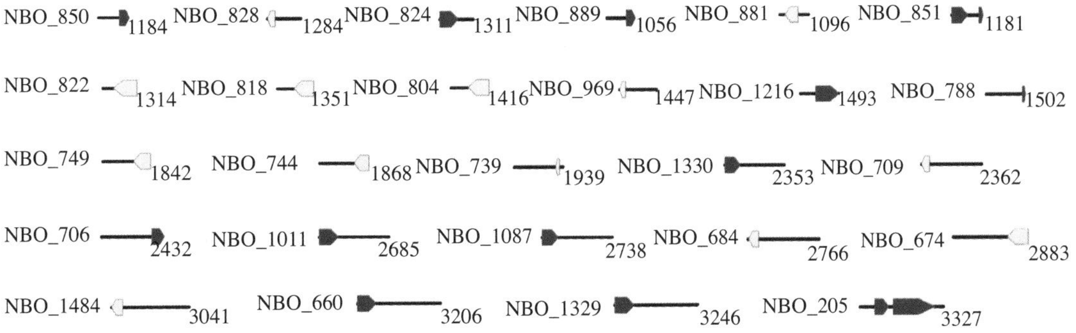

图3.11　家蚕微孢子虫rDNA（部分序列）在框骨架序列上的分布

NBO为家蚕微孢子虫骨架序列；左右箭头为反/正向rDNA基因；rDNA主要分布于骨架序列的两端区域

3.4.3 蛋白质编码基因的注释

利用BLASTP（Altschul et al., 1990）程序，将家蚕微孢子虫4460个编码基因的蛋白质序列与Uniprot数据库（包括SwissPro和TrEMBL）、GenBank非冗余蛋白质数据库（nr）（Williams et al., 2008）比对进行同源蛋白检索，获得蛋白质的参考功能信息；在InterPro（Hunter et al., 2009）数据库中检索蛋白质的GO（gene ontology）信息；在COG（cluster of orthologous groups）数据库（Tatusov et al., 2003）中检索，进行基因的功能分类；在KEGG（kyoto encyclopedia of genes and genomes）数据库（Kanehisa et al., 2006）中检索基因进行代谢途径注释；与SMART（simple modular architecture research tool）数据库（Letunic et al., 2012）比对进行蛋白质结构域的注释；为了预测家蚕微孢子虫的分泌蛋白，利用tmhmm-2.0c、kohgpi-1.5、targetp-1.1、MitoProtII、nucpred-1.1、NLStradamus.1.7、PredictNLS、psortII和signalp-4.0程序对蛋白质进行亚细胞定位，筛选能够分泌到细胞膜外的蛋白质。

3.4.3.1 蛋白质功能预测

通过同源比对注释，家蚕微孢子虫4460个编码基因中，有2037个获得了明确的参考功能信息，另外2423个基因被注释为假定蛋白（hypothetical protein）基因。在基因功能方面，家蚕微孢子虫除了编码行使物质代谢、细胞增殖、信号传导等基本功能的蛋白质外，还编码一些孢壁蛋白、膜蛋白、分泌蛋白，以及参与细胞外物质转运等与寄生增殖密切相关的蛋白质，另外还编码有与microRNA加工相关的Dicer、Argonaute等蛋白质（图3.12，图3.13）。

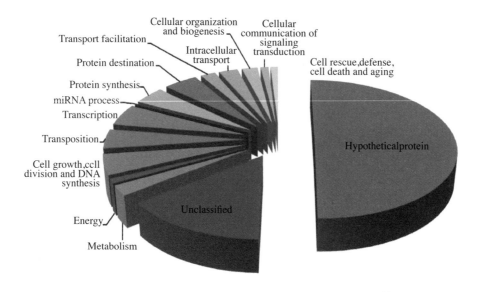

图3.12　家蚕微孢子虫基因功能分类

家蚕微孢子虫大部分编码基因为功能未知的假定蛋白（hypothetical protein）

3.4.3.2 蛋白质结构域及基序预测

在蛋白质结构域方面，家蚕微孢子虫有687个蛋白质有信号肽，866个蛋白质有跨膜结构域，563个蛋白质含有肝素结合基序（HBM），其中既有信号肽又有跨膜结构域和肝素结合基序的蛋白质有135个（图3.14）。在这些定位于细胞质膜或细胞器膜上并带有肝素结合基序的

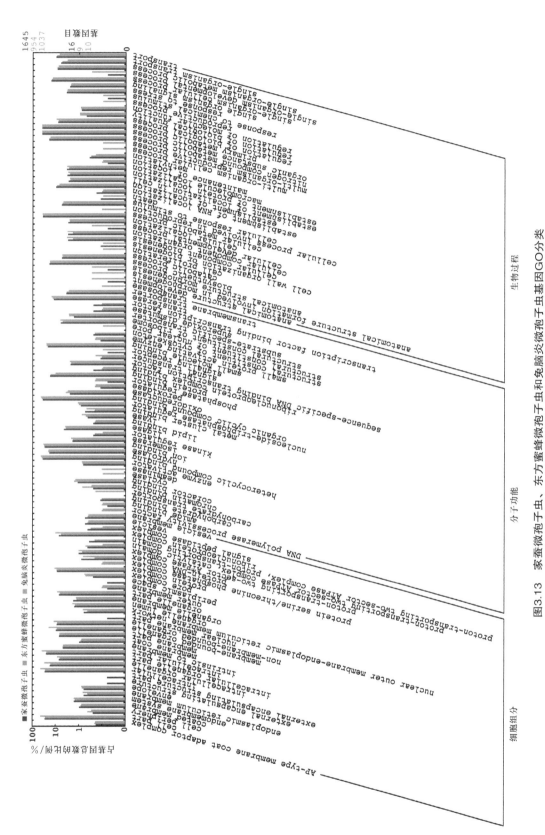

图3.13　家蚕微孢子虫、东方蜜蜂微孢子虫和兔脑炎微孢子虫基因GO分类

3种微孢子虫在细胞组分方面无差异，而在分子功能和生物过程两个方面存在部分差异，如cofactor transporter, deaminase, enzyme inhibitor, reproduction等

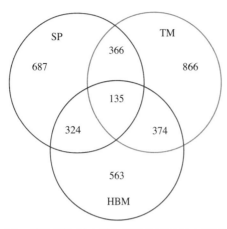

图3.14 家蚕微孢子虫蛋白质结构域及基序预测统计

SP. 信号肽；TM. 跨膜结构域；HBM. 肝素结合基序

蛋白质中，大部分为功能未知蛋白，少部分为转运体蛋白、线粒体型蛋白、核蛋白及细胞质膜蛋白，其中的转运体包含了与糖、氨基酸、脂类等物质转运相关的蛋白质，因此这些转运体可能与家蚕微孢子虫营养物质的获取有关（图3.15）。同时，这些分泌型蛋白和细胞膜蛋白也是研究微孢子虫与宿主互作的重要候选靶标。

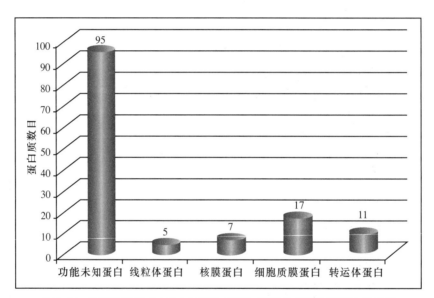

图3.15 家蚕微孢子虫135个具有信号肽和肝素结合基序膜蛋白的分类

3.4.4 基因表达特征

3.4.4.1 成熟孢子基因表达特征

将8863条EST所对应的744个基因进行功能注释并分类发现(图3.16)，其中313个为未知功能的假定蛋白(hypothetical protein)，431个有明确注释的基因在功能上主要为组成型蛋白质编码基因，如组蛋白，极丝蛋白1和2，孢壁蛋白HSWP1、HSWP2、HSWP4、HSWP5、HSWP7、HSWP8、HSWP9、HSWP12（Wu et al., 2008），40S和60S核糖体蛋白等。8863条EST对应744个基因的平均覆盖深度为8.81，这个值可作为成熟孢子基因的相对平均表达水平。因此，人们以这个值为相对标准，筛选出了71个覆盖深度大于此标准的基因，作为成熟孢子较高表达水平基因，其中32个为假定蛋白。对其他39个有明确注释的基因进行分类，发现这些相对高水平表达基因主要为上述所提到的组成型蛋白质，这再次表明成熟孢子功能型基因表达不活跃，主要表达组成型蛋白。

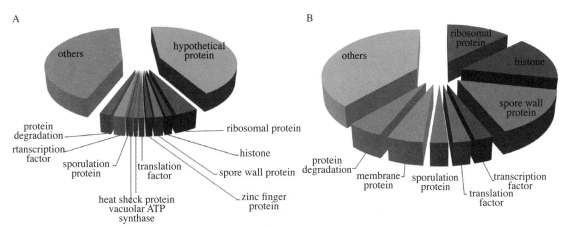

图3.16　家蚕微孢子虫成熟孢子表达基因功能分类

A. 所有基因；B. 表达标签覆盖深度大于平均覆盖深度(8.81)的基因；表达标签覆盖深度表征了基因相对表达量，
成熟孢子中相对高表达的基因为核糖体蛋白、组蛋白、孢壁蛋白等

3.4.4.2　家蚕中肠内微孢子虫基因表达特征

对238 294条转录组标签所对应的3696个基因进行功能注释发现，其中1803个为未知功能基因。对1892个有明确功能注释的基因进行功能分类（图3.17），结果显示，此时期孢子表达基因的功能分布非常广泛，表现出非常活跃的基因转录、翻译（转录、翻译相关酶类及其调控因子），物质转运（氨基酸、糖、离子等转运体），细胞分裂增殖（细胞分裂激酶、细胞分裂周期蛋白、减数分裂相关蛋白）等。238 294条基因表达标签对应3696个基因的平均覆盖深度为3.81，以这个值为基因相对表达水平标准，筛选出了673个覆盖深度大于此标准的基因，作为感染第10天孢子较高表达水平基因，其中221个为假定蛋白。对其他452个有明确注释的基因进行分类发现，较高表达水平基因主要为核糖体蛋白，转录翻译相关基因，蛋白酶体，孢壁蛋白（如SWP5、SWP8、SWP12等）（Wu et al., 2008），线粒体型蛋白（如丙酮酸脱氢酶

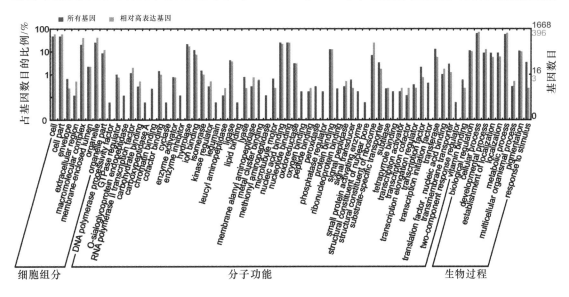

图3.17　感染后期家蚕中肠内微孢子虫表达基因的GO分类

表达标签覆盖深度表征了基因相对表达量，相对高表达基因参与了所有的细胞组分和生物过程，但仅为某些分子
功能方面的基因

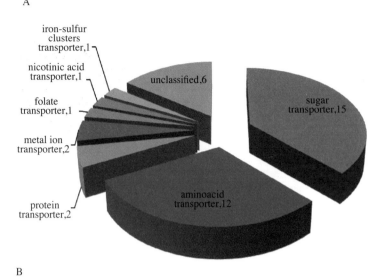

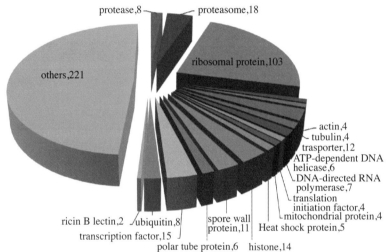

E1，PDHE1），极管蛋白（PTP1、PTP2、PTP3），转运体蛋白（如参与转运宿主ATP的ADP/ATP转运蛋白（Tsaousis et al.，2008；Williams et al.，2008），毒素蛋白类枯草杆菌蛋白酶（subtilisin-like protease）和ricin B-凝集素（ricin B-lectin）等，这些较高水平表达的基因主要为一些与微孢子虫寄生适应相关的基因（图3.18B）。

图3.18　感染后期家蚕中肠内微孢子虫表达基因的功能分类

A. 转运体基因；B. 高表达基因（覆盖深度>3.81）；表达标签覆盖深度表征了基因相对表达量，相对高量表达基因包括核糖体蛋白、转录因子、极管蛋白、孢壁蛋白、转运体蛋白等的编码基因

3.4.4.3　家蚕丝腺内微孢子虫基因表达特征

对感染后第10天家蚕丝腺内微孢子虫的基因表达情况进行分析发现，1485个已转录基因中551个为假定蛋白（hypothetical protein）编码基因。对934个有明确功能注释的基因进行功能分类，同中肠内孢子基因表达特征相比，丝腺内孢子虫表达基因的功能分类相对少一些，但主要分类与前者相似（图3.19A）。转录标签覆盖深度大于平均水平（0.81）的基因有210个，有明确注释信息的有123个。对此123个基因进行分类统计，与中肠孢子基因表达特征相比，家蚕丝腺内孢子相对高水平表达的基因在功能分类上明显少于前者，如转录因子、类枯草杆菌蛋白酶、信号传导、信号肽酶等基因（图3.19B）。

总体上，同家蚕中肠混合样品相比，在转录组测序总量相近的情况下，丝腺内孢子转录标签的数量及比例均远远小于中肠内孢子转录标签的数量及比例。此时期家蚕龄期为5龄5d，即将吐丝。由此可以推断，此时期家蚕丝腺内的孢子可能已经向成熟孢子状态转化，大量基因转录水平降低或不表达。同时，此时期家蚕仍处于进食桑叶期，中肠继续行使着物质消化及吸收功能，代谢活动仍然非常活跃，因此，中肠内的孢子以处于增殖状态的孢子为主，故其基因的表达水平及表达种类均大于丝腺内的孢子。

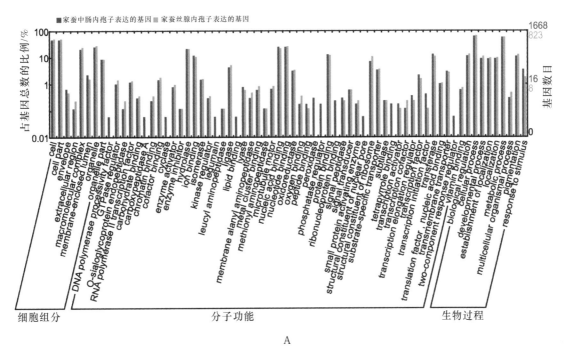

A

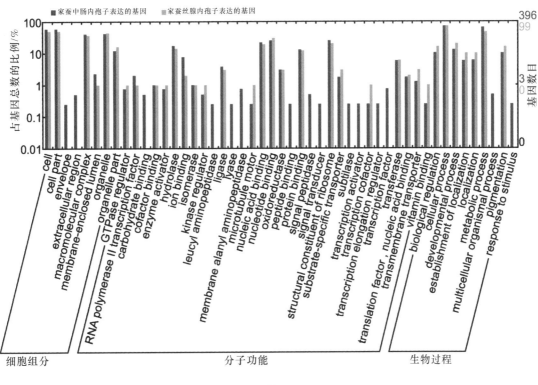

B

图3.19 感染后期家蚕中肠和丝腺内微孢子虫表达基因的GO分类

A. 感染10d家蚕中肠和丝腺内家蚕微孢子虫表达基因GO分类；B. 感染10d家蚕中肠和丝腺内家蚕微孢子虫高量表达基因的GO分类；midgut spores. 家蚕中肠内孢子表达基因；silkgland spores. 家蚕丝腺内孢子表达基因；家蚕中肠内与丝腺内孢子，在细胞组分和生物过程方面表达基因的种类无差异，但表达量存在差异，而在分子功能方面二者存在种类和表达量的差异

3.5　家蚕微孢子虫基因组框架图谱

家蚕微孢子虫1605条骨架序列（scaffold）中，有58条长度大于50kb。结合基因组注释结果，针对这58条较长的基因组骨架序列，绘制家蚕微孢子虫基因组框架图谱（图3.20）。家蚕微孢子虫基因组总体G+C含量在30%左右，近40%的重复序列几乎分布于每条骨架序列上。同时，基因组中还含有大量的多拷贝基因和重复片段。在分布上，家蚕微孢子虫基因在基因组中成簇排布，基因间区分布有大量的重复序列。

相对于已有基因组精细图谱的兔脑炎微孢子虫和肠道微孢子虫，家蚕微孢子虫基因组结构更为复杂，组成成分也更为丰富，主要表现为：一方面，家蚕微孢子虫染色体数目较多，基因组较大，基因数目较多，基因排列较为松散，但基因在长度上更为减缩；另一方面，脑孢虫属基因组内的转座元件极少，而家蚕微孢子虫基因组内的转座元件极多；再次，家蚕微孢子虫基因组中分布有较多的重复片段和重复基因。

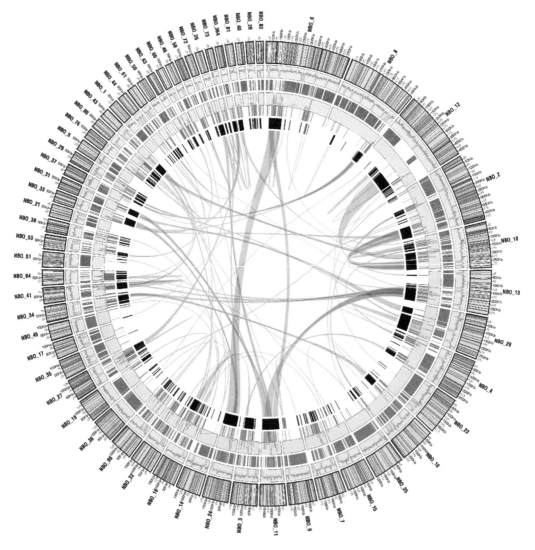

图3.20　家蚕微孢子虫基因组图谱

由外至内，第一圈为骨架序列（≥50kb），第二圈为骨架序列的GC含量，第三圈为转座元件，第四圈为转录标签的覆盖深度，第五圈为多拷贝基因，第六圈为重复片度，内部灰色线条表示重复片段间的关系。家蚕微孢子虫基因组中不仅存在丰富的转座元件，而且存在大量的重复片段和重复基因

参考文献

Akiyoshi DE, Morrison HG, Lei S, et al. 2009. Genomic survey of the non-cultivatable opportunistic human pathogen, *Enterocytozoon bieneusi*. PLoS Pathog, 5(1): e1000261.

Altschul SF, Gish W, Miller W, et al. 1990. Basic local alignment search tool. J Mol Biol, 215(3): 403-410.

Altschul SF, Madden TL, Schaffer AA, et al. 1997. Gapped BLAST and PSI-BLAST: a new generation of protein database search programs. Nucl Acids Res, 25(17): 3389-3402.

Birney E, Clamp M, Durbin R. 2004. Genewise and Genomewise. Genome Res, 14(5): 988-995.

Cornman RS, Chen YP, Schatz Michael C, et al. 2009. Genomic analyses of the microsporidian *Nosema ceranae*, an emergent pathogen of honey bees. PLoS Pathog, 5(6): e1000466.

Edgar RC, Myers EW. 2005. PILER: identification and classification of genomic repeats. Bioinformatics, 21(suppl_1): i152-i158.

Green P. 1994. Phrap. Unpublished, available for download at http://www. genome. washington. edu/UWGC/analysistools/phrap. htm.

Huang WF, Tsai SJ, Lo CF, et al. 2004. The novel organization and complete sequence of the ribosomal RNA gene of *Nosema bombycis*. Fungal Genet Biol, 41(5): 473-481.

Hunter S, Apweiler R, Attwood TK, et al. 2009. InterPro: the integrative protein signature database. Nucleic Acids Res, 37(Database issue): D211-D215.

Kanehisa M, Goto S, Hattori M, et al. 2006. From genomics to chemical genomics: new developments in KEGG. Nucleic Acids Res, 34(Database issue): D354-D357.

Katinka MD, Duprat S, Cornillot E, et al. 2001. Genome sequence and gene compaction of the eukaryote parasite *Encephalitozoon cuniculi*. Nature, 414(6862): 450-453.

Kawakami Y, Inoue T, Ito K, et al. 1994. Comparison of chromosomal DNA from four Microsporidia pathogenic to the silkworm, *Bombyx mori*. Applied Entomology and Zoology, 29: 120-120.

Letunic I, Doerks T, Bork P. 2012. SMART 7: recent updates to the protein domain annotation resource. Nucleic Acids Res, 40(D1): D302-D305.

Li R, Ye J, Li S, et al. 2005. ReAS:recovery of ancestral sequences for transposable elements from the unassembled reads of a whole genome shotgun. PLoS Comput Biol, 1(4): e43.

Lomsadze A, Ter-Hovhannisyan V, Chernoff YO, et al. 2005. Gene identification in novel eukaryotic genomes by self-training algorithm. Nucleic Acids Res, 33(20): 6494-6506.

Lowe TM, Eddy SR. 1997. tRNAscan-SE: a program for improved detection of transfer RNA genes in genomic sequence. Nucl Acids Res, 25(5): 955-964.

Price AL, Jones NC, Pevzner PA. 2005. *De novo* identification of repeat families in large genomes. Bioinformatics, 21(Suppl 1): i351-i358.

Sato R, Kobayashi M, Watanabe H. 1982. Internal ultrastructure of spores of microsporidians isolated from the silkworm. J Invert Path, 40: 260-265.

Slamovits CH, Fast NM, Law JS, et al. 2004. Genome compaction and stability in microsporidian intracellular parasites. Curr Biol, 14(10): 891-896.

Stanke M, Diekhans M, Baertsch R, et al. 2008. Using native and syntenically mapped cDNA alignments to improve de novo gene finding. Bioinformatics, 24(5): 637.

Tatusov RL, Fedorova ND, Jackson JD, et al. 2003. The COG database: an updated version includes eukaryotes. BMC Bioinformatics, 4: 41.

Tsaousis AD, Kunji ERS, Goldberg AV, et al. 2008. A novel route for ATP acquisition by the remnant mitochondria of *Encephalitozoon cuniculi*. Nature, 453(7194): 553-556.

Wang J, Wong GKS, Ni P, et al. 2002. RePS: a sequence assembler that masks exact repeats identified from the shotgun data. Genome Res, 12(5): 824.

Weiss LM. 2001. Microsporidia: emerging pathogenic protists. Acta Tropica, 78(2): 89-102.

Williams BA, Haferkamp I, Keeling PJ. 2008a. An ADP/ATP-specific mitochondrial carrier protein in the microsporidian *Antonospora locustae*. J Mol Biol, 375(5): 1249-1257.

Williams BA, Lee RC, Becnel JJ, et al. 2008b. Genome sequence surveys of *Brachiola algerae* and *Edhazardia aedis* reveal microsporidia with low gene densities. BMC Genomics, 9: 200.

Wittner M, Weiss LM. 1999. The microsporidia and microsporidiosis.

Wu Z, Li Y, Pan G, et al. 2008. Proteomic analysis of spore wall proteins and identification of two spore wall proteins from *Nosema bombycis* (Microsporidia). Proteomics, 8(12): 2447-2461.

Xu Z, Wang H. 2007. LTR_FINDER: an efficient tool for the prediction of full-length LTR retrotransposons. Nucleic Acids Res, 35(Web Server issue): W265-W268.

第4章
微孢子虫基因家族与基因组进化

第4章　微孢子虫基因家族与基因组进化

李　田　潘国庆

微孢子虫是一类经历了基因组减缩进化的真核生物（Katinka *et al.*, 2001），从最近共同祖先（last common ancestor, LCA）分化后，不同属种微孢子虫的染色体数目、染色体结构、基因组大小和基因数目均发生了较大的变化。仅以微孢子虫基因组大小为例，从具有最小的真核生物基因组（2.3Mb）到拥有较大的微生物基因组（24Mb），这中间到底发生了哪些变化，以及这些变化的原因是什么，都是研究者非常关心的问题。本章围绕家蚕微孢子虫基因组数据，运用比较基因组学方法，对微孢子虫基因组家族和基因组的进化进行了分析和阐述。

4.1　微孢子虫基因家族

基因家族是由具有共同特征的基因构成的一簇重复基因。通常情况下，一个基因家族由具有一定序列相似性的多个基因构成，这些基因通常由基因重复产生，并且编码具有类似结构或功能的蛋白质。从基因表达的水平来看，重复基因为个体基因的表达提供了剂量效应；从基因组进化的角度思考，重复基因为基因组结构变化和新功能基因的产生提供了素材。一个物种基因家族数目和大小的变化，不仅能够显示此物种基因组的进化历程，还能够反映该物种对环境的适应性进化。

4.1.1　基因家族的鉴定

MCL算法（markov cluster algorithm）是一种基于图论的马尔可夫链算法（http://micans.org/mcl），在生物信息学领域被广泛应用于序列的聚类分析，是进行基因家族分类的最有力工具之一（Enright *et al.*, 2002）。本章采用这一算法对多种微孢子虫的基因家族进行了分析比较。

目前已报道的微孢子虫中，兔脑炎微孢子虫（*Encephalitozoon cuniculi*）、肠脑炎微孢子虫（*Encephalitozoon intestinalis*）、比氏肠微孢子虫（*Enterocytozoon bieneusi*）、东方蜜蜂微孢子虫（*Nosema ceranae*）、家蚕微孢子虫（*Nosema bombycis*）和蝗虫微孢子虫（*Antonospora locustae*）具有比较完整的基因组数据。总体而言，家蚕微孢子虫基因数目最多，基因家族数目也最多（1022个），兔脑炎微孢子虫基因数目最少，基因家族数目只有64个，所有微孢子虫基因组中由2个基因构成基因家族最多。最大的基因家族并不是出现在家蚕微孢子虫中，而是出现在蝗虫微孢子虫中（表4.1）。

表4.1　微孢子虫基因家族统计

家族大小	家蚕微孢子虫	东方蜜蜂微孢子虫	兔脑炎微孢子虫	比氏肠道微孢子虫	蝗虫微孢子虫
2	709	66	44	132	243
3	205	15	11	40	78

续表

家族大小	家蚕微孢子虫	东方蜜蜂微孢子虫	兔脑炎微孢子虫	比氏肠道微孢子虫	蝗虫微孢子虫
4	42	12	1	18	13
5	19	8	0	20	8
>5	47	23	8	104	26
最大家族	38	61	58	53	94
家族总数	1022	124	64	314	368

注：统计标准为BLASTP阈值为≤1e-5，序列overlap为≥50%

4.1.2　基因家族的特征

4.1.2.1　数目及分布

在本章所列的5种微孢子虫中，家蚕微孢子虫基因组中的重复基因数目最多，有2711个，占编码基因总数的60.80%，而与家蚕微孢子虫同为*Nosema*的东方蜜蜂微孢子虫仅有641个（24.52%）基因是多拷贝基因，远少于家蚕微孢子虫重复基因数目。兔脑炎微孢子虫重复基因数目最少，仅有284个，比氏肠道微孢子虫有超过半数（1910个，52.59%）的基因是多拷贝基因，而且蝗虫微孢子虫也有近半数（1246个，47.81%）的基因是重复基因（图4.1）。因此，从重复基因数目上可以看出，不同微孢子虫发生了不同程度的基因重复。这种基因重复程度的不同可能是由于不同寄生环境（即宿主）造成的。因此重复基因的研究对揭示不同微孢子虫的侵染及适应机制具有非常重要的意义。

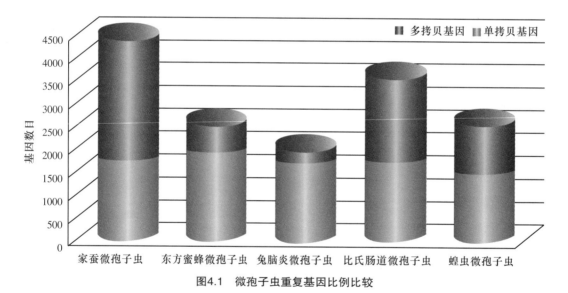

图4.1　微孢子虫重复基因比例比较

与其他微孢子虫相比，家蚕微孢子虫具有最高的基因重复度

家蚕微孢子虫、东方蜜蜂微孢子虫、兔脑炎微孢子虫、肠脑炎微孢子虫和蝗虫微孢子虫最大的基因家族分别包含38个，61个，58个，53个及94个基因，功能均未知，且为各微孢子虫中特有基因。蝗虫微孢子虫最大的基因家族被注释为编码有Miro结构域的蛋白质，该蛋白质是一类参与信号转导的GTP结合蛋白。

5种微孢子虫中，只有兔脑炎微孢子虫有完整的染色体序列和准确的基因位置信息，因此可以获得兔脑炎微孢子虫重复基因的染色体分布信息。兔脑炎微孢子虫重复基因主要分布于染色体的两端，而内部极少有重复基因的存在。同时，这些定位于染色体两端的重复基因都是功能未知的基因，可能是兔脑炎微孢子虫的物种特异性基因（图4.2）。

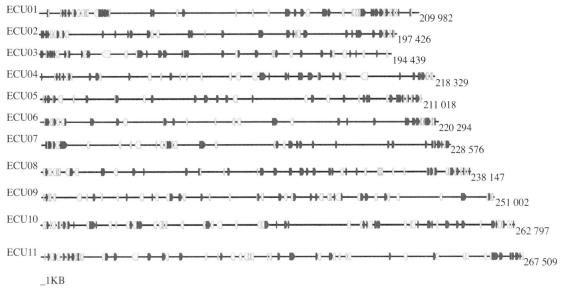

图4.2　兔脑炎微孢子虫重复基因在染色体上的分布

红色为正向编码基因；黄色为反向编码基因；标尺为1kb。兔脑炎微孢子虫的重复基因主要成簇分布于染色体的两端

4.1.2.2　重复基因的表达特征

　　成熟孢子内两拷贝基因的表达特征：家蚕微孢子虫660对两拷贝基因中，共有231个基因在成熟孢子中表达，其中51对两拷贝均表达，余下的129对中只有一个拷贝表达（图4.3）。在51对两个拷贝均在成熟包子中表达的基因中，大部分两拷贝基因之间的表达水平有着明显的差异（图4.4）。

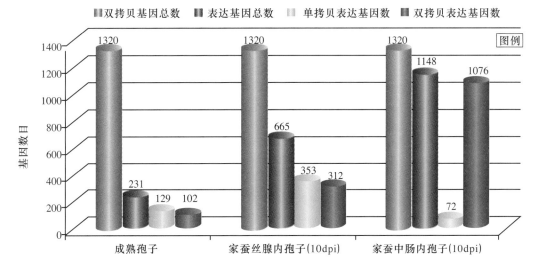

图4.3　家蚕微孢子虫两拷贝基因在不同阶段的表达情况

家蚕中肠内孢子表达的双拷贝基因数目要多于成熟孢子和家蚕丝腺内孢子

感染第10天家蚕中肠内孢子内双拷贝基因的表达：660对双拷贝基因中，有1 148个基因在此时期表达，其中有533对两个拷贝均有表达的基因，占表达基因的92.20％，只有82对仅有一个拷贝表达。从图4.4中红色圆点的分布可以看出，随着覆盖深度的增加，两拷贝间表达标签覆盖度的差异总体上有增大趋势。

感染第10天家蚕丝腺内孢子内双拷贝基因的表达：在感染第10天的转录组文库中，660对双拷贝基因中共有665个基因有转录信息，其中有156对两个拷贝皆有表达，有187对基因只有一个拷贝表达。同中肠内孢子两拷贝基因的表达情况一致，随着覆盖深度的增加，两拷贝间表达标签覆盖度的差异总体上也有增大趋势。

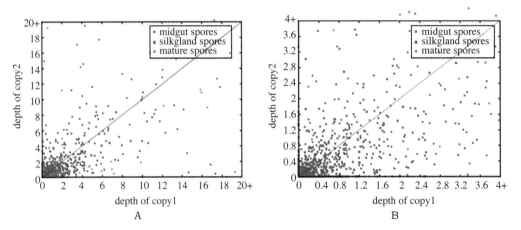

图4.4　家蚕微孢子虫成熟孢子、感染10天家蚕中肠和丝腺内孢子双拷贝基因转录标签覆盖深度（A：0～20，B：0~4）分布

midgut spores. 家蚕中肠内孢子表达基因；silkgland spores. 家蚕丝腺内孢子表达基因；mature spores. 成熟孢子表达基因；depth of copy1. 拷贝1的表达标签覆盖深度；depth of copy2. 拷贝2的表达标签覆盖深度；家蚕中肠内孢子双拷贝基因的表达量明显高于家蚕丝腺内孢子双拷贝基因的表达量

4.2　微孢子虫直系同源基因

4.2.1　直系同源基因的预测

若一个基因原先存在于共同祖先物种，当从该祖先物种分化出多个物种时，新物种中的基因则被定义为直系同源基因（orthologous gene）。OrthoMCL是一套以MCL为核心算法的真核生物直系同源基因聚类程序，此程序已被广泛应用于真核生物间同源基因的聚类及直系同源蛋白数据库的构建（Chen et al., 2006; Hedeler et al., 2007; Heinicke et al., 2007）。本书所叙述的微孢子虫直系同源基因是采用此程序进行预测的。

各种微孢子虫从最近的共同祖先（last common ancestor，LCA）分化出来后，在进化过程中其直系同源基因也会发生相应的变化。家蚕微孢子虫、东方蜜蜂微孢子虫、兔脑炎微孢子虫、肠脑炎微孢子虫和蝗虫微孢子虫共有编码基因31 763个，聚类后形成1680个直系同源基因簇。共有532个垂直同源基因簇在5种微孢子虫中都存在，而其他垂直同源基因则在不同的微孢子虫中发生了丢失或变异（图4.5）。5种微孢子虫中都保留的垂直同源基因数目，家蚕微孢子虫有844个，而最多的是肠脑炎微孢子虫（881个），这些基因大多是功能保守的看家基因，如核糖体蛋白、RNA聚合酶、转录因子等。微孢子虫所共有的直系同源基因在各微孢子虫中的数目存在差异，主要是由于直系同源基因在不同微孢子虫中发生基因重复（gene duplication）或基因丢失（gene loss）造成的。此外，在5种微孢子虫共有的垂直同源基因中，有203个垂直同源基因仍然均以单拷贝的形式存在，这些基因也是一些在功能上非常保守的看家基因（图4.6）。对这些单拷贝基因的研究，将有助于揭示分化后各微孢子虫的基因进化情况。

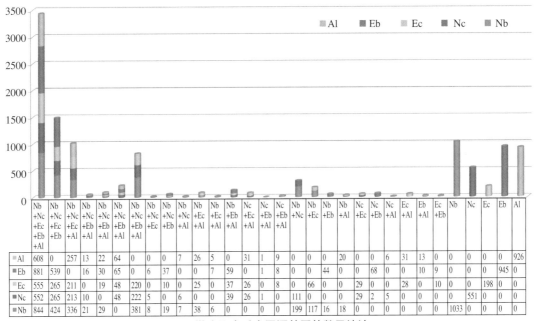

组合	Al	Eb	Ec	Nc	Nb
Nb+Nc+Ec+Eb+Al	608	881	555	552	844
Nb+Nc+Ec+Eb	0	539	265	265	424
Nb+Nc+Ec+Al	257	0	211	213	336
Nb+Nc+Eb+Al	13	16	0	10	21
Nb+Ec+Eb+Al	22	30	19	0	29
Nc+Ec+Eb+Al	64	65	48	48	0
Nb+Nc+Ec	0	0	220	222	381
Nb+Nc+Eb	0	6	0	5	8
Nb+Ec+Eb	0	37	10	0	19
Nb+Nc+Al	7	0	0	6	7
Nb+Ec+Al	26	0	25	0	38
Nb+Eb+Al	5	7	0	0	6
Nc+Ec+Eb	0	59	37	39	0
Nc+Ec+Al	31	0	26	26	0
Nc+Eb+Al	1	1	0	1	0
Ec+Eb+Al	9	8	66	0	0
Nb+Nc	0	0	0	111	199
Nb+Eb	0	44	0	0	117
Nb+Ec	0	0	29	0	16
Nb+Nc+Eb+Al	20	68	0	29	18
Nc	0	0	0	2	0
Nc+Ec	0	0	28	5	0
Eb+Al	6	10	0	0	0
Ec+Eb+Al	31	9	10	0	0
Al	13	0	0	0	0
Nb	0	0	0	0	1033
Nc+Ec	0	0	198	551	0
Eb	0	945	0	0	0
Al	926	0	0	0	0

图4.5　微孢子虫垂直同源基因簇数目统计

Nb. 家蚕微孢子虫；Nc. 东方蜜蜂微孢子虫；Ec. 兔脑炎微孢子虫；Eb. 比氏肠道微孢子虫；Al. 蝗虫微孢子虫；同源基因在不同微孢子虫中发生了不同程度的丢失，从而产生了一些属或种特异的基因

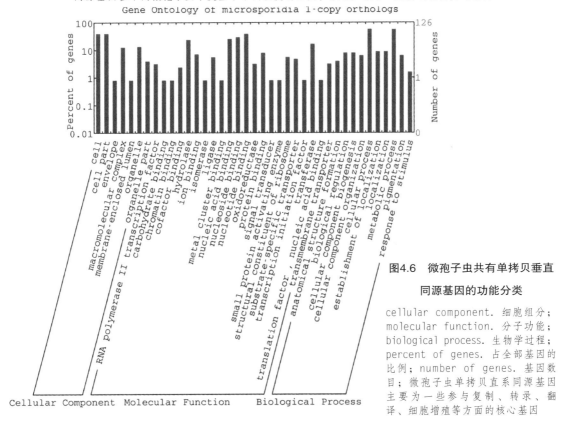

Gene Ontology of microsporidia 1-copy orthologs

图4.6　微孢子虫共有单拷贝垂直同源基因的功能分类

cellular component. 细胞组分；molecular function. 分子功能；biological process. 生物学过程；percent of genes. 占全部基因的比例；number of genes. 基因数目；微孢子虫单拷贝直系同源基因主要为一些参与复制、转录、翻译、细胞增殖等方面的核心基因

4.2.2 单拷贝直系同源基因

由于基因组测序组装的不完整性，并不是所有的微孢子虫直系同源基因在各个物种中均有全长序列。在203个微孢子虫单拷贝直系同源基因中，有164个在5种微孢子虫中均有全长基因编码序列。根据此164个单拷贝直系同源基因的氨基酸序列，可推测物种分化各微孢子虫基因的进化特征。

在编码基因的有效密码子使用方面，不同微孢子虫存在明显的差异。家蚕微孢子虫、东方蜜蜂微孢子虫和肠脑炎微孢子虫有着相似的有效密码子使用偏好——有效密码子使用值（Nc）约为40。明显不同于前三者，兔脑炎微孢子虫和蝗虫微孢子虫有着较高的有效密码子使用值——Nc值为50左右。在第三位密码子的GC含量方面，前3种微孢子虫均约为30%，而后两者约为50%（图4.7）。

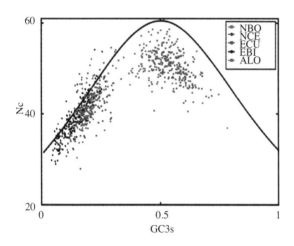

图4.7 微孢子虫单拷贝直系同源基因第三位密码子GC含量比较

NBO. 家蚕微孢子虫；NCE. 东方蜜蜂微孢子虫；ECU. 兔脑炎微孢子虫；EBI. 比氏肠道微孢子虫；ALO. 蝗虫微孢子虫；Nc. 有效密码子使用数；GC3s. 第三位密码子GC含量；家蚕微孢子虫、东方蜜蜂微孢子虫、比氏肠道微孢子虫单拷贝直系同源基因的有效密码子使用数目小于兔脑炎微孢子虫、蝗虫微孢子虫相应的数目

在蛋白质序列相似性方面，家蚕微孢子虫与东方蜜蜂微孢子虫最近（40%~50%），其次是兔脑炎微孢子虫、肠脑炎微孢子虫和蝗虫微孢子虫（图4.8A）。直系同源蛋白质序列的相似性在一定程度上反映了家蚕微孢子虫同其他4种微孢子虫之间亲缘关系的远近程度。

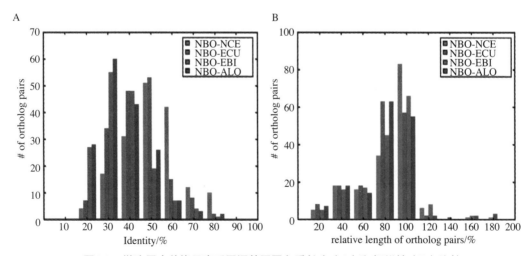

图4.8 微孢子虫单拷贝直系同源基因蛋白质长度（A）和相似性（B）比较

# of ortholog pairs. 垂直同源蛋白对数；Identity. 氨基酸序列相似性；relative length of ortholog pairs. 垂直同源蛋白的相对长度；NBO. 家蚕微孢子虫；NCE. 东方蜜蜂微孢子虫；ECU. 兔脑炎微孢子虫；EBI. 比氏肠道微孢子虫；ALO. 蝗虫微孢子虫；家蚕微孢子虫单拷贝直系同源蛋白与东方蜜蜂微孢子虫和兔脑炎微孢子虫相应蛋白间的相似性较高，家蚕微孢子虫单拷贝直系同源基因的减缩程度相对最大

在进化过程中，兔脑炎微孢子虫的编码基因发生了简缩（Katinka et al., 2001）。而同兔脑炎微孢子虫相比，家蚕微孢子虫直系同源基因的长度发生了更大的简缩，大部分基因缩短了20%左右；与同属的东方蜜蜂微孢子虫相比，序列减缩不明显（图4.8B）。

4.3　微孢子虫基因组进化特征

4.3.1　基因组共线性

不同微孢子虫的核型发生了非常大的变化。家蚕微孢子虫至少有18条染色体条带，基因组总大小约为15.3Mb；兔脑炎微孢子虫有11条染色体，基因组总大小为2.9Mb（Katinka et al., 2001）；肠脑炎微孢子虫有6条染色体，基因组大小约为6Mb（Akiyoshi et al., 2009）；东方蜜蜂微孢子虫染色体数目未知，基因组大小约为7.9Mb（Cornman et al., 2009）；蝗虫微孢子虫的染色体数目未知，基因组大小约为5.3Mb（Slamovits et al., 2004）。目前已知最大的微孢子虫基因组为水蚤微孢子虫（*Octosporea bayeri*）的基因组，其基因组大小为24Mb（Corradi et al., 2009）。

染色体上基因排列顺序的保守性称为共线性（synteny）。基因组间共线性区域的多少能够表征物种基因组结构的变异或保守程度。将家蚕微孢子虫与其他微孢子虫间的直系同源基因分别定位到各自的基因组，以5kb范围内至少有两对直系同源基因的标准建立共线性关系，统计共线性区域的数量和长度，绘制基因组共线性图谱（图4.9）。

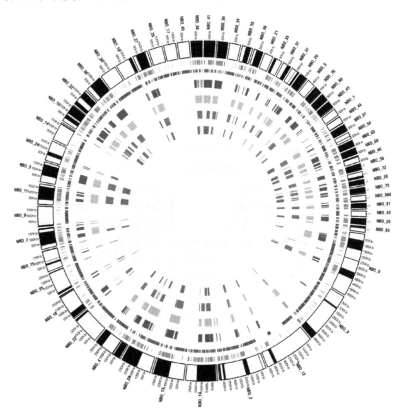

图4.9　家蚕微孢子虫共线性图谱

由外到内：第一圈为骨架序列（黑色区域为共线性区段），第二圈为蛋白质编码基因，第三圈为转座元件，第四圈为家蚕微孢子虫与蜜蜂微孢子虫的共线性区域，第五圈为家蚕微孢子虫与兔脑炎微孢子虫的共线性区域，第六圈为家蚕微孢子虫与比氏肠道微孢子虫的共线性区域，第七圈为家蚕微孢子虫与蝗虫微孢子虫的共线性区域

　　家蚕微孢子虫与东方蜜蜂微孢子虫基因组间共有389个共线性区域，这些区域在家蚕微孢子虫基因组中的总长度为3.16Mb，占家蚕微孢子虫基因组大小的20.65%（图4.10）。家蚕微孢子虫与兔脑炎微孢子虫基因组间共有303个共线性区域，在家蚕微孢子虫基因组中的总长度为4.02Mb，占家蚕微孢子虫基因组大小的26.27%。家蚕微孢子虫与肠脑炎微孢子虫和蝗虫微孢子虫基因组间的共线性区域相对较少，长度也相对短得多。家蚕微孢子虫与兔脑炎微孢子虫基因组间的共线性区域之所以大于其与同属的东方蜜蜂微孢子虫基因组间的共线性区域，可能是因为东方蜜蜂微孢子虫基因组序列拼接不完整所致。

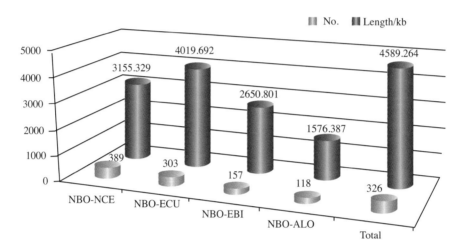

图4.10　家蚕微孢子虫（NBO）分别与东方蜜蜂微孢子虫（NCE）、兔脑炎微孢子虫（ECU）、肠脑炎微孢子虫（EBI）和蝗虫微孢子虫（ALO）间共线性区域的数目和总长度比较

No.共线性区域的数目；Length. 共线性区域的长度（纵坐标）；共线性区域数目及长度的统计结果表明，微孢子虫间在基因组结构上仍具有很高的保守性

　　家蚕微孢子虫与其他微孢子虫基因组间的共线性区域长度总计为4.59Mb，占基因组大小的30%。因此，虽然不同微孢子虫间的染色体数目差异较大，基因序列相似性较低，但在基因组结构上仍保持着高度的保守性（图4.9）。这与Keeling等对兔脑炎微孢子虫和蝗虫微孢子虫基因组的分析结果相一致（Keeling and Slamovits, 2004；Slamovits et al., 2004）。

　　在共线性区段内，基因的数目和排列方向在不同微孢子虫基因组中发生了很大的变异，表现为基因的增加、丢失、易位和倒位等（图4.11）。同时，从共线性区段的数目上来看，存在多条家蚕微孢子虫共线性区段对应于一条兔脑炎微孢子虫共线性区段的情况，表明家蚕微孢子虫基因组发生了大片段重复。

A　ECU01

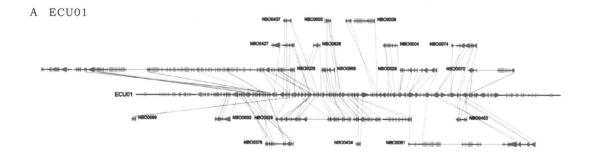

家蚕微孢子虫基因组生物学
Genome Biology of Nosema bombycis

图4.11　家蚕微孢子虫与兔脑炎微孢子虫基因组的共线性图谱

NBO. 家蚕微孢子虫骨架序列；ECU. 兔脑炎微孢子虫染色体；A~K. 家蚕微孢子虫骨架序列与兔脑炎微孢子虫11条染色体的共线性关系；灰色连线为同源基因；箭头反向为基因编码方向；绿色方块为转座元件；家蚕微孢子虫与兔脑炎微孢子虫在基因组结构上具有较高的保守性，但家蚕微孢子虫的基因排布较疏松，且基因间分布有大量的转座元件

4.3.2 基因组的减缩

4.3.2.1 脑炎微孢子虫属基因组的减缩

兔脑炎微孢子虫基因组大小只有2.9Mb，同属的肠道微孢子虫的基因组大小仅为2.3Mb，几乎是大肠杆菌（*Escherichia coli*）基因组大小的一半，这是迄今为止所发现的最小的真核生物基因组。对多数物种而言，导致基因组变小的原因主要有两个方面：一是基因组中序列的丢失；二是基因组中基因或基因间区的缩减。微孢子虫不但发生了基因组序列的丢失，而且还发生了基因和基因间区序列的减缩（Katinka et al., 2001）。兔脑炎微孢子虫只有1997个编码基因，平均基因长度为1077bp，平均基因间区长度为129bp，平均基因密度为0.84 基因/kb；肠道微孢子虫仅有1833个基因，平均基因长度仅有1041bp，平均基因间区长度仅有115bp，平均基因密度为0.86基因/kb。此外，兔脑炎微孢子虫和肠道微孢子虫基因组中都不含有转座元件一类的重复序列。相对于兔脑炎微孢子虫，肠道微孢子虫基因组发生进一步的减缩，且主要发生在染色体的亚端粒区，这些丢失的区域所包含的基因主要是脑孢属特异的功能未知基因（图4.12）。

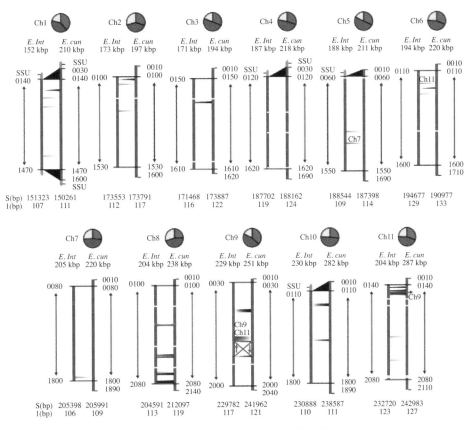

图4.12 肠道脑炎微孢子虫与兔脑炎微孢子虫染色体的比较（Corradi et al., 2010）

E. Int. 肠道脑炎微孢子虫；*E. cun.* 兔脑炎微孢子虫；Ch1~Ch11. 肠道脑炎微孢子虫和兔脑炎微孢子虫的11条染色体；肠道脑炎微孢子虫和兔脑炎微孢子虫均具有11条染色体，基因组大小分别为2.3Mb和2.9Mb，二者同源染色体序列非常保守，但前者基因组更加减缩，且减缩部分主要发生在亚端粒区（黑色三角标示的部分）

脑炎微孢子虫属的基因高度减缩，这可能与微孢子虫营细胞内寄生生活有关。在宿主细胞内，微孢子虫大量的营养物质（如糖类、氨基酸和核苷酸等）可以从宿主细胞获取，不需要自身合成，因此微孢子虫丢弃了许多与物质代谢相关的基因、代谢途径或细胞器。例如，微孢子虫没有线粒体、高尔基体和过氧化物酶体，丢失了进行脂肪酸的β-氧化、三羧酸循环和从头合成核苷酸的相关基因，这些都是微孢子虫基因组减缩在表型上的表现。

4.3.2.2 家蚕微孢子虫基因组的减缩

同其他已报道的微孢子虫相比，家蚕微孢子虫基因组较大，基因数目较多，基因密度较小（图4.13）。同时，家蚕微孢子虫含有大量的重复序列，约占基因组总大小的38%。从这些特征来看，与脑炎微孢子虫属微孢子虫的基因组相比，家蚕微孢子虫基因组似乎不是一个减缩的基因组。然而，从基因的平均长度来看，家蚕微孢子虫平均基因长度为772bp，而东方蜜蜂微孢子虫、兔脑炎微孢子虫、肠道微孢子虫和比氏肠道微孢子虫的平均基因长度分别为885bp、1077bp、1071bp和995bp，因此家蚕微孢子虫的编码基因发生了更大的减缩。

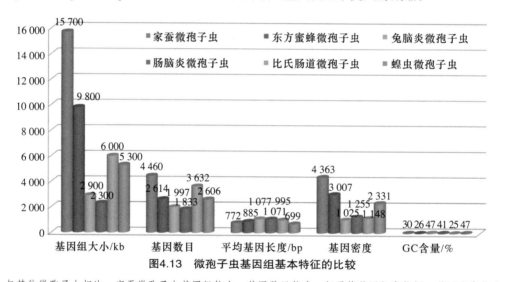

图4.13 微孢子虫基因组基本特征的比较

与其他微孢子虫相比，家蚕微孢子虫基因组较大，基因数目较多，但平均基因长度较短，基因密度较小

另外，从基因功能来看，同脑炎微孢子虫属相似，家蚕微孢子虫不能进行核苷酸的从头合成、脂肪酸的β-氧化和三羧酸循环，同样没有线粒体和过氧化物酶体。这些功能的丢失同样与家蚕微孢子虫细胞内寄生的特性有关。

4.3.3 基因组的扩增

与其他已报道的微孢子虫相比，家蚕微孢子虫基因长度发生了减缩，但其基因组大小却发生了扩增（图4.14），是肠道脑炎微孢子虫基因组大小的7倍多。家蚕微孢子虫基因组的增大主要表现在以下几个方面。

1.基因重复

家蚕微孢子虫4460个编码基因中有2711个基因在自身基因组内存在同源基因，其中的1233个为家蚕微孢子虫所特有，这些基因是在家蚕微孢子虫分化出来后由基因重复（gene duplication）产生的。

2.片段重复

家蚕微孢子虫基因组中存在大量的片段重复（图4.15A），而兔脑炎微孢子虫基因组中的

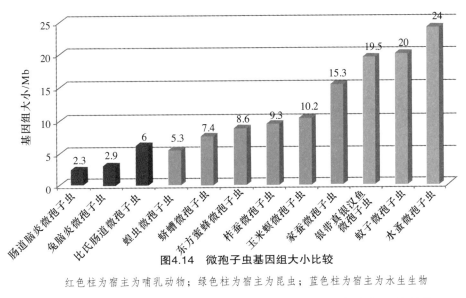

图4.14 微孢子虫基因组大小比较

红色柱为宿主为哺乳动物；绿色柱为宿主为昆虫；蓝色柱为宿主为水生生物

重复片段则相对较少（图4.15B）。家蚕微孢子虫共有942对重复片段，总长为4.96Mb，占基因组总大小的31.64％。其中，612对重复片段包含了2872个编码基因，另外的330对重复片段则不含有编码基因。从家蚕微孢子虫片段重复所包含的基因数目上可以看出，片段重复是家蚕微孢子虫产生多拷贝基因的主要方式之一，在一定程度上造成了家蚕微孢子虫基因组的增大。

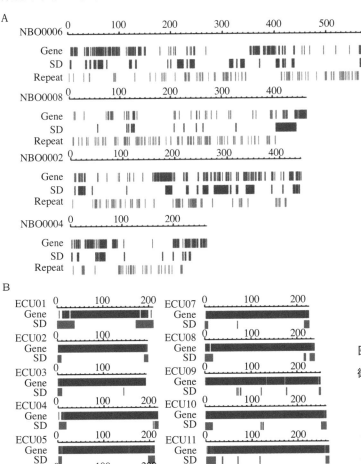

图4.15 家蚕微孢子虫（A）和兔脑炎微孢子虫（B）重复片段在基因组中的分布

NBO. 家蚕微孢子虫骨架序列；ECU. 兔脑炎微孢子虫染色体序列；Gene. 编码基因；SD. 片段重复；Repeat. 转座元件；家蚕微孢子虫基因组中散布有大量的重复片段和转座元件，兔脑炎微孢子虫的重复片段主要分布于染色体两端

3.转座元件

家蚕微孢子虫基因组中存在大量的转座元件（表3.6，图4.15A），转座元件序列总长度占基因组总长度的38.57%。家蚕微孢子虫的重复序列仅有少部分是已知类型的转座元件，而大部分是未知的，这些未知转座元件序列的扩增大大地增加了家蚕微孢子虫的基因组大小。详细内容见本书第5章。

4.非编码序列

家蚕微孢子虫平均基因间区长度为1910bp，远大于东方蜜蜂微孢子虫的904bp、兔脑炎微孢子虫的1077bp和蝗虫微孢子虫的699bp。家微孢子虫的基因密度远小于其他微孢子虫，为3517bp/基因，约是兔脑炎微孢子虫（1025bp/基因）的1/3。

在这些导致家蚕微孢子虫基因组增大的因素中，重复基因、重复片段和转座元件一方面改变了家蚕微孢子虫的基因组结构，致使染色体片段发生重复、倒置、颠换等变化，另一方面为微孢子虫基因组带来大量的冗余，这些冗余基因和非编码序列可能在微孢子虫转宿主、适应新环境、逃避宿主免疫等过程中具有重要作用，从而促进了微孢子虫的快速进化。

4.4 微孢子虫基因组进化模式

近年来的分子系统发生研究确认了微孢子虫作为真菌姊妹群的分类地位（Capella-Gutierrez et al., 2012）（图4.16）。酿酒酵母作为真菌的模式种，其基因组经历了温和的减缩进化过程，从而形成了**12.5Mb**大小的基因组。微孢子虫与真菌由最近的共同祖先物种分化而来，在进化成为一种专性细胞内寄生的物种后，基因组经历了类似于某些病原菌的减缩进化过程。基于全基因组系统发生分析和比较基因组研究结果，对微孢子虫的基因组大小的演化历程进行推断，发现微孢子虫的基因组可能经历了两个阶段的进化历程，如图4.17所示。首先，微孢子虫与真菌分化后继续进行基因组的减缩进化，以致基因组大小为**5~6Mb**。此后，随着感染宿主范围的扩大，微孢子虫分化出感染无脊椎动物和脊椎动物的分支。其中感染脊椎动物微孢子虫的基因组继续减缩，成为目前所发现的最小真核生物基因组——**2.3Mb**。这类微孢子虫基因组的基因间区缩短，绝大部分基因丢失内含子，转座子序列几乎绝迹。而感染无脊椎动物特别是感染昆虫的微孢

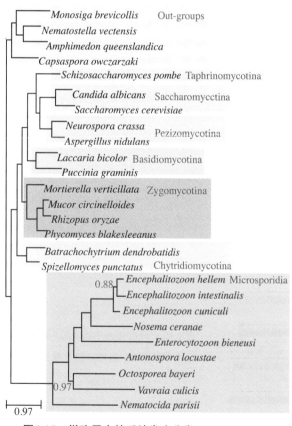

图4.16 微孢子虫的系统发生分类（Capella-Gutierrez et al., 2012）

系统发生分析显示，微孢子虫与真菌近缘

子的基因组则发生了扩增，原因主要有两个：一是基因组发生了大量的基因重复，甚至大片段的重复；二是基因组中大量的转座子发生了扩增。

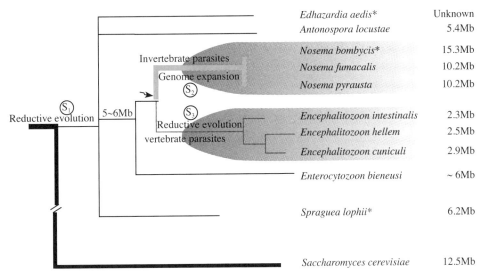

图4.17　微孢子虫基因组进化模式

推测微孢子虫基因组的进化经历了3个阶段：S1，基因组减缩进化，基因组减小，丢失三羧酸循环、脂肪酸β−氧化、核苷酸从头合成等通路基因；S2，*Nosema*等微孢子虫基因组扩增，基因组内发生了基因及片段重复、转座元件扩增等事件致使基因组增大；S3，*Encephalitozoon*等微孢子虫基因组继续经历减缩进化，基因组进一步减小

参考文献

Akiyoshi DE, Morrison HG, Lei S, et al. 2009. Genomic survey of the non-cultivatable opportunistic human pathogen, *Enterocytozoon bieneusi*. PLoS Pathog, 5（1）: e1000261.

Capella-Gutierrez S, Marcet-Houben M, Gabaldon T. 2012. Phylogenomics supports microsporidia as the earliest diverging clade of sequenced fungi. BMC Biol, 10（1）: 47.

Chen F, Mackey AJ, Stoeckert JCJ, et al. 2006. OrthoMCL-DB: querying a comprehensive multi-species collection of ortholog groups. Nucleic Acids Res, 34（Database Issue）: D363.

Cornman RS, Chen YP, Schatz Michael C, et al. 2009. Genomic analyses of the microsporidian *Nosema ceranae*, an emergent pathogen of honey bees. PLoS Pathog, 5（6）: e1000466.

Corradi N, Haag KL, Pombert JF, et al. 2009. Draft genome sequence of the Daphnia pathogen *Octosporea bayeri*: insights into the gene content of a large microsporidian genome and a model for host-parasite interactions. Genome Biol, 10（10）: R106.

Corradi N, Pombert JF, Farinelli L, et al. 2010. The complete sequence of the smallest known nuclear genome from the microsporidian *Encephalitozoon intestinalis*. Nat Commun, 1（6）:1-7.

Enright AJ, van Dongen S, Ouzounis CA. 2002. An efficient algorithm for large-scale detection of protein families. Nucleic Acids Res, 30（7）: 1575-1584.

Hedeler C, Wong HM, Cornell MJ, et al. 2007. e-Fungi: a data resource for comparative analysis of fungal genomes. BMC Genomics, 8（1）: 426.

Heinicke S, Livstone MS, Lu C, et al. 2007. The princeton protein orthology database（p-pod）: a comparative genomics analysis tool for biologists. PLoS ONE, 2（8）: 37-39.

Katinka MD, Duprat S, Cornillot E, et al. 2001. Genome sequence and gene compaction of the eukaryote parasite *Encephalitozoon cuniculi*. Nature, 414（6862）: 450-453.

Keeling PJ, Slamovits CH. 2004. Simplicity and complexity of microsporidian genomes. Eukaryot Cell, 3（6）: 1363-1369.

Slamovits CH, Fast NM, Law JS, et al. 2004. Genome compaction and stability in microsporidian intracellular parasites. Current Biology, 14（10）: 891-896.

第5章
家蚕微孢子虫转座子

第5章　家蚕微孢子虫转座子

许金山

转座子（transposon or transposable element，TE）是一类存在于染色体基因组中能够自主复制或者移动的DNA单元序列，是基因组的重要构成之一。转座子广泛分布于细菌、真菌、原生动物、植物、昆虫、鱼和哺乳动物中，对研究生物基因组的结构组成、进化起源及基因功能调控具有重要意义。近年来，在多个微孢子虫全基因组序列中先后发现了转座子元件，使得人们越来越重视转座子在微孢子虫生命活动中所起到的作用。

5.1　家蚕微孢子虫转座子的种类

5.1.1　转座子的概念

转座子重复单元是一类在染色体基因组上可以自由跳跃的移动DNA序列，最早由遗传学家麦克林托克（Barbara McClintock）于20世纪40年代在玉米染色体中发现。转座子广泛分布于各种生物体中，并且在一些高等真核生物基因组中所占比例特别大，至少有40%的人类基因组序列为转座元件，而在昆虫如家蚕中这一比例也高达23%（Xia et al.，2004；Xu et al.，2005）。转座子依据不同的转座机制，主要分为两大类。一类为DNA转座子，主要通过剪切-粘贴机制来完成自身在染色体基因组上的转座，即转座子从基因组的一个位点切下后插入基因组的另一个位点从而引起不稳定突变。根据转座子结构组成的复杂程度，可以将其分为简单转座子和复合转座子两种类型，前者结构为两端具有短的反向重复序列，并且中间携带转座酶基因，而后者是除了含有转座酶基因外，还带有其他宿主基因。另一类是反转座子(retrotransposon)，即转座子的移动是通过复制-粘贴的机制，以RNA为介导物，反转录并插入到新的基因组座位上。反转座子可以划分为LTR反转座子(long terminal direct repeat retrotransposon)和non-LTR反转座子。LTR反转座子主要包含以下5个超家族：Ty1/Copia (Pseudoviridae)、Ty3/Gypsy(Metaviridae)、Bel/Pao、Retroviruses和ERV(endogenous retroviruses)（Poulter and Goodwin，2005）。non-LTR反转座子主要包括了DIRS、PLE(penelope-like element)、长散核元件(long interspersed nuclear element，LINE)、短散在元件(short interspersed nuclear element，SINE)。

LTR 反转座子通常含有两个开放阅读框(open reading frame，ORF)，一个是编码类病毒颗粒（virus-like particle，VLP）衣壳的gag蛋白，另一个为编码多个酶活性的pol多聚蛋白。LTR反转座子从5′端 LTR序列的R区起始转录，转录形成的RNA链起始端包含两个茎环结构（loop），一个为PSI（packaging signal sequence），主要作用为引导 RNA 链包装到病毒样颗粒上，另一个为DIS（dimerization initiation signal sequence），引导两条RNA单链的聚合。转录形成的RNA经过DIS聚合成两条双链后，通过PSI的引导后被包裹在gag编码的蛋白衣壳内，就形成了类病毒颗粒（Semin，2005），接着LTR反转座子编码的反转录酶催化双链合成第一条cDNA互补链——负链，紧接着RNase H降解其中的RNA链，而反转录酶继续以负链为模板，合成第二条正链。最后，整个类病毒颗粒再进入宿主细胞核内，将以上过程形成的线性双链cDNA通过整合酶整合到新的基因组位点（Havecker et al., 2004），完成反转座过程。LINE和SINE的转座机制与 LTR 反转座子不同，它们通过一种称为"引物靶定反转录"的方式，将mRNA反转录后直接插入到整合位点。LINE元件具有反转录酶活性，两侧没有长末端重复序列，5′端有删减现象，中间序列为两个开放阅读框ORF1和ORF2（分别编码功能未知蛋白和反转录酶），3′端以 Poly(A) 序列结尾。因此推测认为LTR反转座子是由 LINE 获得了LTR而形成的。SINE元件比较短且简单，长度一般不超过400bp，不包含开放阅读框，无自主转座活性，但能够利用LINE编码的反转录酶和内切酶来完成转座。哺乳动物中的Alu及家蚕中的Bm1都属于SINE家族。典型的反转座子结构差异如图5.1所示。

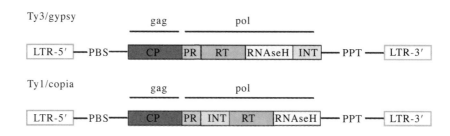

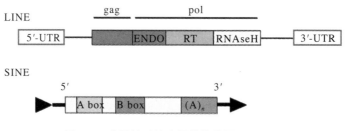

图5.1　典型的反转座子结构差异

PR. 蛋白酶（protease）; RT. 反转录酶 （reverse transcriptase）; INT. 整合酶（integrase）; PBS. 引物结合位点（primer binding site）; RNAse H. 核糖核酸酶H（Ribonuclease H）; PPT. 多嘌呤的短序列（polypurine site tract）; ENDO. 核酸内切酶 （endonuclease）; UTR. 非翻译区（untranslated region）

5.1.2　家蚕微孢子虫转座子的类型

　　家蚕微孢子虫基因组中的转座子组分，采用了4种从头（*de novo*）预测软件来鉴定，它们分别是 ReAS（Li et al., 2005）、PILER-DF（Edgar and Myers., 2005）、 RepeatScout（Price et al., 2005）和 LTR _ Finder （Xu et al., 2007）。ReAS 软件的输入数据是原始测序读长序列，而其他3个软件所输入的数据是已组装完成的全基因组骨架序列。对通过以上方法鉴定获得的重复序列，采用BLAST同源比对软件搜索公共数据库GenBank和Repbase后，进行了转座子的详细归类。家蚕微孢子虫基因组中重复序列总和占全基因组长度的38.57%。其中转座子序列总和占全基因组的24.5%，尤以DNA转座子和LTR反转座子所占比例最高，分别为

18.37%和5.6%（表5.1）。相对已报道的其他微孢子虫，家蚕微孢子虫基因组中的转座子种类繁多、数量庞大，而在诸如脑孢虫属（*Encephalitozoon*）的微孢子虫基因组中，没有存在任何形式的转座元件。

表 5.1　家蚕微孢子虫基因组中转座子的分类及所占基因组的比例

类型	亚类	长度/bp	百分比/%
DNA	hAT	1 011 459	6.45
	Merlin	470 573	3.00
	PiggyBac	441 876	2.82
	TcMar	786 733	5.02
	MuDR	109 681	0.70
	Others	58 866	0.38
LTR	Gypsy	577 653	3.68
	Others	33 635	0.21
LINE	Dong-R4	162 622	1.04
	Others	59 703	0.38
Rolling-circle	Helitron	102 334	0.65
SINE	—	28 669	0.18
未知	—	2 204 497	14.06
总计	—	6 048 301	38.57

5.1.2.1　LTR 反转座子

LTR 反转座子大量存在于动植物基因组中，在真菌基因组中也广泛分布。高等植物中的反转座子主要是属于Ty1/Copia类，而在真菌中主要是Ty3/Gypsy类。现已在100多种植物中鉴定到Ty1-Copia类反转座子，这些植物包括苔藓植物门的2个纲（苔纲和藓纲）、蕨类植物门4个纲（石松纲、松叶蕨纲、楔叶纲、真蕨纲）、裸子植物门4个纲（苏铁纲、银杏纲、松柏纲、买麻藤纲），以及被子植物门的2个纲（双子叶植物纲和单子叶植物纲），几乎覆盖了所有的高等植物种类。在真菌界中，酿酒酵母（*Saccharomyces cerevisiae*）存在5个LTR反转座子家族，分别命名为Ty1~Ty5，所有成员的序列总长占全基因组的3.1%（Kim et al., 1998）；裂殖酵母（*Schizosaccharomyces pombe*）中，只发现2个LTR反转座子家族，分别为Tf1和Tf2；新型隐球菌（*Cryptococcus neoformans*）基因组中则至少存在15个LTR反转座子家族（Goodwin and Poulter, 2001）；白色念珠菌（*Candida albicans*）基因组中报道有34个反转座子家族（Glockner et al., 2001）。家蚕微孢子虫基因组中至少包含29个LTR反转座子家族，是微孢子虫基因组中首先被鉴定具有完整结构的LTR元件（Xu et al., 2006）。它们的存在不仅膨大了整个基因组，而且改变了基因组的原有的共线性结构，是基因组重排的重要因素之一。家蚕微孢子虫LTR反转座子家族数量与*C. albicans*接近，远多于*S. cerevisiae*和*S. pombe*（表5.2），推测造成近缘物种内LTR反转座子家族数目差异性的原因可能有两种，一种原因是这些序列在基因组中消亡的速率不同（Goodwin and Poulter, 2001），另一原因则是家蚕微孢子虫序列本身的变异速率高，使得LTR元件之间序列差异度高，从而造成了家族数量偏多。

家蚕微孢子虫具有完整结构的LTR反转座子的长度为3~5kb，两端为特征性长末端正向重复，以及靶向位点重复（target site duplication, TSD）。不同LTR反转座子家族的开放阅读框内部具有明显的多个功能结构域，分别为Gag结构域，蛋白酶结构域，反转录酶结构域，核糖核酸内切酶结构域和整合酶结构域。Gag结构域具有共同的Cys 基序（$CX_2CX_4HX_4C$）或与Cys相近的基序 $CX_2HX_4HX_4C$。蛋白酶结构域呈现保守性 D(T/S)G 基序；反转录酶结构域中则拥有YXDD基序；少数LTR家族元件在结构特征上体现出了分化差异，例如，Nbr11家族完整元件的可读框的 5′ 端出现了Gag结构域和蛋白酶结构域的丢失，并且反转录酶结构域长度也缩短了；Nbr10完整元件的可读框内蛋白酶结构域也发生丢失。相反，Nbr12完整元件的可读框内的反转录酶结构域却出现了一段长度为1026bp插入片断（图5.2）。不同LTR反转座子家族之间的拷贝成员数量相差很大，而且在同个家族内的拷贝成员间也具有较大序列异质性，推测LTR反转座子插入家蚕微孢子虫基因组的年代比较久远，经过长时间的碱基进化突变，导致序列累积了高变异度，并伴随着元件部分结构域的丢失。家蚕微孢子虫已鉴定的LTR反转座子家族均属于Ty3/Gypsy群，并且与酿酒酵母基因组中的Ty3反转座子成簇聚集，形成姊妹分支（图5.3），表明家蚕微孢子虫LTR反转座子是古老的真菌性起源的，也印证了微孢子虫与真菌具有最近共同祖先的进化观点。

表5.2　5类真菌基因组中 LTR 反转座子家族的数量比较

物种拉丁名	LTR 家族数目	Solo–LTR 家族数目	基因组大小 /Mb	物种所属门
Saccharomyces cerevisiae	5	0	12	Ascomycota
Schizosaccharomyces pombe	2	0	14	Ascomycota
Cryptococcus neoformans	15	5	23	Basidiomycota
Nosema bombycis	16	ND	15	Microsporidia
Candida albicans	34	18	16	Ascomycota

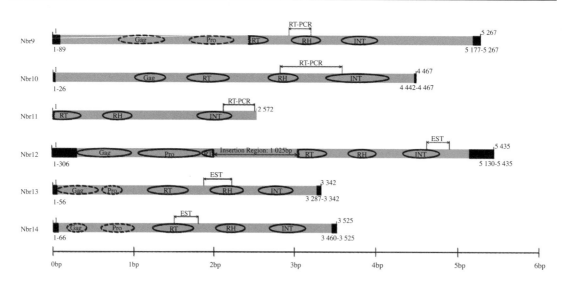

图 5.2　代表性家蚕微孢子虫LTR反转座子的结构特征（Xiang et al., 2010）

黑色长框代表LTR重复序列，ORF开放阅读框用灰色长框标记，分别包含了蛋白酶、反转录酶、核糖核酸内切酶和整合酶4个结构域。RT-PCR验证及表达序列标签库匹配区域以双箭头识别。Gag. 核心多聚蛋白（group-specific antigen）；Pro. 蛋白酶（protease）；RT. 反转录酶（reverse transcriptase）；INT. 整合酶（integrase）；RH. 核糖核酸酶H (ribonuclease H)

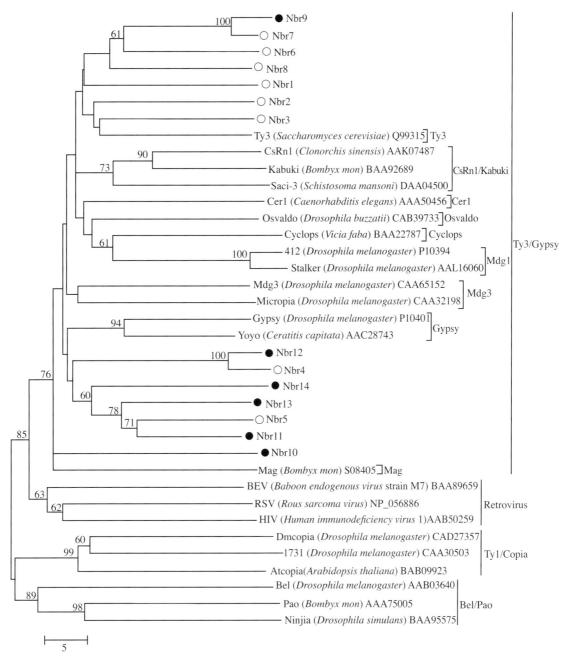

图 5.3　家蚕微孢子虫Nbr系列LTR反转座子的系统进化分析（Xiang et al., 2010）

Nbr表示家蚕微孢子虫LTR元件，数字表示不同家族，长竖线表示LTR反转座子的不同分类群

5.1.2.2　Tc1-like 转座子

　　Tc1转座子是DNA转座子Tc1/mariner超家族的重要组成，这类转座子的转座机制简单，没有宿主特异性，因此可广泛地分布在各种宿主基因组中。Tc1转座子首次是在线虫中被鉴定，该元件包含一个编码DNA转座酶的开放阅读框，以及两末端的长度为54bp的反向重复序列片断。在特定的遗传环境下，Tc1转座子具有在染色体基因组中进行移动和转位的能力（Emmons et al., 1983；Liao et al., 1983）。随后在一些更高等动物，如鱼类、两栖物种及昆虫基因组中，陆续鉴定得到了与 Tc1结构类似，转座酶同源的元件，而且它们往往以多拷贝的形式存

在，这种Tc1类似转座子就被统称为Tc1-like转座子。在动物体内的Tc1-like转座子大都是功能缺陷型，原因在于它们的转座酶编码区域往往发生移码、插入、缺失或提前终止而导致转座酶失活，因此在这些高等动物如脊椎动物中，该转座子很难发生位置转座。Ivics等通过回复鱼的Tc1-like转座酶区域关键的碱基突变点而构建了称为"睡美人"的转座体系（Ivics et al., 1997），这个转座体系具有转座功能活性，能执行特定DNA片断的剪切和粘贴，使得这个体系不仅能够在鱼自身基因组中进行外源DNA的转位调控，而且也能够有效调控外源DNA在人细胞和老鼠胚胎细胞中的遗传转化，这为开发Tc1-like转座子作为高效转基因载体工具奠定了基础。Tc1-like转座子属于Tc1/mariner超家族，很少在原生动物和真菌中被发现，在微孢子虫基因组中更是鲜有报道。在具鞭毛原生动物阴道毛滴虫（*Trichomonas vaginalis*）发现含有大量Tc1/mariner超家族的转座元件，它们在阴道毛滴虫基因组中含有拷贝成员多达上千个，其中一个命名为Tvmar1的转座子的转座酶具有D,D34D的催化域，并且具有很强的转录活性，被认为具有潜在的转座功能活性（Silva et al., 2005）。

家蚕微孢子虫所有Tc1-like转座子拷贝序列总和占到全基因组DNA长度的为5%，它们可划分为12个亚家族，分别命名为 Tc1Nb1~Tc1Nb12。Tc1Nb1~Tc1Nb8及Tc1Nb12亚家族具有完整的DNA转座子结构，序列长度为1470~1490bp，内部开放阅读框编码的转座酶约为336个氨基酸，对基因组序列的靶向插入识别位点均为TA（表5.3）。家蚕微孢子虫Tc1-like 转座子的反向末端重复序列均具有 CAGT[X]$_2$G 的保守性碱基(图5.4)，其具体功能尚不清楚，此外它们的转座酶区域都包含有一个 D,D34E 的保守性催化基序。属于Tc1/mariner 超家族的DNA转座子通常编码含有 DDE/D 催化基序的转座酶，而基于催化基序的差异性，这些DNA转座子可以进一步被划分为几个单一起源进化支，分别为 D,D34D, D,D34E, D,D37D, D,D37E 和 D,D39E（Robertson，2002）。因此家蚕微孢子虫的Tc1-like转座子显然属于其中的一类进化支。系统进化分类也显示了家蚕微孢子虫Tc1-like转座子在多物种Tc1/mariner超家族转座子成员中的从属地位，它们与秀丽隐杆线虫（*Caenorhabditis elegans*）、淡色按蚊（*Anopheles albimanus*）的Tc1-like 转座子亲缘关系比较接近，而且这12个亚家族成员可进一步分化成两个簇，其中一个簇由Tc1Nb1~Tc1Nb 6和Tc1Nb 9~Tc1Nb 12组成，而另外一簇只包含Tc1Nb 8 (图5.5)。

表 5.3 家蚕微孢子虫 Tc1–like 转座子亚家族的代表性序列特征

家族名	末端序列重复	反向末端重复/错配碱基数/bp	开放阅读框长度/aa	序列长度/bp	Blastp 检索GenBank的最优匹配		
					匹配蛋白描述	相似度	蛋白长度/aa
Tc1Nb1	TA	188/8	336	1478	*P.platessa* transposase	130/336	339
Tc1Nb2	TA	28/0	382	1480	*P.platessa* transposase	123/314	339
Tc1Nb3	TA	30/1	342	1478	*P.platessa* transposase	119/331	339
Tc1Nb4	TA	27/1	316	1716	*P.platessa* transposase	110/279	339
Tc1Nb5	TA	26/0	336	1474	*P.platessa* transposase	115/335	339
Tc1Nb6	TA	27/2	336	1475	*P.platessa* transposase	127/335	339
Tc1Nb7	TA	206/28	274	1490	*P.platessa* transposase	99/273	339
Tc1Nb8	TA	211/34	331	1486	*C.elegans* transposase	143/331	329
Tc1Nb9	ND	ND	336	ND	fruit fly transposase	121/324	345
Tc1Nb10	ND	ND	336	ND	*R.pipiens* transposase	122/330	340
Tc1Nb11	ND	ND	373	ND	*P.platessa* transposase	125/337	339
Tc1Nb12	TA	38/0	336	1472	*P.platessa* transposase	117/330	339

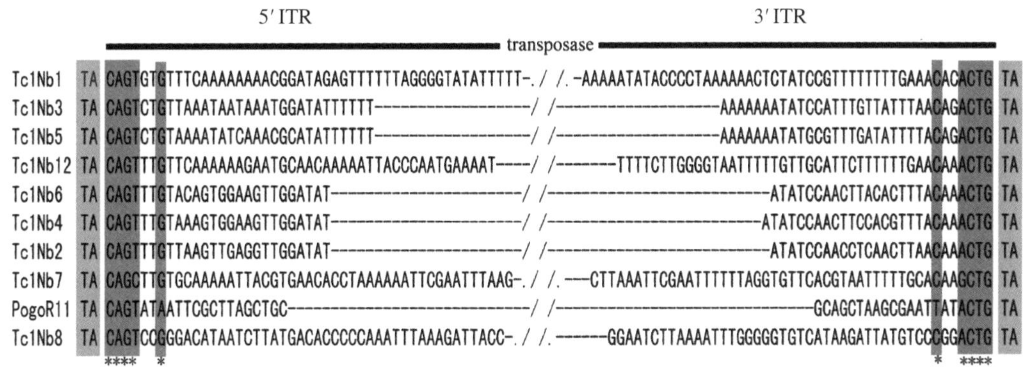

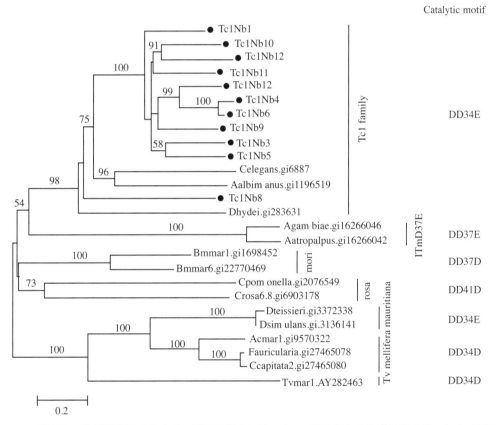

图 5.4 家蚕微孢子Tc1-like 转座子的 ITR 序列保守性分析

黑色阴影部分表示一致性核酸序列，灰色阴影部分表示转座子在基因组DNA序列上的靶向识别位点， PogoR 11来自黑腹果蝇（*Drosophila melanogaster*），ITR为反向末端重复（inverted terminal repeat）

图 5.5 家蚕微孢子虫Tc1-like转座子在 Tc1/mariner 超家族中的分类地位（Xu et al., 2010）

5.1.2.3 PiggyBac 转座子

PiggyBac是DNA转座子中比较典型的一类，它是在粉纹夜蛾（*Trichoplusia ni*）中首先被发现，结构全长为2472bp，转座酶两端侧伴着13bp长度的反向末端重复序列，选择基因组DNA序列上的TTAA位点进行插入。PiggyBac在基因组DNA序列上的移动转位没有很强的宿主依赖性，能在染色体基因组上进行准确的切出和插入，所以较其他转座子如Tc1-like、Minos型有更高的转座效率，已被作为高效的转基因载体工具之一。目前，PiggyBac转座子已被成功地运用于老鼠、果蝇、家蚕和其他动物体的转基因功能研究中。PiggyBac转座子作为转基因载体应用于原生动物和真菌中的相关报道并不多见。有研究者曾利用了鳞翅目昆虫PiggyBac转座子进行了外源基因在恶性疟原虫（*Plasmodium falciparum*）染色体基因组上的转位，并获得了遗传性状稳定的子代原虫（Balu et al., 2005），表明以PiggyBac转座子为载体进行原生生物的转基因研究具有相当可行性。

家蚕微孢子虫基因组中，至少存在10个具完整DNA转座子结构的PiggyBac家族，这些成员的全长为2000~3000bp，编码500aa左右的开放阅读框，两端具有长为12bp的末端反向重复，在染色体基因组DNA上的靶向识别位点均为TTAA。家蚕微孢子虫PiggyBac转座子起源于鳞翅目昆虫，至少有3个家族序列是从宿主家蚕基因组DNA序列中水平转移而来(图5.6)。其中，家

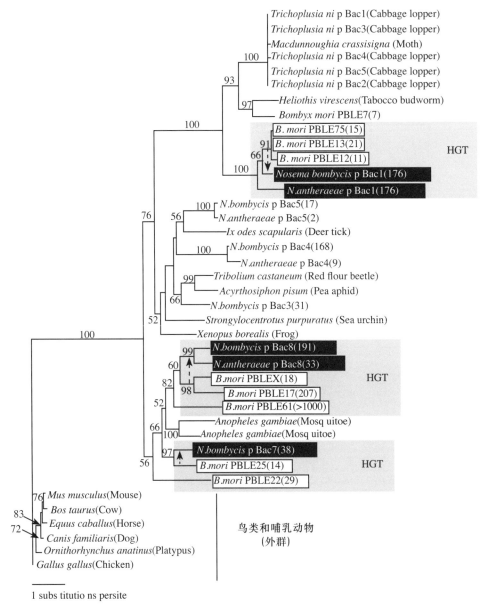

图5.6 家蚕微孢子虫PiggyBac转座子起源于昆虫转座子（Pan et al., 2013）

黄色区域表明发生水平转移事件，黑框白字代表家蚕微孢子虫，以及柞蚕微孢子虫PiggyBac转座子，白框黑字代表家蚕PiggyBac转座子；括号内数字代表每个元件在基因组中的拷贝数量；HGT为水平基因转移（horizontal gene transfer）

蚕微孢子虫的pBac1元件与家蚕PiggyBac转座子BmPBLE12（Xu et al., 2006）在转座酶氨基酸序列相似度在80%以上，远高于家蚕微孢子虫与其他近缘物种（如兔脑炎微孢子虫）的蛋白质相似性水平，二者在末端反向重复序列上也呈现高度的一致性(图5.7)。无独有偶，在人气管普孢虫（*Trachipleistophora hominis*）基因组中也存在一类PiggyBac元件，是起源于蚂蚁*Harpegnathos saltator*的水平基因转移（图5.8），这一结论也呼应了以往的推测，即人气管普孢虫天然宿主是昆虫而并非人类，因为人气管普孢虫与昆虫寄生性微孢子虫*Vavraia*的亲缘关系紧密，并且能在实验条件下感染蚊子（Heinz et al., 2012）。

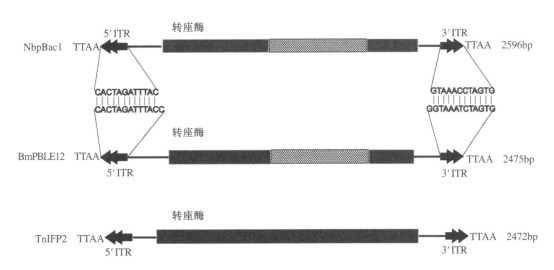

图 5.7　家蚕微孢子pBac1转座子与家蚕BmPBLE12转座子的结构比较

A. 长方框代表转座酶编码区域，红色三角箭头为反向末端重复序列；

B. *表示相同碱基

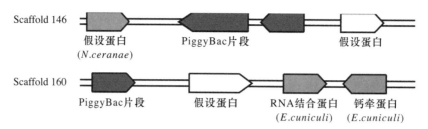

图 5.8 起源自水平基因转移的人气管普孢虫基因组DNA的PiggyBac转座子（Heinz et al., 2012）

5.1.2.4 MITE 转座子

微型反向重复转座子MITE（miniature inverted repeat transposable element）是一类富含 A/T、缺乏蛋白编码能力的非自主DNA转座子。MITE转座子主要被划归为两大类，分别为Stowaway-like和Tourist-like家族，它们往往具有稳定的二级三叶草型结构和独特的靶位点重复序列。MITE 转座子主要存在于水稻、玉米、大麦、胡椒和苹果等植物基因组中，之后发现其在线虫、蚊子乃至人的基因组中也有分布。MITE元件和Tc1/mariner 超家族元件在结构上具有一定相似性，即它们的反向重复序列是一致的，但前者比后者缺少了转座酶编码序列，由此人们推测MITE元件是Tc1/mariner元件的进化残缺体（Jiang et al., 2003）。MITE转座子在真菌中也有发现，在粗糙脉孢菌(*Neurospora crassa*)中曾分离获得了一类特异性 MITE转座子mimp1，该元件可利用子囊真菌（*Fusarium oxysporum*)基因组中的Tc1-like 转座子的转座酶，来携带外源DNA 在粗糙脉孢菌染色体基因组中自由转座（Dufresne et al., 2007），表明真菌中存在的MITE 转座子，在外来转座酶的作用下可展现出转座活性。家蚕微孢子虫基因组中至少存在6个MITE 转座子家族，它们完整元件的结构特征如图5.9 所示。这些转座子的长度为

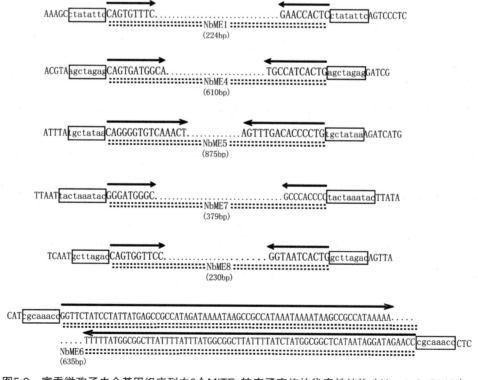

图5.9 家蚕微孢子虫全基因组序列中6个MITEs转座子家族的代表性结构（Xu et al., 2010）

200~1000bp，由一对反向重复序列携带不具编码能力的内部序列所组成。反向重复序列各有差异，其中 NbME1、NbME2和NbME6元件的反向重复序列前5个碱基为 CAGTG，这种基序与家蚕微孢子虫Tc1-like转座子的反向重复序列保持一致，暗示家蚕微孢子虫MITE转座子和Tc1-like转座子之间可能有一定的联系。这6个不同MITEs元件所包含序列拷贝数量差异很大，其中NbME5的拷贝个数达到190个，而NbME4家族的拷贝个数仅有20个。基于NbME5在家蚕微孢子虫基因组中具有非常丰富的拷贝，研究者结合NbME5引物与AFLP 扩增多态性技术对不同地域来源家蚕微孢子虫分离株进行DNA遗传多态性分析，发现NbME5可以成为区别不同分离株的潜在分子标记（Xu et al.，2010）。MITE转座子在其他微孢子虫中的分布情况目前还不清楚，但可以预见家蚕微孢子虫乃至整个微孢子虫界存在的MITE的数量和种类要远超预期。

5.1.3　家蚕微孢子虫转座子的活性

　　家蚕微孢子虫基因组中具有众多的转座子，其中一些类型转座子具备mRNA转录，以及蛋白质翻译能力。利用双向电泳技术结合MALDI-TOF-MS质谱鉴定显示家蚕微孢子虫LTR反转座子的Nbr5、Nbr9、Nbr10和 Nbr11元件的Pol编码序列，能够进行mRNA转录，以及蛋白质翻译，而Nbr12、Nbr13 和Nbr14 3个元件的 Pol 编码序列能够进行mRNA转录。因此在已经鉴定的家蚕微孢子虫 LTR 反转座子中，至少有7个具备转录活性。

　　在家蚕微孢子虫 Tc1-like 转座子元件中，命名为Tc1Nb1的转座子具有mRNA转录活性。Tc1Nb1广泛分布在家蚕微孢子虫全基因组染色体上，几乎在每一条染色体上均有分布(图 5.10)，该元件的多拷贝序列之间的变异系数Pi值为0.081 。以上信息预示着该转座子在家蚕微孢子虫基因组上的存在时间比较短，进化年龄小，可能仍然具有携带DNA的转座活性。粗糙脉孢菌的impala元件在另一自主型转座子Tc1-like的转座酶的作用下，可以在自身基因组上发生移动和转位，这一结果为家蚕微孢子虫的Tc1-like转座子的活性研究提供了重要的方法参考。

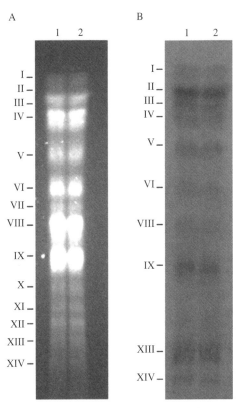

图 5.10　Tc1Nb1 转座子在家蚕微孢子虫不同基因组染色体的分布（Xu et al.，2010）

A. 脉冲电泳分离全基因组染色体；
B. Tc1Nb1 探针特异性 Southern 杂交

5.2　转座子在家蚕微孢子虫基因组进化中的作用

5.2.1　转座子的起源

　　家蚕微孢子虫基因组中转座子的总数占到全基因组长度的20%以上，而在其他一些微孢子虫中，例如脑炎微孢子虫中却没有任何形式的转座子，因此研究家蚕微孢子虫转座子的进化起源具有一定意义。同一转座子的多拷贝序列之间的核酸变异遗传距离常常被用于转座子在物种基因组上的存在时间分析，同一物种中假定不同转座子的DNA序列进化速率一致的情况下，序列的遗传距离越大，则转座子的进化存在的时间越长，反之亦然。家蚕微孢子虫已知6个类型的转座子的核酸遗传距离差异显著，PiggyBac-like和Tc1-like元件的序列遗传距离相对较小，而LTR反转座子和MITE转座子的遗传距离比较大（图5.11），由此暗示了不同转座子在家蚕微孢子虫基因组的起源时间并不一致。LTR反转座子与酵母菌的相应LTR反转座子比较近缘，表明这些LTR反转座子在微孢子虫与真菌分化之前的共同祖先中就已经存在，并且被继续保留在微孢子虫基因组内。因此LTR反转座子作为微孢子虫最为古老的转座元件，其序列遗传变异距离显然比较大。家蚕微孢子虫PiggyBac转座子是起源于昆虫基因组，其中一些元件是从家蚕基因组水平转移而来，在其他非昆虫寄生性微孢子虫中未发现有PiggyBac转座子，因此PiggyBac转座子是在昆虫寄生性的微孢子虫和非昆虫寄生性微孢子虫的共同祖先分化之后，从昆虫基因组中转移而来。由此可见，PiggyBac相对LTR反转座子在微孢子虫基因组中的存在时间要短，导致了前者的核酸序列遗传距离相对后者也要小。

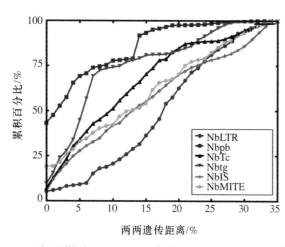

图 5.11　家蚕微孢子虫不同类型转座子序列的遗传变异距离分布

横坐标表示两两序列的遗传距离，纵坐标表示特定遗传距离下的所有序列累积百分比

　　家蚕微孢子虫MITE转座子进化起源尚还不清楚。在家蚕微孢子虫的寄生宿主家蚕基因组中鉴定出了17个MITEs家族，共包含5785个成员，并且7个家族成员为新类型（Han et al.，2010）。比较家蚕微孢子虫与家蚕各自基因组存在的MITEs元件的结构特征，未发现它们之间的共有特性，表明家蚕微孢子虫MITEs与PiggyBac元件的基因组起源方式并不相同，即不是通过宿主基因组的转座元件横向转移而来。植物基因组内存在的MITEs转座子被认为是Tc1/mariner超家族的缺失衍生体，而家蚕微孢子虫MITE转座子具有与Tc1-like相类似的末端靶向重复序列和末端反向重复，尤其是在末端反向重复区存在一个共同的CAGTG基序。因此，家蚕微孢子虫MITEs转座子的起源与Tc1-like元件之间显然具有一定关联性。

　　转座子在微孢子虫基因组的进化演变过程中，经历了多次丢失事件。以图5.12为例，根据微孢子虫16S rDNA构建系统进化树，显示了5种微孢子虫之间相互亲缘关系及其所包含的转座子情况。所有微孢子虫的最近共同祖先基因组具有转座子元件，当微孢子虫共同祖先继续发生物种分化时，其中一支分化形成了家蚕微孢子虫和兔脑炎微孢子虫，而转座子在家蚕微孢子虫中保留下来，在兔脑炎微孢子虫中则发生了丢失；此外，微孢子虫分化形成蝗虫微孢子虫和比氏肠道微孢子虫后，也在各自的基因组中发生了转座子的丢失事件。

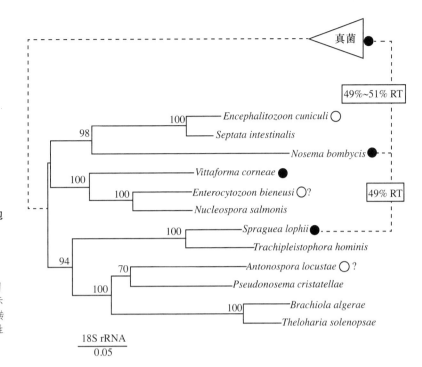

图 5.12　转座子在不同微孢子虫中的存在及丢失情况

虚线分支代表与微孢子近缘的真菌支；建树序列来源于GenBank数据库，黑色实心圆表示存在转座子，空心圆表示丢失了转座子；49% RT为反转录酶在氨基酸水平上的同源性达到49%，依此类推

5.2.2　转座子对基因组结构的影响

　　转座子在家蚕微孢子虫染色体基因组中广泛分布，例如，Tc1Nb1转座子几乎分布在家蚕微孢子虫的每一条染色体上。转座子序列在家蚕微孢子虫基因组中往往成簇排列，并且这些转座子富集区域的功能基因的坐落密度非常小，是基因存在的"荒漠区"。特定LTR反转座子会转位到家蚕微孢子虫基因组两个不同共线性区段之间，甚至插入到某一个共线性区域内(图5.13)，破坏了基因组的共线性特征，因此它们的移位是造成家蚕微孢子虫基因组重排的重要因

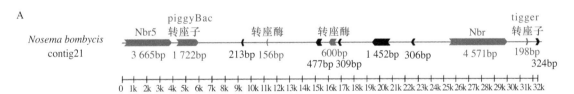

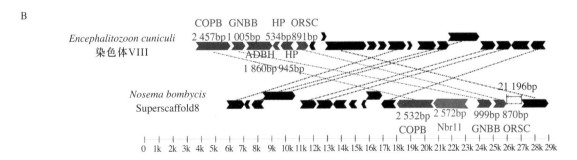

图 5.13　LTR 反转座子在家蚕微孢子虫基因组上的成簇排列（Xiang et al., 2010）

A. 一段长度为32.5kb 的基因组序列里包含了Nbr5和转座酶基因序列在内的多个转座子元件；B. 家蚕微孢子虫基因组contig21与兔脑炎微孢子虫的第Ⅷ条染色体的基因排列保守性比较。粗框箭头代表基因，虚连线代表两端基因的同源性，Nbr11转座子以粉色显示

素之一。当然，这种转座必然受到基因组的相应选择压力束缚，以确保转座子能够有限制地转座而不破坏基因组结构本身。家蚕微孢子虫NIS001株的核糖体rDNA序列被一个长度为610bp的特异片断所插入，同时在插入位点处发生了末端序列重复，将该片段进行检索比对，发现为家蚕微孢子虫NbME2家族。因此MITE转座子在家蚕微孢子虫基因组的插入导致了染色体末端的核糖体rDNA的结构发生变异。

5.2.3　转座子对基因结构的影响

家蚕微孢子虫MITE转座子与预测的功能基因之间具有关联性，一些MITE元件的部分片段坐落在直系同源基因3′末端，暗示这些转座子序列可能已被招募成为基因的一部分，进而推动家蚕微孢子虫基因的结构变异。家蚕微孢子虫的6个MITEs家族元件的部分拷贝子位于蛋白编码基因的内部区域，其中NbME1和NbME5分别有20.7%(34/164)和17.8%(34/191)的复制子分布于基因内部区域（表5.4）。这些包含NbME拷贝序列的基因往往具有转录本，表明转座序列的插入改变了家蚕微孢子虫基因的原有结构，但并没有导致基因功能失活。家蚕微孢子虫转座子序列是微孢子虫内小RNA序列的起源之一，家蚕微孢子虫的152 960条非冗余的小RNA序列库中，有2万多条与转座子序列完全匹配，占到全部测序小RNA库的15.7%，而在2万条小RNA中，有近80%的短序列的5′端为尿嘧啶，显示出了很强的尿嘧啶偏好性，是转座子关联的rasiRNAs(repeat associated small interfering RNAs)的特征之一。这些起源家蚕微孢子虫转座子序列的rasiRNA，可能在家蚕微孢子虫的基因表达调控中发挥重要作用。

表5.4　家蚕微孢子虫MITE转座子在基因组内的分布情况

家族名	序列长度/bp	AT含量	拷贝数目	拷贝总长/bp	平均长度/bp	平均两两变异度	基因内区域*
NbME1	224	53.9	164	35 835	219	0.161	34
NbME2	610	65.4	111	26 527	239	0.095	10
NbME3	875	65.6	49	27 172	555	0.186	5
NbME4	635	72.2	26	13 007	500	0.155	5
NbME5	379	59.9	191	62 645	328	0.198	34
NbME6	230	52.9	70	15 287	218	0.175	10

*表示统计数值包含了位于两外显子之间的拷贝成员

5.3　其他微孢子虫基因组转座子的研究现状

在已公布全基因组序列的近10种微孢子虫中，有5种微孢子虫含有转座子重复序列。最早完成全基因组精细图谱绘制的兔脑炎原虫微孢子虫内没有发现转座子，仅在端粒区发现有少数简单重复序列（Katinka et al., 2001）。之后陆续公布的*Encephalitozoon*的3种微孢子虫基因组中也未发现类似转座元件，它们分别是*Encephalitozoon intestinalis*，*Encephalitozoon hellem*, *Encephalitozoon romaleae*。这种转座子的缺失现象与该属的整个基因组结构特征是一致的，因为*Encephalitozoon*基因组很小且基因排列紧密，一些为寄生生活非必需的重要代谢途径丢失，表现出强烈的宿主依赖性，在这种宿主强大选择压力下，任何转座子将很难在基因组上"存活"。在人机会性感染拜氏微孢子虫（*Enterocytozoon bieneusi*）的基因组序列中，也不存在转座序列（Akiyoshi et al., 2009），原因在于该物种基因组结构特征与*Encephalitozoon*微孢子虫基本一致，而且基因的缩减程度更加强烈，导致转座子的完全丢失。在*Brachiola* *algerae*和*Edhazardia edis*的部分基因组数据中，发现16条转座子相关序列，其中8条注释为家蚕微孢子虫LTR反转座子，同时在*Edhazardia aedis*的ESTs序列库中，也发现有一条序列与家蚕微孢子虫LTR反转座子的整合酶序列高度同源，说明该物种存在具转录活性的LTR反转座子（Williams et al., 2008）。

在水蚤微孢子虫（*Octosporea bayeri*）基因组中包含了至少8个不同类型的转座子（Corradi et al., 2009），在东方蜜蜂微孢子虫基因组中发现了Tc1-like转座子和Ty3/Gypsy型LTR反转座子（Cornman et al., 2009）。在线虫微孢子虫*Nematocida parisii*和*Nematocida* sp.1 的全基因组序列中，也存在大量的转座子，所有转座序列总和分别占到全基因组总长的8%和17%（Cuomo et al., 2012）。因此，造成不同微孢子虫10倍基因组大小差异的主要原因可能不是基因数量、大小及基因结构复杂性，而是转座子序列的存在和扩增，这使得转座重复序列在基因组结构的进化推动作用日益突出。微孢子虫基因组中的转座子通常与微孢子虫体内存在的RNAi干扰机制捆绑出现（图5.14），则说明微孢子虫对转座子的防御很可能是通过RNAi来调控实现的。

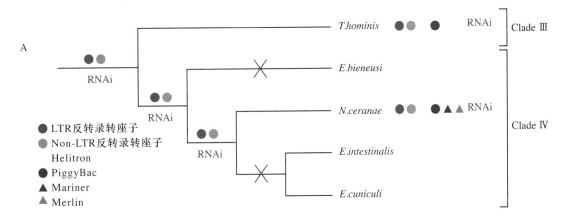

图 5.14　微孢子虫转座子与RNAi机制的关联性（Heinz et al., 2012）

转座子可以引起物种基因组内的功能基因发生重组和变异，可作为高分辨率的分子标记进行同属不同种生物的遗传分型检测。例如，SINE转座子可用来标记不同的阿米巴虫变种，有效区分了致病性和非致病性的阿米巴原虫（Srivastava et al., 2005），这为利用转座子序列进行家蚕微孢子虫不同分离株的分型检测，提供了重要参考。MITE 转座子具有高拷贝性，并时常与基因相伴，正逐渐成为生物遗传多样性研究的一种重要工具。基于 MITE的转座子展示技术（MITE-transposon display）已被开发出来进行物种的分子遗传多样性鉴定，并取得了较大的进展。家蚕微孢子虫 MITE 元件已被尝试应用于不同地域来源（安徽株、广西株、重庆株）的家蚕微孢子虫分离株的分型标记，并观测到不同分离株之间呈现的差异性条带（Xu et al., 2010），这为进一步利用转座子作为分子标记，分辨家蚕微孢子虫不同分离株的遗传变异性提供了新的思路。由于转座子序列可以整合到基因的启动子或编码区，因此可以利用转座子的这一特点将其作为插入突变源，用来克隆因转座而失活的基因，同时也可以通过外源转座元件的插入，来构建基因突变株，进而研究其生理表征，以研究目标基因功能。在原生动物利什曼原虫中就曾利用转座子作为转基因载体构建了基因缺失突变株（Gueiros-Filho and Beverley, 1997），而在恶性疟原虫中，可利用鳞翅目昆虫 PiggyBac 转座子进行外源基因的高效转移

（Balu et al., 2005）。因此利用转座子进行微孢子虫功能基因鉴定，构建微孢子虫基因插入突变体，可为微孢子虫功能基因研究提供强有力的辅助手段。

随着微孢子虫转座子的研究深入，转座子在微孢子虫基因组上的存在机制和进化意义，将会被进一步阐述。尽管目前对微孢子虫转座子相关研究多为一般性的鉴定描述，但围绕微孢子虫新型转座子鉴定，转座子对基因组结构的进化贡献，转座子活性的RNAi调节，以及转座子介导的基因转移等方面的深入研究，值得期待。

参考文献

Akiyoshi DE, Morrison HG, Lei S, et al. 2009. Genomic survey of the non-cultivatable opportunistic human pathogen, *Enterocytozoon bieneusi*. PLoS Pathog, 5(1): e1000261.

Balu B, Shoue DA, Fraser MJ, et al. 2005. High-efficiency transformation of *Plasmodium falciparum* by the lepidopteran transposable element piggyBac. Proc Natl Acad Sci USA, 102(45): 16391-16396.

Cornman RS, Chen YP, Schatz MC, et al. 2009. Genomic analyses of the microsporidian *Nosema ceranae*, an emergent pathogen of honey bees. PLoS Pathog, 5(6): e1000466.

Corradi N, Haag KL, Pombert JF, et al. 2009. Draft genome sequence of the *Daphnia* pathogen *Octosporea bayeri*: insights into the gene content of a large microsporidian genome and a model for host-parasite interactions. Genome Biol, 10(10): R106.

Cuomo CA, Desjardins CA, Bakowski MA, et al. 2012. Microsporidian genome analysis reveals evolutionary strategies for obligate intracellular growth. Genome Res, 22(12): 2478-2488.

Dufresne M, Hua-Van A, El Wahab HA, et al. 2007. Transposition of a fungal miniature inverted-repeat transposable element through the action of a Tc1-like transposase. Genetics, 175(1): 441-452.

Edgar RC, Myers EW. 2005. PILER: identification and classification of genomic repeats. Bioinformatics, 21(Suppl1): i152-i158.

Emmons SW, Yesner L, Ruan KS, et al. 1983. Evidence for a transposon in *Caenorhabditis elegans*. Cell, 32(1): 55-65.

Glockner G, Szafranski K, Winckler T, et al. 2001. The complex repeats of *Dictyostelium discoideum*. Genome Res, 11(4): 585-594.

Goodwin TJD, Poulter R. 2001. The diversity of retrotransposons in the yeast *Cryptococcus neoformans*. Yeast, 18(9): 865-880.

Gueiros-Filho FJ, Beverley SM. 1997. Trans-kingdom transposition of the *Drosophila* element mariner within the protozoan *Leishmania*. Science, 276(5319): 1716-1719.

Han MJ, Shen YH, Gao H, et al. 2010. Burst expansion, distribution and diversification of MITEs in the silkworm genome. BMC Genomics, 11: 520.

Havecker ER, Gao X, Voytas DF. 2004. The diversity of LTR retrotransposons. Genome Biol, 5(6): 225.

Heinz E, Williams TA, Nakjang S, et al. 2012. The genome of the obligate intracellular parasite *Trachipleistophora hominis*: new insights into microsporidian genome dynamics and reductive evolution. PLoS Pathog, 8(10): e1002979.

Ivics Z, Hackett PB, Plasterk RH, et al. 1997. Molecular reconstruction of Sleeping Beauty, a Tc1-like transposon from fish, and its transposition in human cells. Cell, 91(4): 501-510.

Jiang N, Bao Z, Zhang X, et al. 2003. An active DNA transposon family in rice. Nature, 421(6919): 163-167.

Katinka MD, Duprat S, Cornillot E, et al. 2001. Genome sequence and gene compaction of the eukaryote parasite *Encephalitozoon cuniculi*. Nature, 414(6862): 450-453.

Kim JM, Vanguri S, Boeke JD, et al. 1998. Transposable elements and genome organization: a comprehensive survey of retrotransposons revealed by the complete *Saccharomyces cerevisiae* genome sequence. Genome Res, 8(5): 464-478.

Li R, Ye J, Li S, et al. 2005. ReAS: recovery of ancestral sequences for transposable elements from the unassembled reads of a whole genome shotgun. PLoS Comput Biol, 1(4): e43.

Liao LW, Rosenzweig B, Hirsh D. 1983. Analysis of a transposable element in *Caenorhabditis elegans*. Proc Natl Acad Sci USA, 80(12): 3585-3589.

Poulter RT, Goodwin TJ. 2005. DIRS-1 and the other tyrosine recombinase retrotransposons. Cytogenet Genome Res, 110(1-4): 575-588.

Price AL, Jones NC, Pevzner PA. 2005. *De novo* identification of repeat families in large genomes. Bioinformatics, 21(Suppl 1): i351-i358.

Robertson HM. 2002. Evolution of DNA transposons in eukaryotes. Mobile DNA *ii*, 1093-1110.

Semin BV. 2005. Diversity of LTR retrotransposons and their role in genome reorganization. Genetika, 41(4): 542.

Silva JC, Bastida F, Bidwell SL, et al. 2005. A potentially functional mariner transposable element in the protist *Trichomonas vaginalis*. Mol Biol Evol, 22(1): 126-134.

Srivastava S, Bhattacharya S, Paul J. 2005. Species- and strain-specific probes derived from repetitive DNA for distinguishing *Entamoeba histolytica* and *Entamoeba dispa*. Exp Parasitol, 110(3): 303-308.

Williams BAP, Lee RCH, Becnel JJ, et al. 2008. Genome sequence surveys of *Brachiola algerae* and *Edhazardia aedis* reveal microsporidia with low gene densities. BMC Genomics, 9(1): 200.

Xia Q, Zhou Z, Lu C, et al. 2004. A draft sequence for the genome of the domesticated silkworm (*Bombyx mori*). Science, 306(5703): 1937-1940.

Xiang H, Pan G, Zhang R, et al. 2010. Natural selection maintains the transcribed LTR retrotransposons in *Nosema bombycis*. J Genet Genomics, 37(5): 305-314.

Xu HF, Xia QY, Liu C, et al. 2006b. Identification and characterization of piggyBac-like elements in the genome of domesticated silkworm, *Bombyx mori*. Mol Genet Genomics, 276(1): 31-40.

Xu J, Luo J, Debrunner-Vossbrinck B, et al. 2010a. Characterization of a transcriptionally active Tc1-like transposon in the microsporidian *Nosema bombycis*. Acta Parasitologica, 55(1): 8-15.

Xu J, Pan G, Fang L, et al. 2006a. The varying microsporidian genome: existence of long-terminal repeat retrotransposon in domesticated silkworm parasite *Nosema bombycis*. Int J Parasitol, 36(9): 1049-1056.

Xu J, Wang M, Zhang X, et al. 2010b. Identification of NbME MITE families: potential molecular markers in the microsporidia *Nosema bombycis*. J Invertebr Pathol, 103(1): 48-52.

Xu J, Xia Q, Li J, et al. 2005. Survey of long terminal repeat retrotransposons of domesticated silkworm (*Bombyx mori*). Insect Biochem Mol Biol, 35(8): 921-929.

Xu Z, Wang H. 2007. LTR_FINDER: an efficient tool for the prediction of full-length LTR retrotransposons. Nucleic Acids Res, 35(Suppl 2): W265-W268.

第6章
家蚕微孢子虫水平转移基因

第6章 家蚕微孢子虫水平转移基因

向　恒　李　田　马振刚

水平基因转移（horizontal gene transfer，HGT）是指在生物个体之间、细胞之间、细胞内部的各细胞器之间，以及基因组内部所进行的遗传物质的转移现象。这种现象广泛存在于自然界中，对生物基因组及其进化都起着十分重要的作用。与原核生物不同，真核生物由于缺乏全基因组的系统检索方法，其基因组中水平基因转移的鉴定和研究尚处于滞后状态。Keeling和Palmer（2008）指出："与原核生物一样，真核生物也存在着大规模的具有重要意义的水平基因转移事件，同时真菌是研究真核生物基因组中水平基因转移的一个良好谱系"。

本章基于家蚕微孢子虫全基因组数据，对水平基因转移进行了系统的鉴定分析，以期阐明微孢子虫水平基因转移的特征，揭示水平基因转移对微孢子虫进化的影响，并为真核生物水平转移基因的研究提供参考。

6.1　家蚕微孢子虫水平转移基因的鉴定

水平转移基因来自于外源物种，其不同程度地带有供体物种基因组的烙印，而与当前的宿主基因组存在一定差异。一方面，水平转移基因的核苷酸组成、密码子偏好性、转录活性、选择压力、在基因组中的排布和共线性关系等特征都可能与宿主基因组有所不同，这也是鉴定水平转移基因的重要依据。另一方面，水平转移基因的系统发生仍然与来源物种保持一致，即发生水平转移的基因，可通过系统发生分析追溯其起源物种，从而推断其是否为水平转移基因。

6.1.1　水平转移基因的鉴定

通过构建系统发生树，并结合基于基因同源性的Darkhorse（Podell and Gaasterland, 2007）全基因组统计方法，在家蚕微孢子虫基因组中鉴定到55个潜在的水平转移基因（图6.1），其中34个为微孢子虫门物种分化前发生水平转移的bHGT（HGT genes before divergence of Microsporidia，简称bHGT）基因，21个为分化后的aHGT（HGT genes after divergence of Microsporidia，简称aHGT）基因。家蚕微孢子虫55个水平转移基因占其全部基因的1.28%，总长42 435bp，占全基因组的0.27%（表6.1）。

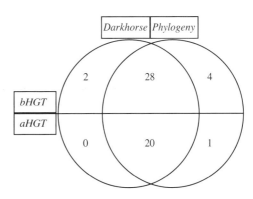

图6.1　家蚕微孢子虫的55个水平转移基因

bHGT. 微孢子虫门分化前的水平转移基因；aHGT. 微孢子虫门分化后的水平转移基因；Darkhorse. 以Darkhorse法预测获得的水平转移基因；Phylogeny. 以系统发育分析方法预测获得的水平转移基因

表6.1　家蚕微孢子虫55个候选水平转移基因的转移时间、来源谱系及与转座元件的关系

	总数	微孢子虫门的分化		来源谱系			HGT与TE的关系	
		分化前	分化后	细菌	古生菌	病毒	相关	不相关
基因数目	55	34	21	46	6	3	43	12
占基因总数的比率/%	1.28	0.79	0.49	1.07	0.14	0.07	1.00	0.28
基因总长	42 435	26 730	15 705	38 184	2 697	1 554	33 507	8 928
占基因组大小的比率/%	0.27	0.17	0.10	0.24	0.02	0.01	0.21	0.06

注：HGT为水平基因转移；TE为转座元件

6.1.2　水平转移基因的核苷酸组成

　　在核苷酸组成上，家蚕微孢子虫*aHGT*基因与全基因组存在显著差异，而*bHGT*基因差异不显著（图6.2）。家蚕微孢子虫基因组GC含量平均值约为30%，微孢子虫门物种分化前的*bHGT*基因（绿色点）大部分也在30%线附近（20%~40%）；而大部分物种分化后的*aHGT*基因（红色点）却具有高GC含量，远离30%水平线。T检验统计结果表明*bHGT*基因的GC含量与30%平均值间差异不显著（$P = 0.178, > 0.05$），而*aHGT*的差异极显著（$P = 0.001, < 0.01$）。这可能是由于*bHGT*是在微孢子虫门分化之前就已经进入了微孢子虫共同祖先的基因组中，在随后的进化历程中逐步与基因组适应，发生了"同质化"（amelioration）效应（Lawrence and Ochman, 1997），其核苷酸组成已经与所转入基因组无显著差异；而*aHGT*是近期水平转移至家蚕微孢子虫基因组的外来基因，其进入家蚕微孢子虫基因组的时间较短，同质化程度不明显，所以其核苷酸组成与受体基因组差异较大。利用SeqVis软件（Ho et al., 2006）绘制的家蚕微孢子虫水平转移基因核苷酸组成三维立体图（图6.3）表明self-organizing clustering（SOC）随机分类可将*aHGT*和*bHGT*区分开来。

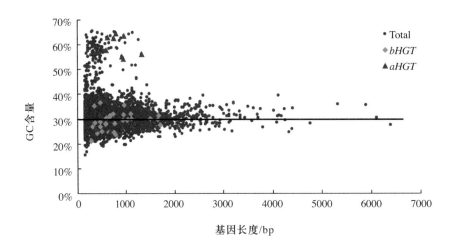

图6.2　家蚕微孢子虫HGT基因的GC含量分布

Total: 所有编码基因；*bHGT*. 微孢子虫门分化前的水平转移基因；*aHGT*. 微孢子虫门分化后的水平转移基因；纵坐标. GC含量；横坐标. 基因长度；*bHGT*基因的GC含量已趋同于家蚕微孢子虫基因组的平均GC含量

6.1.3　水平转移基因的密码子偏好性

家蚕微孢子虫 *bHGT* 基因的4个密码子指数值的分布情况与全基因组基因的相近，峰值趋同（图6.4）。对水平转移基因的4种密码子指数，即密码子适应指数（codon adaptation index，CAI，$P = 0.300$）、密码子偏好性指数（codon bias index，CBI，$P=0.182$）、最优密码子使用频率（frequency of optimal codons，Fop，$P=0.602$）和有效密码子数（effective number of codon，ENc，$P=0.510$）进行分析，结果表明家蚕微孢子虫基因组中的 *bHGT* 基因与全基因组之间不存在显著差异。而 *aHGT* 基因中，除CBI（$P=0.490$）外，其余3个指数与全基因组间均存在显著差异（CAI，$P=0$；Fop，$P=0.004$；ENc，$P=0.011$）。

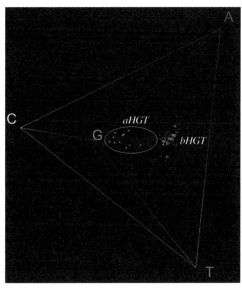

图6.3　家蚕微孢子虫水平转移基因的核苷酸组成

bHGT. 微孢子虫门分化前的水平转移基因；*aHGT*. 微孢子虫门分化后的水平转移基因；A. 腺嘌呤；G. 鸟嘌呤；C. 胞嘧啶；T. 胸腺嘧啶

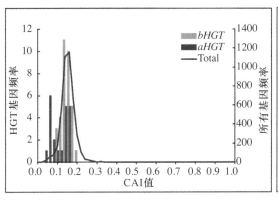

A

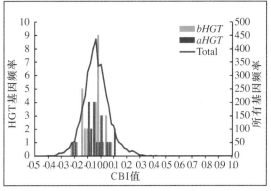

B

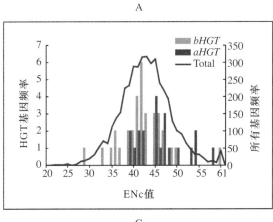

C

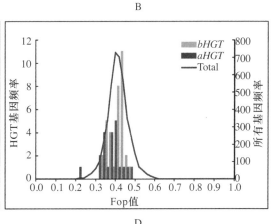

D

图6.4　全基因组各基因、34个 *bHGT* 和21个 *aHGT* 的4种密码子指数分布

4种密码子指数分别是：A. 密码子适应指数（CAI）；B. 密码子偏好性指数（CBI）；C. 有效密码子数（ENc）；D. 最优密码子使用频率（Fop）

　　家蚕微孢子虫大部分*HGT*基因都位于ENc期望值回归曲线的下方，说明这些基因及其密码子偏好性都受到自然选择压力的作用（图6.5）。其中来源于病毒的脱氧尿苷三磷酸酶（dUTPase，deoxyuridine 5′ triphosphate nucleotidohydrolase）基因的ENc值为60.11，GC3s值仅为0.196，这可能是因其受到正选择压力导致的。

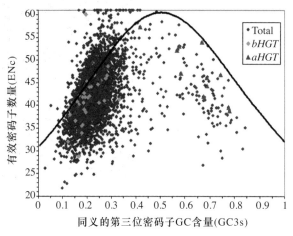

图6.5　家蚕微孢子虫水平转移基因的ENc/GC3s分布

曲线为ENc/GC3s的标准曲线：ENc=2+S+ $\left[\dfrac{29}{S^2+(1-S)^2}\right]$（$S$指G+C的频率，GC3s），位于该曲线上方的基因被认为可能受到正选择压力作用，位于该曲线下方的基因被认为可能受到负选择压力（Wright et al., 1990）

　　对应分析（correspondence analysis）是指样本中所有基因被分布在一个向量空间中，根据其分布状况来探究基因间的变异情况，随后进一步判别影响基因密码子使用的主要因素（Sharp and Li，1987）。在对应分析中具有相同密码子偏好性的基因能够分布在一起。分析结果显示*bHGT*基因的密码子使用与基因组偏好性更趋同，而*aHGT*则相反，这表明*bHGT*进入家蚕微孢子虫基因组后，由于同质化作用，其与基因组有趋于一致的进化趋势（图6.6）。

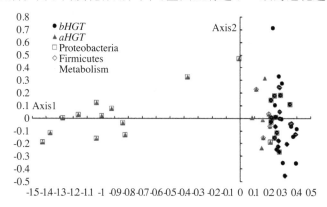

图6.6　家蚕微孢子虫55个水平转移基因密码子偏好性的对应分析

bHGT. 微孢子虫门分化前的水平转移基因；*aHGT*. 微孢子虫门分化后的水平转移基因；Proteobacteria. 变形菌门；Firmicutes. 厚壁菌门

　　比较家蚕微孢子虫水平转移基因与全基因组基因的密码子使用情况（表6.2）发现，水平转移基因与全部编码基因的密码子使用差异较大。举例来说，对于编码Phe、Ile、Gln、Asn、Asp和Glu等氨基酸的密码子，*aHGT*基因所使用的密码子不同于非*HGT*基因；与*aHGT*基因相

表6.2 家蚕微孢子虫中全部基因及34个bHGT和21个aHGT基因的密码子使用表

氨基酸	codon with significance	bHGT基因				aHGT基因					全部编码基因				
		high RSCU	bias CU	low RSCU	bias CU	codon with significance	high RSCU	bias CU	low RSCU	bias CU	codon with significance	high RSCU	bias CU	low RSCU	bias CU
Phe	UUU	1.57	11	1.75	7	UUU	1.43	5	2.00	14	UUU**	1.75	1790	1.28	789
	UUC	0.43	3	0.25	1	UUC*	0.57	2	0.00	0	UUC**	0.25	260	0.72	447
Leu	UUA	3.75	15	2.62	7	UUA	0.31	3	2.67	12	UUA**	3.71	2668	0.86	406
	UUG	0.75	3	0.75	2	UUG	0.41	4	1.11	5	UUG	0.66	472	0.71	337
	CUU	1.00	4	1.88	5	CUU	0.41	4	1.56	7	CUU**	1.13	812	0.85	401
	CUC	0.25	1	0.38	1	CUC	0.62	6	0.22	1	CUC	0.19	140	0.79	375
	CUA-	0.00	0	0.38	1	CUA	0.21	2	0.22	1	CUA	0.29	206	0.35	165
	CUG**	0.25	1	0.00	0	CUG*	4.03	39	0.22	1	CUG-	0.03	22	2.44	1156
Ile	AUU	1.80	12	1.38	6	AUU	0.94	5	1.39	13	AUU**	1.70	2339	1.33	793
	AUC**	0.30	2	0.23	1	AUC**	2.06	11	0.64	6	AUC	0.23	322	1.11	664
	AUA-	0.90	6	1.38	6	AUA-	0.00	0	0.96	9	AUA**	1.07	1476	0.56	331
Met	AUG	1.00	2	1.00	2	AUG	1.00	6	1.00	4	AUG	1.00	864	1.00	781
Val	GUU-	2.29	8	2.67	4	GUU-	0.00	0	1.07	4	GUU**	1.56	684	1.01	491
	GUC	0.57	2	0.67	1	GUC	1.26	6	0.80	3	GUC	0.23	101	1.11	539
	GUA-	0.57	2	0.67	1	GUA-	0.00	0	1.33	5	GUA*	1.88	823	0.68	329
	GUG	0.57	2	0.00	0	GUG*	2.74	13	0.80	3	GUG	0.32	141	1.21	590
Tyr	UAU	1.25	5	1.00	3	UAU	1.50	3	1.71	6	UAU**	1.54	1372	1.05	465
	UAC	0.75	3	1.00	3	UAC	0.50	1	0.29	1	UAC	0.46	405	0.95	418
STOP	UAA	3.00	1	0.00	0	UAA-	0.00	0	3.00	1	UAA	1.74	114	1.39	78
	UAG-	0.00	0	0.00	0	UAG-	3.00	1	0.00	0	UAG	0.43	28	0.43	24
	UGA-	0.00	0	3.00	1	UGA-	0.00	0	0.00	0	UGA	0.83	54	1.18	66
His	CAU	0.80	2	1.00	1	CAU	1.25	5	1.20	3	CAU**	1.70	483	1.02	336
	CAC	1.20	3	1.00	1	CAC	0.75	3	0.80	2	CAC	0.30	85	0.98	323
Gln	CAA	2.00	2	1.00	1	CAA-	0.00	0	1.00	1	CAA**	1.85	824	0.64	395
	CAG-	0.00	0	1.00	1	CAG**	2.00	15	1.00	1	CAG	0.15	69	1.36	832
Asn	AAU	2.00	6	1.60	8	AAU	0.33	1	1.68	16	AAU**	1.79	3073	1.05	639
	AAC-	0.00	0	0.40	2	AAC**	1.67	5	0.32	3	AAC	0.21	365	0.95	581
Lys	AAA	1.71	6	1.48	31	AAA	1.33	4	1.76	22	AAA**	1.62	4048	1.31	1021
	AAG	0.29	1	0.52	11	AAG	0.67	2	0.24	3	AAG	0.38	952	0.69	539
Asp	GAU	1.50	3	1.80	9	GAU	1.00	7	2.00	15	GAU**	1.88	2321	1.17	859
	GAC	0.50	1	0.20	1	GAC**	1.00	7	0.00	0	GAC	0.12	146	0.83	609
Glu	GAA	1.00	1	2.00	18	GAA	0.86	9	1.68	16	GAA**	1.67	3007	1.16	916
	GAG**	1.00	1	0.00	0	GAG**	1.14	12	0.32	3	GAG	0.33	602	0.84	664

续表

氨基酸	codon with significance	bHGT基因				codon with significance	aHGT基因				codon with significance	全部编码基因			
		high RSCU	bias CU	low RSCU	bias CU		high RSCU	bias CU	low RSCU	bias CU		high RSCU	bias CU	low RSCU	bias CU
Ser	UCU*	5.14	6	1.71	2	UCU-	0.00	0	0.00	0	UCU**	2.15	995	0.91	294
	UCC-	0.00	0	0.86	1	UCC	0.24	1	0.60	1	UCC	0.44	204	0.92	298
	UCA	0.86	1	2.57	3	UCA	0.96	4	3.00	5	UCA**	1.29	597	0.92	299
	UCG-	0.00	0	0.00	0	UCG	1.68	7	0.60	1	UCG	0.13	59	0.93	301
	AGU-	0.00	0	0.00	0	AGU	0.24	1	1.20	2	AGU**	1.92	889	0.86	278
	AGC-	0.00	0	0.86	1	AGC*	2.88	12	0.60	1	AGC-	0.07	32	1.46	473
Pro	CCU*	3.43	6	0.80	1	CCU	0.27	1	2.40	3	CCU**	2.06	479	0.76	238
	CCC-	0.00	0	0.80	1	CCC	1.33	5	0.00	0	CCC	0.39	91	0.93	291
	CCA	0.57	1	2.40	3	CCA-	0.00	0	0.80	1	CCA**	1.44	333	0.76	239
	CCG-	0.00	0	0.00	0	CCG	2.40	9	0.80	1	CCG	0.11	25	1.55	487
Thr	ACU	2.29	4	0.67	1	ACU-	0.00	0	0.89	2	ACU**	1.98	703	0.65	260
	ACC-	0.00	0	0.67	1	ACC	1.25	5	0.44	1	ACC	0.34	119	1.50	598
	ACA	1.71	3	1.33	2	ACA-	0.00	0	2.22	5	ACA**	1.44	512	0.72	289
	ACG-	0.00	0	1.33	2	ACG**	2.75	11	0.44	1	ACG	0.24	84	1.13	450
Ala	GCU	0.80	1	2.67	2	GCU	0.46	3	0.80	1	GCU**	2.21	381	0.67	402
	GCC-	0.00	0	1.33	1	GCC	0.92	6	1.60	2	GCC	0.43	74	1.45	870
	GCA	2.40	3	0.00	0	GCA-	0.00	0	1.60	2	GCA**	1.31	226	0.56	337
	GCG	0.80	1	0.00	0	GCG**	2.62	17	0.00	0	GCG-	0.05	8	1.31	783
Cys	UGU	2.00	1	2.00	2	UGU	0.67	1	0.00	0	UGU**	1.90	636	0.88	169
	UGC-	0.00	0	0.00	0	UGC	1.33	2	2.00	1	UGC	0.10	32	1.12	217
Trp	UGG	1.00	1	0.00	0	UGG	1.00	5	0.00	0	UGG	1.00	231	1.00	364
Arg	CGU-	0.00	0	1.20	1	CGU	1.00	5	1.50	2	CGU	0.28	64	0.99	291
	CGC-	0.00	0	0.00	0	CGC*	2.80	14	0.00	0	CGC-	0.01	2	2.12	624
	CGA-	0.00	0	0.00	0	CGA	0.20	1	0.00	0	CGA	0.26	60	0.55	161
	CGG-	0.00	0	0.00	0	CGG	1.80	9	0.00	0	CGG-	0.06	13	0.89	261
	AGA	6.00	6	4.80	4	AGA-	0.00	0	4.50	6	AGA**	3.44	783	0.84	248
	AGG-	0.00	0	0.00	0	AGG	0.20	1	0.00	0	AGG**	1.94	442	0.60	177
Gly	GGU	1.23	4	1.33	1	GGU	0.55	3	0.00	0	GGU**	1.10	432	0.94	474
	GGC	0.62	2	2.67	2	GGC	1.82	10	0.00	0	GGC-	0.06	25	1.75	884
	GGA	1.85	6	0.00	0	GGA	0.55	3	4.00	4	GGA**	1.83	720	0.57	287
	GGG	0.31	0	0.00	0	GGG	1.09	6	0.00	0	GGG**	1.01	400	0.75	377

** 表示极显著（$P < 0.01$）, * 表示显著（$P < 0.05$）, 这两者表示了所使用的最优密码子, 而相对同义密码子使用值（relative synonymous codon usage, RSCU）小于0.10的为极少使用的稀有密码子, 以 "-" 表示

似，*bHGT*基因Glu的最优密码子也不同于非*HGT*基因。全基因组非*HGT*基因的最优密码子的GC含量为35.63%，而55个水平转移基因的GC含量为62.22%。与*aHGT*不同，*bHGT*中Ser偏好使用UCU，Pro偏好使用CCU，这与全基因组基因的密码子使用一致。以上结果表明水平转移基因，特别是物种分化之后的近期水平转移基因，与全基因组相比存在密码子使用偏好性上的差异，这进一步支持了它们来源于外源物种这一结论。

6.1.4 水平转移基因的转录活性

在家蚕微孢子虫cDNA文库中鉴定到2个*aHGT*基因和8个*bHGT*基因具有EST标签，表明这些*HGT*基因具有转录活性（图6.7），其GC含量介于24.31%~36.60%，处于基因组平均值30%附近。

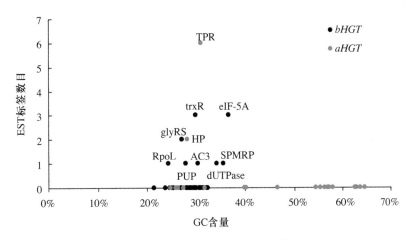

图6.7 家蚕微孢子虫水平转移基因的转录活性

AC3. 腺苷酸环化酶家族3；HP. 假定蛋白；PUP. 假定的未定性的蛋白；RpoL. DNA关联的RNA聚合酶亚基L；SPMRP. 糖透性酶（麦芽糖相关的糖透性酶）；TPR. TPR重复；dUTPase. 脱氧尿苷5′-3磷酸核苷酸水解酶；eIF-5A. 翻译抑制因子5A；glyRS. 甘氨酰-tRNA合成酶；trxR. 硫氧化还原蛋白还原酶

在2个具有EST数据的*aHGT*基因中，存在一个含有34个氨基酸残基重复基序（tetratricopeptide repeat，TPR）的基因，其可能来源于古细菌*Methanosarcina acetivorans* C2A。TPR是指一种由34个氨基酸残基构成的串联重复结构，存在于多种功能不同的蛋白质中。不同TPR结构具有不同的蛋白质接合特性，能够介导蛋白质之间互作（Blatch et al.，1999），而蛋白质的互作又可促进TPR组装成更复杂的结构（Gatto et al.，2000；Lapouge et al.，2000）。

6.1.5 水平转移基因的选择压力

非同义替换率与同义替换率的比值（Ka/Ks）可以用来衡量基因受到的自然选择压力。当Ka/Ks < 1，即Ka < Ks时，表明同义替换率高于非同义替换率，基因中的核苷酸突变多是同义突变，基因的这种变异不会对其功能造成很大影响，其所受到的是纯化选择压力（purifying selection）。当Ka/Ks > 1时，核苷酸的突变引起了氨基酸的改变，可能造成功能的变化，如果这一改变有利于物种适应环境，则这一改变将在正选择压力（positive selection）作用下被保留下来。当Ka/Ks = 1时，基因处于中性进化状态。大部分水平转移基因的Ka/Ks值都偏大，甚至可能出现相当多Ka/Ks > 1的情况。Silva和Kidwell（2000）和Diao等（2006）正是通过这一原理鉴定了水平转移基因。

家蚕微孢子虫水平转移基因Ka/Ks值偏大的情况比较多（图6.8）。结合水平转移基因的功能分类，发现在12个受正选择作用的水平转移基因中有9个可能扮演新增功能角色。这些结果进一步表明自然选择保留下来的水平转移基因在物种进化中可能发挥着重要作用。

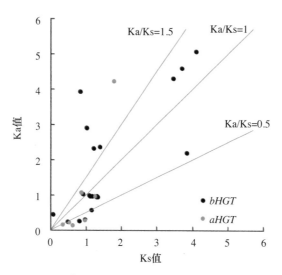

图6.8 家蚕微孢子虫水平转移基因的选择压力分布

6.1.6 水平转移基因的共线性

家蚕微孢子虫水平转移基因在染色体上的排列与兔脑炎微孢子虫不具有共线性特征。*aHGT*基因大多位于共线性区域之外，而*bHGT*基因多位于共线性区域之内（图6.9，图6.10）。*aHGT*基因多位于共线性区域外（21个*aHGT*中有16个位于共线性区域外），大多数*bHGT*基因位于共线性区域内部（34个*bHGT*中有23个位于共线性区域内），但ECU05_0280（同源于NBO0007_0045）（图6.9）和ECU01_0740（同源于NBO0002_0012和NBO1102_0001）（图6.11）位于共线性区域外。以上结果再次印证了*aHGT*基因是近期转移的结果。

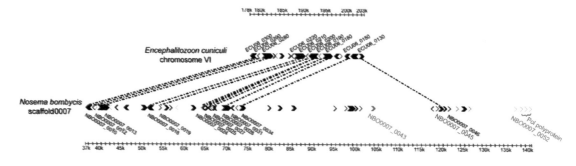

图6.9 家蚕微孢子虫骨架序列Scaffold0007与兔脑炎微孢子虫第Ⅵ染色体的共线性图谱

右向箭头为正向编码基因；左向箭头为：反向编码基因；红色箭头为*bHGT*基因；绿色箭头为*aHGT*基因；粉色箭头为转座元件；标尺基本可定为1kb

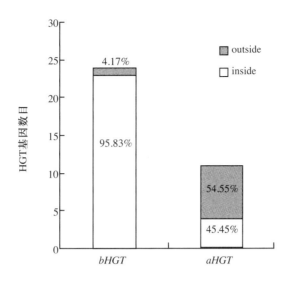

图6.10 水平转移基因在家蚕微孢子虫基因组中共线性区域内外的比例

outside. 位于共线性区域外部的*HGT*基因；inside. 位于共线性区域内部的*HGT*基因；24个*bHGT*中仅有1个基因位于共线性区域外，其他其他均位于共线性区域内部；11个*aHGT*中，有6个位于外部，5个位于内部

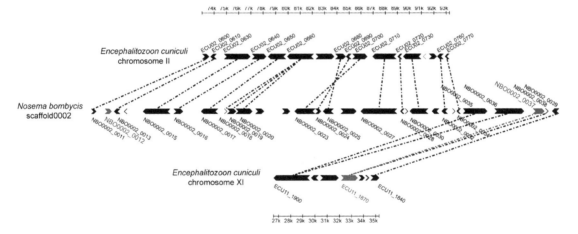

图6.11 两个水平转移基因在家蚕微孢子虫骨架序列Scaffold0002上的分布

NBO0002_0012在兔脑炎微孢子虫基因组中的直系同源基因ECU01_0740位于兔脑炎微孢子虫第 I 号染色体上，NBO0002_0037的同源基因ECU11_1870位于兔脑炎微孢子虫第XI号染色体上

6.2 家蚕微孢子虫水平转移基因的来源物种及转移时间

6.2.1 水平转移基因的来源物种

家蚕微孢子虫水平转移基因中有46个来源于细菌域，占所有水平转移基因的83.64%，有6个来源于古细菌域，3个来源于病毒（图6.12，图6.13），其中*aHGT*基因主要来源于变形菌门（Proteobacteria），*bHGT*主要来自厚壁菌门（Firmicutes）。这一结果与许多真核生物基因组中水平基因转移的研究结果一致，其原因可能是：①真核生物到真核生物的水平转移事件很难鉴定；②细菌基因无内含子，不需要进行内含子剪切，整合到宿主基因组中即可直接发挥作用；③细菌类群大、种类多，生活环境多样，其与受体物种接触的机会大，故水平基因转移事件发生的概率较高。

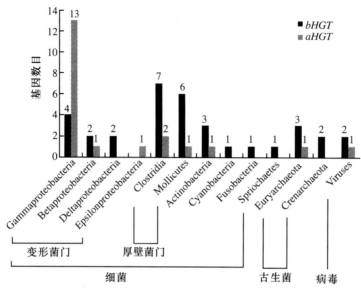

图6.12　家蚕微孢子虫水平转移基因的来源谱系分布

横坐标. HGT基因来源物种；纵坐标. 基因数目；*bHGT*. 微孢子虫门分化前的水平转移基因；*aHGT*. 微孢子虫门分化后的水平转移基因

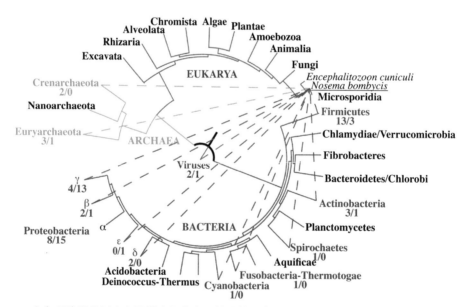

图6.13　生命系统进化树中家蚕微孢子虫水平转移基因来源物种分布（Ciccarelli et al., 2006）

蓝色为细菌域；绿色为古生菌域；红色为真核生物域；中间的灰色为病毒；虚线为55个水平转移基因的来源；各谱系下方的数值为水平转移基因的个数（*bHGT/aHGT*）

6.2.2　水平转移基因的转移时间

　　基因组定向突变压力（directional mutation pressures）会使基因与其基因组协同进化。Muto和Osawa（1987）认为密码子各位置的核苷酸，由于受到不同的选择压力，会表现出不同的核苷酸组成特征。因此，基因组的核苷酸组成与其3个位置密码子的核苷酸组成之间存在着关联（图6.14）。Lawrence和Ochman（1997）通过对细菌编码基因密码子各位置与基因组GC含量的关系分布（图6.14 A）得出如下3个线性公式：$GC_{1st} = 0.615 \times GC_{genome} + 26.9$，

$GC_{2nd} = 0.270 \times GC_{genome} + 26.7$，$GC_{3rd} = 1.692 \times GC_{genome} - 32.3$，其中基因组GC含量在20%~80%时结果最为准确。

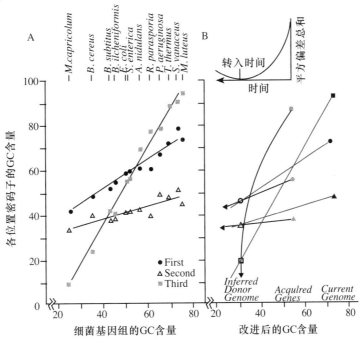

图6.14　细菌基因组GC含量与密码子各位置GC含量间的关系（Lawrence and Ochman, 1997）

A. 各细菌基因组中GC含量与其3个位置密码子GC含量间的关系（排除了 *HGT* ）；B. 水平转移基因转移前后的GC含量变化模式图

　　将图6.14A的公式运用于图6.14B，可计算出水平转移基因来源供体基因组在平衡状态时3个位置密码子的核苷酸组成情况（同时受体基因组的也能得出）。由于水平转移基因的三位置密码子核苷酸组成也能计算获得，因此可利用其差值表达水平转移基因从供体基因组到受体基因组这段进化时间中3个位置密码子核苷酸组成的变异量 ΔGC^{HT}。

　　Lawrence和Ochman（1997）推算出水平转移基因核苷酸组成变异速率的公式：

$$\Delta GC_{rate}^{\ HT} = S \times \frac{IV_{ratio} + 1/2}{IV_{ratio} + 1} \times [GC^{EQ} - GC^{HT}]$$

式中，$\Delta GC_{rate}^{\ HT}$ 表示水平转移基因随时间改变的速率，即每多少年改变多少GC含量；S代表进化历程中供体物种与受体物种间的替换速率，包括同义替换速率和非同义替换速率，而三位置密码子的替换速率可以通过它们的加权平均得到；IV_{ratio}（transition/transversion ratio）表示进化历程中供体物种与受体物种间的转换颠换比例；GC^{EQ}和GC^{HT}分别代表供体和受体基因组中水平转移基因的GC含量。因此，利用从供体基因组到受体基因组进化历程中水平转移基因三位置密码子的核苷酸变异量 ΔGC^{HT} 及其变异速率 $\Delta GC_{rate}^{\ HT}$ 就可以计算出该基因所经历的时间。

　　基于上述理论，Lawrence开发设计了Ameliorator软件（Lawrence and Ochman, 1997），用于计算水平转移时间。运用Ameliorator软件逐一计算55个家蚕微孢子虫水平转移基因的转移时间，其中12个*bHGT*和3个*aHGT*能计算出转移时间（表6.3），其余的40个基因序列不适合上述理论模型而未能得出转移时间。结果表明12个*bHGT*基因的转移时间范围为357~760MYr（million years ago, MYr），3个*aHGT*的为11~73MYr。

表6.3　Ameliorator软件计算的家蚕微孢子虫水平转移基因的转移时间 (单位：MYr)

HGT name	Min	Mean	Max
bHGT			
NBO0002_0012	452	452	452
NBO0006_0081	563	564	565
NBO0008_0016	388	675	755
NBO0009_0006	383	385	386
NBO0015_0020	490	490	490
NBO0016_0016	760	760	760
NBO0029_0008	638	638	638
NBO0053_0017	556	556	556
NBO0375_0009	504	504	504
NBO0609_0003	357	357	357
NBO0992_0001	407	407	407
NBO1102_0001	483	483	483
aHGT			
NBO0027_0020	0	73	272
NBO0193_0001	26	31	35
NBO0193_0002	7	11	14

在假定家蚕微孢子虫水平基因转移的变异速率 ΔGC_{rate}^{HT} 是恒定的前提下，通过计算水平转移基因从供体基因组（水平转移基因处于供体基因组平衡状态）到当前受体基因组这段进化时间中3个位置密码子核苷酸组成的变异量 ΔGC^{HT}，可以定性反映家蚕微孢子虫水平转移基因的转移时间。

统计结果如表6.4所示，不论是对于整个密码子还是三位置密码子的核苷酸组成，*bHGT*基因变异量的平均值都大于*aHGT*基因，这表明*bHGT*基因进入家蚕微孢子虫基因组早于*aHGT*基因，其进化历程比*aHGT*的更长，核苷酸组成变异程度也更大。根据*bHGT*基因密码子三位置核苷酸组成差值的加权平均值与*aHGT*基因的比例为1.55：1（表6.4），推测*bHGT*基因的进化时间是*aHGT*基因的1.55倍。

表6.4　家蚕微孢子虫55个水平转移基因及其三位置密码子的GC含量差值统计表

	ΔGC	ΔGC_{1st}	ΔGC_{2nd}	ΔGC_{3rd}	$\Delta GC_{1st,2nd,3rd}$ 加权平均值
bHGT $\bar{x}$/%	12.11	13.87	9.96	19.94	16.40
bHGT s	0.1355	0.1040	0.0515	0.2116	0.1417
aHGT $\bar{x}$/%	5.89	8.71	6.57	13.07	10.61
aHGT s	0.0712	0.0624	0.0490	0.1346	0.0839
P-value of T-test	0.0153*	0.0127*	0.0094**	0.0735	0.0314*
bHGT $\bar{x}$: *aHGT* $\bar{x}$	2.06 : 1	1.59 : 1	1.51 : 1	1.53 : 1	1.55 : 1

注：*表示$P < 0.05$；**表示$P < 0.01$

6.3　家蚕微孢子虫水平转移基因的功能作用

6.3.1　水平转移基因的功能分类

利用COG（http://www.ncbi.nlm.nih.gov/COG/）、KEGG（http://www.genome.jp/kegg/）和GO（http://www.geneontology.org/）3个数据库对家蚕微孢子虫*HGT*基因进行功能注

释发现，近一半的家蚕微孢子虫水平转移基因的功能未知，其中具有明确功能注释的*HGT*基因大多数参与物质代谢（图6.15）。

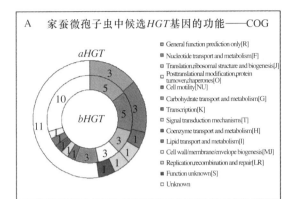
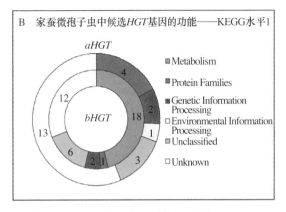
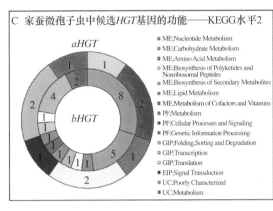
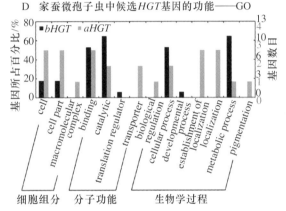

图6.15　家蚕微孢子虫水平转移基因的功能分类

A. 55个水平转移基因的COG数据库注释；B. 55个水平转移基因的KEGG数据库注释；C. 37个水平转移基因的KEGG数据库功能注释的二级分类；D. 水平转移基因的GO数据库注释

在基于COG数据库的注释结果中（图6.15A），55个水平转移基因中有21个功能未知，其余34个基因中参与了核苷转运和代谢（nucleotide transport and metabolism）、碳源物质转运和代谢（carbohydrate transport and metabolism）、辅酶转运和代谢（coenzyme transport and metabolism）和脂质转运和代谢（lipid transport and metabolism）。

在基于KEGG数据库的注释结果中（图6.15B），45.45%的水平转移基因功能未知。其余30个基因中48.65%的基因主要参与了核苷代谢和糖代谢（图6.15C）。

根据GO注释结果（图6.15D），32个水平转移基因（58.18%）功能未知，其余23个水平转移基因中17个*bHGT*和6个*aHGT*基因主要参与结合、催化活性、细胞过程和代谢过程。

已知功能的家蚕微孢子虫水平转移基因主要是参与代谢通路操纵子基因，这与溶组织内阿米巴（*Entamoeba histolytica*）（Loftus et al., 2005）和阴道毛滴虫（*Trichomonas vaginalis*）（Carlton et al., 2007）的情况类似，支持了Jain等（1999）提出的操纵子基因相对简单，易于水平转移的假说。

根据水平转移基因在基因组中扮演的角色，将家蚕微孢子虫水平转移基因分为两类：① 功能补充（supplementary function），即水平转移基因提供的功能是基因组已有的，只起补充作用，可能是用于候补或剂量效应；②功能新增（newly-increased function），即水平转移基因为基因组提供了原来没有的新功能。结合基于转移时间（*bHGT*，*aHGT*）（图6.15）和功能角色（补充，新增）（图6.16）的两种功能分类，发现55个水平转移基因为家蚕微孢子虫基因组提供了28个新基因，补充了27个基因的功能（表6.5）。而两者中代谢相关基因，尤其是核苷酸代谢相关基因所占的比例最大，其余大部分基因功能未知。

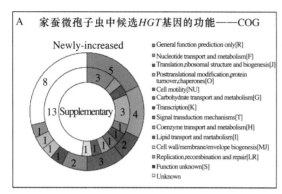

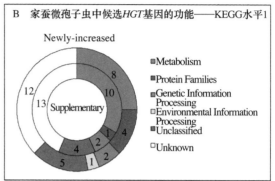

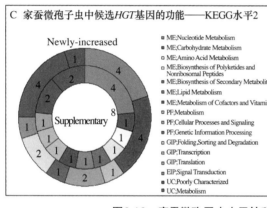

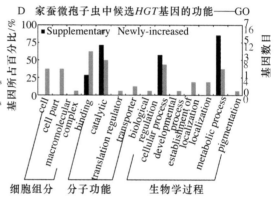

图6.16 家蚕微孢子虫水平转移基因基于基因组中角色的功能分类

在*aHGT*基因中，参与功能新增作用的基因比功能补充作用的基因多（图6.17），这表明水平转移基因为基因组提供了新功能基因，这可能增强了家蚕微孢子虫对宿主的适应性。与之不同的是，在*bHGT*中起功能补充作用的比功能新增作用的基因多。

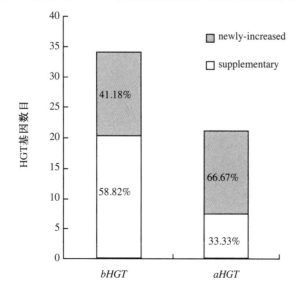

图6.17 水平转移基因在家蚕微孢子虫基因组中功能角色的比例

newly-increased. 新增功能*HGT*基因；supplementary. 功能补充*HGT*基因；*bHGT*. 微孢子虫门分化前的水平转移基因；*aHGT*. 微孢子虫门分化后的水平转移基因

表6.5　基于转移时间和功能角色的*HGT*基因比较

分类依据	基于转移时间		基于功能角色	
	bHGT	*aHGT*	补充	新增
COG分类				
General function prediction only [R]	5	3	3	5
Nucleotide transport and metabolism [F]	5		1	4
Translation, ribosomal structure and biogenesis [J]	3		1	2
Posttranslational modification, protein turnover, chaperones [O]	3		3	
Cell motility [NU]		3		3
Carbohydrate transport and metabolism [G]	3		1	2
Transcription [K]	1	1	1	1
Signal transduction mechanisms [T]	1	1	1	1
Coenzyme transport and metabolism [H]	1		1	
Lipid transport and metabolism [I]	1		1	
Cell wall/membrane/envelope biogenesis [MJ]	1		1	
Replication, recombination and repair [LR]		1		1
Function unknown [S]		1		1
Unknown	10	11	13	8
KEGG Class	基于转移时间		基于功能角色	
KEGG-level 1	*bHGT*	*aHGT*	补充	新增
Metabolism	18		10	8
Protein Families	1	4	1	4
Genetic Information Processing	2	2	2	2
Environmental Information Processing		1		1
Unclassified	6	3	4	5
Unknown	12	13	13	12
KEGG第2级分类				
ME; Nucleotide Metabolism	8		4	4
ME; Carbohydrate Metabolism	5		1	4
ME; Amino Acid Metabolism	1		1	
ME; Biosynthesis of Polyketides and Nonribosomal Peptides	1		1	
ME; Biosynthesis of Secondary Metabolites	1		1	
ME; Lipid Metabolism	1		1	
ME; Metabolism of Cofactors and Vitamins	1		1	
PF; Metabolism	1	1	1	1
PF; Cellular Processes and Signaling		2		2
PF; Genetic Information Processing		1		1
GIP; Folding, Sorting and Degradation		2		2
GIP; Transcription	1		1	
GIP; Translation	1		1	
EIP; Signal Transduction		1		1
UC; Poorly Characterized	4	2	2	4
UC; Metabolism	2	1	2	1
GO分类				
cell	17.60%	50%	0%	37.50%
cell part	17.60%	50%	0%	37.50%
macromolecular complex	0%	16.70%	0%	6.30%
binding	52.90%	50%	28.60%	62.50%
catalytic activity	64.70%	33.30%	71.40%	50%
translation regulator activity	5.90%	0%	0%	6.30%
transporter activity	0%	33.30%	0%	12.50%
biological regulation	0%	16.70%	0%	6.30%
cellular process	52.90%	33.30%	57.10%	43.80%
developmental process	5.90%	0%	0%	6.30%
establishment of localization	0%	50%	0%	18.80%
localization	0%	50%	0%	18.80%
metabolic process	64.70%	16.70%	85.70%	37.50%
pigmentation	0%	16.70%	0%	6.30%
obsolete molecular function	11.80%	0%	28.60%	0%

6.3.2 水平转移基因的代谢途径

家蚕微孢子虫水平转移基因中23个基因参与14个代谢途径，这些代谢途径主要包括糖与核苷代谢、氨基酸代谢、脂类代谢、肽合成、次生代谢物合成、辅因子和维生素代谢、细胞过程和信号、折叠分选降解途径、转录和翻译等代谢途径。以参与嘧啶代谢（pyrimidine metabolism）的水平转移基因为例（图6.18A），在代谢途径中既有扮演新增功能作用的水平转移基因，也有扮演补充功能作用的水平转移基因，既有仅存在于家蚕微孢子虫基因组的*aHGT*基因，也有微孢子虫共有的*bHGT*基因。

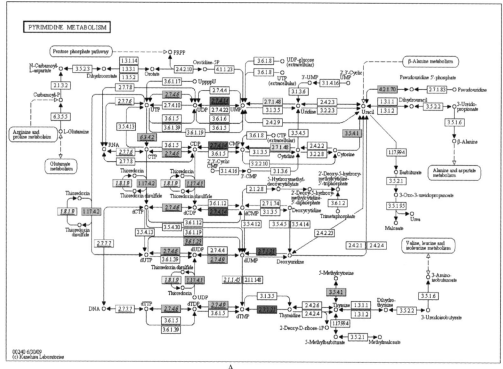

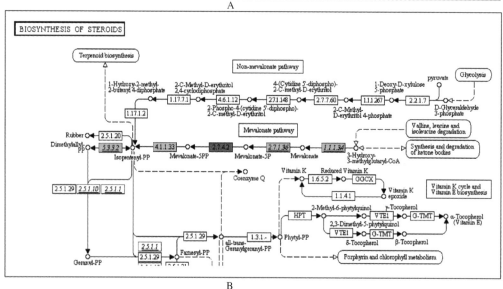

图6.18 家蚕微孢子虫水平转移基因参与嘧啶代谢和类固醇合成

A. 嘧啶代谢；B. 类固醇合成；红色背景. 在家蚕微孢子虫基因组中无同源基因的水平转移基因；黄色背景. 在家蚕微孢子虫基因组中存在同源基因的水平转移基因；绿色背景. 非水平转移基因；斜体下划线：在兔脑炎微孢子虫中存在同源基因的家蚕微孢子虫基因

　　水平转移基因对微孢子虫的物质代谢具有非常重要作用。例如，在类固醇合成代谢（biosynthesis of steroids）方面，家蚕微孢子虫具有二磷酸甲羟戊酸脱羧酶（EC 4.1.1.33）基因，同时具有从 γ 变形菌 *Neptuniibacter caesariensis* 水平转移而来的磷酸甲羟戊酸激酶（EC 2.7.4.2）基因，从而使之具有完整的甲羟戊酸途径（mevalonate pathway）（图6.18B）。类固醇（steroid）、类萜（terpenoid）等生物分子广泛存在于真核生物、原核生物和病毒中，并在物种的多种生命活动中起着重要作用，其生物合成是以活化的异戊二烯，即异戊二烯焦磷酸（IPP）和二甲烯丙基焦磷酸（DMAPP），为前体进行的，而甲羟戊酸途径就是合成IPP和DMAPP的一个重要途径。因此，家蚕微孢子虫可以直接利用乙酰辅酶A合成IPP和DMAPP，进而合成类固醇和类萜等多种重要化合物。而兔脑炎微孢子虫则缺乏二磷酸甲羟戊酸脱羧酶和磷酸甲羟戊酸激酶基因，因此不具有甲羟戊酸途径，从而不能通过此途径合成类固醇物质。

参考文献

Blatch GL, Lässle M. 1999. The tetratricopeptide repeat: a structural motif mediating protein-protein interactions. Bioessays, 21(11): 932-939.

Carlton JM, Hirt RP, Silva JC, et al. 2007. Draft genome sequence of the sexually transmitted pathogen *Trichomonas vaginalis*. Science, 315(5809): 207-212.

Ciccarelli FD, Doerks T, von Mering C, et al. 2006. Toward automatic reconstruction of a highly resolved tree of life. Science, 311(5765): 1283-1287.

Diao X, Freeling M, Lisch D. 2006. Horizontal transfer of a plant transposon. PLoS Biol, 4(1): e5.

Gatto GJ, Geisbrecht BV, Gould SJ, et al. 2000. Peroxisomal targeting signal-1 recognition by the TPR domains of human PEX5. Nat Struct Biol, 7(12): 1091-1095.

Ho JWK, Adams CE, Lew JB, et al. 2006. SeqVis: visualization of compositional heterogeneity in large alignments of nucleotides. Bioinformatics, 22(17): 2162-2163.

Jain R, Rivera MC, Lake JA. 1999. Horizontal gene transfer among genomes: the complexity hypothesis. Proc Natl Acad Sci USA, 96(7): 3801-3806.

Keeling PJ, Palmer JD. 2008. Horizontal gene transfer in eukaryotic evolution. Nat Rev Genet, 9(8): 605-618.

Lapouge K, Smith SJM, Walker PA, et al. 2000. Structure of the TPR domain of p67phox in complex with Rac. GTP. Mol Cell, 6(4): 899-907.

Lawrence JG, Ochman H. 1997. Amelioration of bacterial genomes: rates of change and exchange. J Mol Biol, 44(4): 383-397.

Loftus B, Anderson I, Davies R, et al. 2005. The genome of the protist parasite *Entamoeba histolytica*. Nature, 433(7028): 865-868.

Muto A, Osawa S. 1987. The guanine and cytosine content of genomic DNA and bacterial evolution. Proc Natl Acad Sci USA, 84(1): 166-169.

Podell S, Gaasterland T. 2007. DarkHorse: a method for genome-wide prediction of horizontal gene transfer. Genome Biol, 8(2): R16.

Sharp PM, Li WH. 1987. The codon adaptation index-a measure of directional synonymous codon usage bias, and its potential applications. Nucleic acids research, 15(3): 1281-1295.

Silva JC, Kidwell MG. 2000. Horizontal transfer and selection in the evolution of P elements. Mol Biol Evol, 17(10): 1542-1557.

Wright F. 1990. The 'effective number of codons' used in a gene. Gene, 87(1): 23-29.

第7章
家蚕微孢子虫代谢与增殖

第7章　家蚕微孢子虫代谢与增殖

党晓群　刘含登　龙梦娴

新陈代谢是生命的基本特征之一，即使简单的单细胞生物也需摄取外界营养物质进行消化、吸收、分解和利用等一系列复杂过程。物质代谢常伴有能量转化，分解代谢常释放能量，合成代谢常吸收能量，分解代谢中释放的能量可供合成代谢的需要。家蚕微孢子虫作为专性细胞内寄生的单细胞真核生物，也需要摄取营养物质维持寄生。比较基因组学分析发现，家蚕微孢子虫拥有参与氮代谢、运输、应激、生物合成、细胞组分构成、大分子定位、细胞代谢过程、初级代谢和生物调控等代谢过程的基因，暗示其能够利用自身比较完整的酶系统完成基础代谢。与其他真核生物不同的是，微孢子虫的蛋白质合成场所——核糖体及核糖体RNA为原核生物型，其核糖体沉降系数为70S，所含有的30S和50S两个亚基中分别包含16S rRNA（SSUrRNA）、23S rRNA（LSUrRNA）和5S rRNA。在大多数真核生物中，rRNA基因（rDNA）的一个转录单位模式为SSU-ITS1-5.8S-ITS2-LSU。而微孢子虫则与原核生物相似，其转录单位缺乏ITS2，这是否意味着微孢子虫的翻译加工有别于真核生物而接近于原核生物呢？

扫描电子显微镜及透射电子显微镜对家蚕微孢子虫CQ1分离株感染家蚕后的增殖观察发现，家蚕微孢子虫侵染3龄起家蚕幼虫后第6天，可在幼虫中肠中观察到增殖的孢子（潘国庆等，2013）。细胞增殖是细胞生命活动的一个基本特征，是一切有机体得以生长繁衍的基本方式。那么微孢子虫是如何调控其增殖的呢？由于家蚕微孢子虫是严格的细胞内生长和繁殖，尚不能进行体外培养，因此，很难采用生化方法研究其细胞内代谢途径和增殖调控机制。再者，微孢子虫不具有典型真核生物的能量工厂——线粒体（Shiflett and Johnson, 2010），同时也不存在"无线粒体"真核生物（如阴道毛滴虫）所特有的类线粒体细胞器——氢化酶体（hydrogenosome）（Embley and Martin, 2006; van der Giezen et al., 2005）。因此，对于微孢子虫完成生长和增殖的能量来源研究一直是学者关注的热点（Fast and Keeling, 2001）。本章主要以基因组信息学为基础，对家蚕微孢子虫的代谢与增殖进行概述。

7.1　家蚕微孢子虫的物质代谢

家蚕微孢子虫涉及初级代谢过程的基因有644个(表7.1，表7.2)，大部分参与蛋白质和核酸的代谢。细胞代谢过程主要包含610个基因，如表7.2所示。兔脑炎微孢子虫参与有机物代谢和氧化-还原代谢过程中的基因较家蚕微孢子虫多；硫化物代谢、异生物代谢和异戊烯化是家蚕微孢子虫特有的。对细胞代谢过程的基因进行GO分类（Ye et al., 2006）（图7.1），发现家蚕微孢子虫具有细胞组分去组装、甲基化、异戊烯化和单体代谢的相关基因，显示了寄生昆虫的微孢子虫与寄生脊椎动物微孢子虫的代谢方面的不同，将在本节一一叙述。

表7.1 家蚕微孢子虫与兔脑炎微孢子虫参与主要代谢过程基因分类

初级代谢过程	家蚕微孢子虫	兔脑炎微孢子虫
涉及基因个数	644	420
碳水化合物代谢	48	26
核酸代谢	301	172
氨基酸代谢	62	27
脂代谢	18	24
蛋白质代谢	322	230

表7.2 家蚕微孢子虫与兔脑炎微孢子虫参与细胞代谢过程基因分类

细胞代谢过程	家蚕微孢子虫	兔脑炎微孢子虫
涉及基因个数	610	394
有机酸代谢	63	27
代谢前体和能量产生	13	8
芳香族化合物代谢	302	32
一碳代谢		2
磷代谢	90	73
氮化合物代谢	320	177
硫酯物代谢	未知	1
分解代谢	65	34
生物合成	297	180
脂代谢	16	20
大分子代谢	519	334
碳代谢	10	4
杂环化合物代谢	302	172
辅因子代谢	6	5
活性氧代谢	4	1
硫化物代谢	7	ND
异生物代谢	1	ND
异戊烯化	3	ND

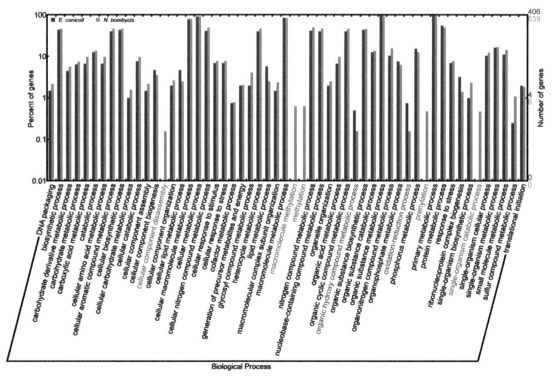

图7.1 家蚕微孢子虫与兔脑炎微孢子虫参与生物学过程基因GO分类

红色的表示家蚕微孢子虫具有而兔脑炎微孢子虫中未鉴定到的生物学过程，蓝色的表示在同一生物学过程中，兔脑炎微孢子虫的基因数高于家蚕微孢子虫

7.1.1　蛋白质代谢

7.1.1.1　蛋白质的生物合成

蛋白质的生物合成在细胞代谢中起着重要作用。核糖体是细胞内合成蛋白质的场所，蛋白质合成系统包括mRNA、tRNA、rRNA、有关的酶和几十种蛋白质因子。

1. mRNA及其加工

蛋白质合成体系中的重要组分之一是信使RNA（mRNA），mRNA中核苷酸的序列直接决定多肽中氨基酸的顺序。蛋白质的合成就是将mRNA中的碱基信息翻译成蛋白质分子中20种氨基酸的过程。参与mRNA加工的相关基因在家蚕微孢子虫中也比较完整（表7.3）。小核核糖核蛋白（small nuclear ribonucleoproteins，snRNP）起到基因转录后内含子剪切体的作用，是GU-AG型内含子剪接所必需的。直接参与基因内含子剪接过程的5个snRNP分别是U1、U2、U4、U5和U6。U1 snRNP结合在5′剪切位点，U2 snRNP结合在靠近3′剪切位点的内含子与外显子的临界点，U4/U6 snRNP组成复合体，U6 snRNP具有催化功能，U5 snRNP与5′剪切位点互作，与U4/U6 snRNP组成snRNP复合体。家蚕微孢子虫基因组中，存在8条snRNP基因，其中U1、U2、U5各为两个拷贝。

表7.3　家蚕微孢子虫中参与mRNA加工的相关基因

参与过程	蛋白质名称
mRNA的加工及其修饰	多聚腺苷酰化因子
	U2 snRNP的剪切因子
	RNA 3′端磷酸环化酶
	包含复制叉的转录因子
	前体mRNA 3′端加工因子
	前体mRNA剪切因子
	剪切和多聚腺苷酰化因子
	多聚腺苷酸结合蛋白2
	Ⅰ型多聚腺苷酸聚合酶
	5′-3′外切核酸酶
小核核糖核蛋白	U1 小核核糖核蛋白复合体
	U1 小核核糖核蛋白特异蛋白C
	U2 小核核糖核蛋白剪接体亚基
	U2 小核核糖核蛋白辅助因子
	U5 小核核糖核蛋白
参与mRNA周转及稳定性的蛋白	剪切因子3b
	mRNA 脱腺苷化酶
	Rad3相关的DNA解旋酶

家蚕微孢子虫基因组中参与蛋白质翻译过程的因子见表7.4。其中，eIF4家族基因作为翻译起始因子，在翻译的调控中扮演重要角色。与原核及真核细胞相比，家蚕微孢子虫的翻译延伸和终止略有不同。在原核细胞中，肽链的延伸需要有延伸因子EF-Tu、EF-Ts和EF-G，肽链合成终止需要3种释放因子，即RF1、RF2和RF3蛋白；真核细胞的肽链延伸因子为EF1α和EF1βγ，终止因子只有一种eRF。在家蚕微孢子虫，不仅含有eRF，还有原核生物的RF。翻译终止作为蛋白质合成的最后一个阶段，对翻译终止的调控在许多物种都至关重要。

表7.4　家蚕微孢子虫参与翻译过程的蛋白质

参与过程	蛋白质名称
翻译起始	eIF1α、eIF2α、eIF2β、eIF2γ、eIF2Bγ、eIF2Bε、eIF3β、eIF4A、eIF4E、eIF5、eIF5A、eIF6
翻译延伸	eEF1α、eEF2、eEF4、eEF5
翻译终止	eRF1、RF1

2. rRNA及核糖体

核糖体由核糖核酸和核糖体蛋白质两部分构成，其中RNA（rRNA）的含量为45%～65%，蛋白质的含量为35%～55%。核糖体蛋白质分子主要排列于核糖体的表面，rRNA分子被包围于中央；核糖体一般由大小两个亚基组成，Mg^{2+}的浓度影响大小亚基的聚合和解离。细胞内的核糖体根据是否附着于内质网上而分为附着核糖体与游离核糖体，同时，附着于内质网上的核糖体，均匀亦或集中地附着于细胞质中某一部分的内质网上；并且，附着于内质网上的核糖体所合成的蛋白质，与游离于细胞基质中的核糖体所合成的蛋白质有所不同。但无论是固着核糖体或是游离的核糖体，在进行蛋白质合成时，常常是几个核糖体聚集在一起形成多聚核糖体行使功能，这主要是通过信使核糖核酸（mRNA）把它们连串在一起的。原核生物、真核生物及其细胞器——线粒体和叶绿体中都含有核糖体。原核生物的70S核糖体中有23S、16S和5S rRNA，而真核生物的80S核糖体中有28S、18S、5.8S和5S rRNA，其中16S和18S rRNA常被称为核糖体小亚基rRNA（small subunit rRNA，SSU rRNA），23S和28S rRNA则被称为核糖体大亚基rRNA（large subunit rRNA，LSU rRNA）。

微孢子虫具有原始真核生物的特征，它们缺少线粒体、微体和中心粒，同时具有由50S和30S两个亚基组成的70S大小的核糖体（Curgy et al.，1980；Ishihara et al.，1968；Vossbrinck et al.，1986）。rDNA在基因组中常以多拷贝的串联重复单位存在，每个重复单位是由转录单位、基因间隔区域（intergenic spacer，IGS）和转录间隔序列（internal transcribed spacer，ITS）组成；对于大多数的真核生物来说，转录单位模式又为SSU-ITS1-5.8S-ITS2-LSU。而微孢子虫的70S核糖体缺少5.8S核糖体RNA，并且不同种内的大亚基、小亚基、间区的排列顺序也有所不同，如东方蜜蜂微孢子虫（*Nosema ceranae*）的排列顺序为5′-5S rRNA-IGS-SSU rRNA-ITS-LSU rRNA-3′（Huang et al.，2008），而柞蚕微孢子虫（*Nosema antheraeae*）的核糖体基因排列顺序为LSU rRNA-ITS-SSU rRNA-IGS-5S rRNA（王林玲等，2006），这与家蚕微孢子虫（*Nosema bombycis*）的核糖体基因排列顺序相同，是一种比较特殊的排列方式。

核糖体RNA基因在微孢子虫基因组染色体上的分布呈现多样性，如微孢子虫*Brachiola algerae*的rDNA单元位于9条染色体条带上，而Belkorchia等认为实际的分布可能较这一结果要多；并且这种rDNA序列单元的分布模式与罗非鱼微孢子虫（*Spraguea lophii*）和*Glugea atherinae*相似。在*G. atherinae*的16条染色体中，有8条含有rDNA序列；在罗非鱼微孢子虫的12条染色体中，则有6条包含有rDNA序列。兔脑炎微孢子虫（*Encephalitozoon cuniculi*）全套染色体组中的每一条染色体两端的亚端粒区均存在一个核糖体RNA基因单元（Brugere et al.，2000）。而在其他真核生物中这一基因具有数以百计的拷贝数（Hillis and Dixon，1991），并且通常是以首尾相连排列于染色体上（Biderre et al.，1994）。在西方蜜蜂微孢子虫（*Nosema apis*）中，尽管每个蜜蜂微孢子虫基因组中rRNA的确切拷贝数还不清楚，但至少有两个rRNA拷贝是以从头到尾、串联排布在基因组上，这种串联重复单位长达18kb（Gatehouse and

Malone，1998）。

核糖体内转录间隔区（internal transcribed spacer，ITS）和基因内间隔区（intergenic spacer，IGS）分别位于核糖体大小亚基之间、核糖体小亚基与核糖体5S之间的区域。这两个区域由于不加入成熟核糖体，受到的选择压力较少，其进化速度较快，因此，对ITS和IGS的分析可获得比SSU rRNA基因较多的种间差异。兔脑炎微孢子虫有3个株系，这3个株系的核糖体ITS变异特征明显，分别具有2～4个数量的5′-GTTT-3′重复单元，这一特征是鉴别兔脑炎微孢子虫不同株系的分子标记（Vivares and Metenier，2000）。雄蜂蜜蜂微孢子虫中存在至少两个不同的rRNA序列，在其基因内部转录间隔区（ITS）存在（GTTT）$_2$或（GTTT）$_3$重复单元的变异（O' Mahony et al.，2007）。对7株海伦脑炎微孢子虫（*Encephalitozoon hellem*）的rRNA基因内的ITS和IGS分析发现有许多片段的插入、缺失和点突变引起了序列多态性（Haro et al.，2003），并由此对不同株系海伦脑炎微孢子虫进行基因型分类（Mathis et al.，1999）。家蚕微孢子虫CQ1分离株ITS序列长度为502～512bp，这些ITS序列之间存在单核苷酸的转换和颠换、插入和缺失，呈现出明显的序列多态性（申子刚等，2008）。

微孢子虫核糖体IGS区的变异较大。在东方蜜蜂微孢子虫中，IGS序列长度大约为606bp，富含AT（约83%）并且存在序列多态性；不同地理位置的核糖体IGS的序列相似性为94%~97%（Huang et al.，2008）。家蚕微孢子虫核糖体IGS序列长度为851~857bp，呈现出明显的序列长度多态性；其GC含量为33.37%~34.74%，IGS序列之间存在着单核苷酸的转换和颠换，以及插入和缺失。IGS序列多态性显示了家蚕微孢子虫遗传背景的多样性和复杂性。

家蚕微孢子虫基因组中所有的核糖体RNA序列共分布于65个超级骨架上（superscaffold），其在全基因组超级骨架上的拷贝数量分布见表7.5。rDNA单元在基因组中有完整成簇排布和不完整排布两种形式（图7.2）。

表7.5　家蚕微孢子虫全基因组核糖体rDNA不同单元的拷贝数量情况

	核糖体大亚基	转录间隔区	核糖体小亚基	基因间隔区	5S rRNA	大亚基与小亚基之间序列	大亚基与5S之间序列
完整拷贝	3	11	5	17	37	3	3
部分拷贝	39	5	35	14	0	7	3
总数	42	16	40	31	37	10	6

核糖体亚基的自我装配不需其他任何因子参与，只要把rRNA和相应的蛋白质加入反应系统即可。如加入16S rRNA和21种蛋白质（S1~S21），即可装配成有天然活性的30S小亚基。核糖体蛋白质与rRNA结合有先后之分，这可能是某一种蛋白质的结合，可诱导核糖体构象改变而暴露出结合位点。核糖体在组装过程中，某些蛋白质必须首先结合到rRNA上，其他蛋白质才能组装上去，即表现出先后层次。根据与rRNA结合的顺序，将核糖体蛋白分为两种：①初级结合蛋白（primary binding protein），这些蛋白质直接同rRNA结合，其中同16S rRNA结合的初级蛋白有14种，分别是：S3、S4、S17、S20、S6、S15、S8、S18、S9、S11、S12、S13、S7、S1；②同5S rRNA结合的有7种次级结合蛋白（secondary binding protein），这些蛋白质不直接同rRNA结合，而是同初级结合蛋白结合，它们分别是：S10、S16、S2、S6、S21、S14、S19。

对已部分或完全测序的5种微孢子虫的核糖体蛋白进行汇总，结果见表7.6。

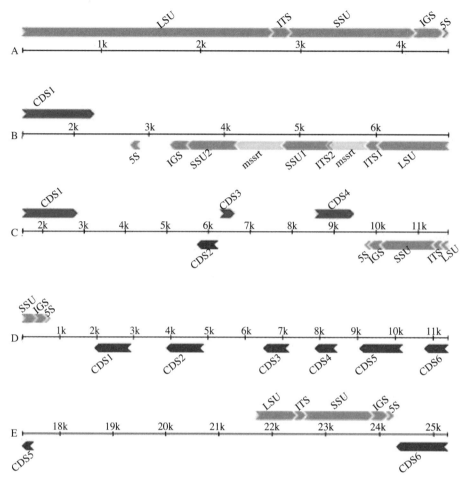

图7.2 家蚕微孢子虫rDNA单元在基因组超级骨架上的分布情况

红色粗箭头表示正向编码序列，蓝色粗箭头表示反向编码序列，绿色粗箭头表示大亚基、基因内转录间隔区、小亚基和基因间转录间隔区，红色粗箭头表示插入序列

表7.6 5种微孢子虫基因组中核糖体蛋白的数量

物种名	小亚基核糖体蛋白	大亚基核糖体蛋白	GC含量/%	内含子数
兔脑炎微孢子虫	31	46	47.6	11
比氏肠道微孢子虫	26	43~44	25	8
蝗虫微孢子虫	35	40	46.69	未知
东方蜜蜂微孢子虫	31	48	27	6
家蚕微孢子虫	42	76	31.1	3

　　微孢子虫核糖体蛋白基因中包含有内含子，在兔脑炎微孢子虫共有11个核糖体蛋白基因含有较短的内含子序列。东方蜜蜂微孢子虫与兔脑炎微孢子虫同源的11个核糖体蛋白基因中仅有6个存在内含子，而与兔脑炎微孢子虫不同的是核糖体蛋白S4存在内含子；比氏肠道微孢子虫基因组中8个核糖体蛋白基因含有内含子，并且均为兔脑炎微孢子虫核糖体蛋白的直系同源基因。微孢子虫*E.aedis*中发现核糖体大亚基蛋白L5基因序列中没有内含子（Gill et al., 2008），而兔脑炎微孢子虫L5基因却含有内含子。家蚕微孢子虫CQ1分离株中3种核糖体蛋白基因含有内含子（图7.3），其中S18蛋白基因有EST序列证明该内含子的存在（图7.4）。

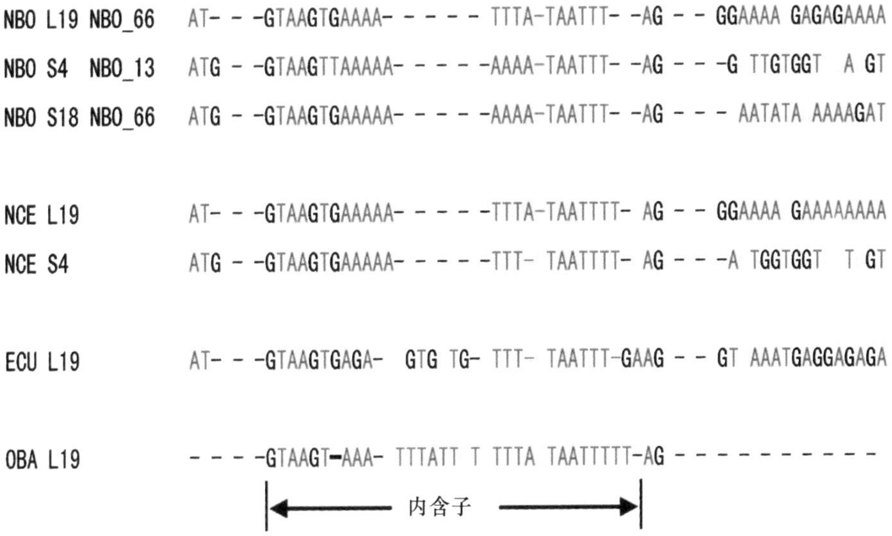

```
NBO L19 NBO_66    AT- - -GTAAGTGAAAA- - - - -TTTA-TAATTTT- -AG - - GGAAAA GAGAGAAAA
NBO S4  NBO_13    ATG - -GTAAGTTAAAAA- - - - -AAAA-TAATTTT- -AG - - -G TTGTGGT  A GT
NBO S18 NBO_66    ATG - -GTAAGTGAAAAA- - - - -AAAA-TAATTTT- -AG - - - AATATA AAAAGAT


NCE L19           AT- - -GTAAGTGAAAAA- - - - -TTTA-TAATTTT- AG - - GGAAAA GAAAAAAAA

NCE S4            ATG - -GTAAGTGAAAAA- - - - -TTT- TAATTTT- AG - - -A TGGTGGT  T GT


ECU L19           AT- - -GTAAGTGAGA- GTG TG- TTT- TAATTTT-GAAG - - GT AAATGAGGAGAGA


OBA L19           - - - -GTAAGT-AAA- TTTATT T TTTA TAATTTTT-AG - - - - - - - - - -
```

图7.3　家蚕微孢子虫的核糖体蛋白基因的内含子结构

箭头区间所示为内含子区域

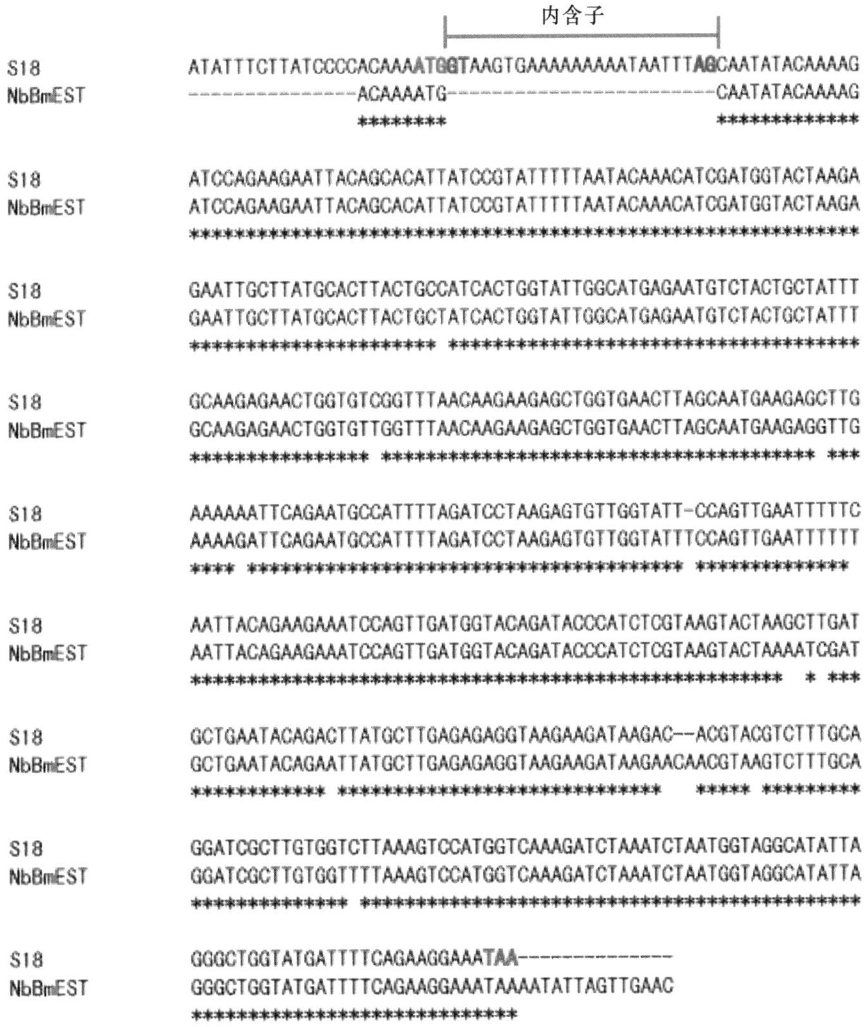

```
      内含子
S18       ATATTTCTTATCCCCACAAAATGGTAAGTGAAAAAAAAAATAATTTAGCAATATACAAAAG
NbBmEST   ------------------ACAAAATG--------------------------CAATATACAAAAG
                            *******                      *************

S18       ATCCAGAAGAATTACAGCACATTATCCGTATTTTTAATACAAACATCGATGGTACTAAGA
NbBmEST   ATCCAGAAGAATTACAGCACATTATCCGTATTTTTAATACAAACATCGATGGTACTAAGA
          ************************************************************

S18       GAATTGCTTATGCACTTACTGCCATCACTGGTATTGGCATGAGAATGTCTACTGCTATTT
NbBmEST   GAATTGCTTATGCACTTACTGCTATCACTGGTATTGGCATGAGAATGTCTACTGCTATTT
          ********************** *************************************

S18       GCAAGAGAACTGGTGTCGGTTTAACAAGAAGAGCTGGTGAACTTAGCAATGAAGAGCTTG
NbBmEST   GCAAGAGAACTGGTGTTGGTTTAACAAGAAGAGCTGGTGAACTTAGCAATGAAGAGGTTG
          **************** *************************************** ***

S18       AAAAAATTCAGAATGCCATTTTAGATCCTAAGAGTGTTGGTATT-CCAGTTGAATTTTTC
NbBmEST   AAAAGATTCAGAATGCCATTTTAGATCCTAAGAGTGTTGGTATTTCCAGTTGAATTTTTT
          ****  ************************************** **************

S18       AATTACAGAAGAAATCCAGTTGATGGTACAGATACCCATCTCGTAAGTACTAAGCTTGAT
NbBmEST   AATTACAGAAGAAATCCAGTTGATGGTACAGATACCCATCTCGTAAGTACTAAAATCGAT
          *************************************************** * ***

S18       GCTGAATACAGACTTATGCTTGAGAGAGGTAAGAAGATAAGAC--ACGTACGTCTTTGCA
NbBmEST   GCTGAATACAGAATTATGCTTGAGAGAGGTAAGAAGATAAGAACAACGTAAGTCTTTGCA
          ************ *****************************         ***** ********

S18       GGATCGCTTGTGGTCTTAAAGTCCATGGTCAAAGATCTAAATCTAATGGTAGGCATATTA
NbBmEST   GGATCGCTTGTGGTTTTAAAGTCCATGGTCAAAGATCTAAATCTAATGGTAGGCATATTA
          ************** *********************************************

S18       GGGCTGGTATGATTTTCAGAAGGAAATAA---------------
NbBmEST   GGGCTGGTATGATTTTCAGAAGGAAATAAAAATATTAGTTGAAC
          ****************************
```

图7.4　家蚕微孢子虫核糖体蛋白基因S18与EST序列的匹配

保守的核糖体蛋白基因可能与核糖体核心和整体形状的维持有关，而核糖体蛋白的差异可能与物种特异性的核糖体RNA的折叠有关，核糖体蛋白的缺失是rRNA增大功能或结构上代偿的结果（Lecompte et al., 2002）。微孢子虫核糖体蛋白基因的缺失可能与其细胞内寄生的生活方式和其不确定的进化地位有关。微孢子虫是一种分支较早的真核生物，但基于蛋白质数据的进化分析表明微孢子虫属于真菌。家蚕微孢子虫核糖体为70S核糖体，同原核型核糖体的大小一致。家蚕微孢子虫核糖体蛋白数目不少于70种，与真核生物所拥有的核糖体蛋白数目较接近。因此，家蚕微孢子虫核糖体是一种介于真核型与原核型之间的核糖体，其分类地位应该位于原核生物与真核生物之间，是一种早期分化的真核生物。

3. 蛋白质转运、加工和修饰

大部分蛋白质的肽链在合成的同时或合成后，需经过若干加工处理才能形成成熟的有生物活性的蛋白质。成熟加工过程主要包括：信号肽的切除、肽链的折叠、氨基酸修饰等。

信号肽的切除：剪切信号肽由位于内质网的信号肽酶（signal peptidase）复合体执行。家蚕微孢子虫信号肽酶主要由12kDa、18kDa、21kDa、25kDa等组成（表7.7）。在此过程中还需信号识别粒子（signal recognition particle，SRP）及其受体（signal recognition particle receptor，SRPR）参与。家蚕微孢子虫中鉴定到了SRP54和SRPRα蛋白基因。SRP54主要与新生蛋白质的信号序列结合；而SRPR由α和β两个亚基组成，其中α亚基伸入胞质中锚定在膜整合型的β亚基上，α亚基作用可能是与SRP的RNA结合使SRP-核糖体-新生肽链复合物定位在膜上。

表7.7 家蚕微孢子虫基因组中信号肽酶的组成

基因名	家蚕微孢子虫的拷贝数	兔脑炎微孢子虫的拷贝数
信号肽酶12kDa	2	0
信号肽酶25kDa	0	0
信号肽酶21kDa	1	1
信号肽酶18kDa	2	1
信号肽酶类似蛋白	2	1
信号肽酶亚基3	1	1

新生肽链并不一定具有特定的空间构象，需在细胞内的特定部位，在多种蛋白质的帮助下折叠成正确构象。如分子伴侣（chaperone）的协助，所有的分子伴侣都有帮助生物大分子组装折叠的功能（Kendrew, 2009）。其中，热休克蛋白家族包括两类主要的分子伴侣系统。一是 Hsp70系统，包括Hsp70、DNA J和GrpE。它们能作用于新合成的蛋白质、跨膜运输的蛋白质和在胁迫下变性的蛋白质。Hsp70 和DNA J蛋白质都能独立地与其底物结合。二是由寡聚复合体组成的分子伴侣系统。在家蚕微孢子虫基因组中，热休克蛋白基因的数量分布情况见表7.8。另外，蛋白质二硫键异构酶、脯氨酰顺反异构酶等在二硫键形成中也发挥重要作用。

表7.8 热休克蛋白基因在家蚕微孢子虫中的情况

基因名	家蚕微孢子虫	兔脑炎微孢子虫
类HSB分子伴侣	2	1
DNA J A2	3	0

续表

基因名	家蚕微孢子虫	兔脑炎微孢子虫
DNA J同源蛋白1	12	2
DNA J同源蛋白2	2	1
DNA J同源蛋白3	5	1
DNA K-like	2	0
热激蛋白70	1	3
线粒体型热激蛋白70	1	1
热激蛋白70同源蛋白	2	1
热激蛋白90	3	1
热激蛋白101	2	0

DNA J基因有3个保守的结构域，分别为J-结构域、富含甘氨酸或苯丙氨酸的结构域、类锌指蛋白结构域（或CXXCXGXG基序重复结构）（Kelley，1999）。根据结构域可以将DNA J基因分为Ⅰ、Ⅱ和Ⅲ3个类型，其中Ⅰ型含有上述3个结构域，Ⅱ型含有J-结构域和富含甘氨酸或苯丙氨酸的结构，而Ⅲ型只含有J-结构域。家蚕微孢子虫的分子伴侣尤其DNA J拷贝数远多于兔脑炎微孢子虫，推测DNA J基因的多拷贝可增强水解ATP的能力，有利于HSP70蛋白保持高效的状态，从而提高家蚕微孢子虫对外界环境变化的响应及调整能力。

蛋白质中除了一些脂肪酸侧链外，大多数侧链氨基酸残基都可被共价修饰。这种修饰包括羟化、磷酸化、糖基化等。

在真核生物中，蛋白质糖基化修饰是迄今为止已知的最常见、最复杂的翻译后修饰过程。糖链可以通过改变蛋白质的构象，从而改变蛋白质的功能（郭慧等，2009）。几乎所有与免疫相关的关键分子都是糖蛋白，大多数微生物在细胞表面的黏附也是由糖链介导的。真核生物中根据蛋白质与糖链连接的方式不同，将蛋白质糖基化修饰分为O-连接和N-连接两种类型。N-连接糖蛋白是由寡糖中的N-乙酰葡萄糖与多肽链中天冬酰胺残基的酰胺氮连接形成，而O-连接糖蛋白是由寡糖中的N-乙酰半乳糖与多肽链的丝氨酸或苏氨酸残基的羟基相连而形成的。关于微孢子虫的糖蛋白研究并不多，目前仅有海伦脑炎微孢子虫的极管蛋白PTP1被证实存在O-甘露糖糖基化修饰（Xu et al., 2006），其在微孢子虫侵染宿主的过程中发挥一定作用。通过基因组数据预测，在兔脑炎微孢子虫中存在完整的O-甘露糖糖基化通路（Katinka et al., 2001；Vivares and Metenier, 2004），尤其在基因组中找到了参与该途径的关键酶如Dol-P-甘露糖合成酶，该酶为O-连接的低聚糖合成提供必不可少的甘露糖残基。检索家蚕微孢子全基因组数据，发现家蚕微孢子虫与其他微孢子虫一样存在比较完整的O-甘露糖糖基化修饰途径，不同微孢子虫基因组中参与O-甘露糖糖基化修饰的相关酶类序列特征如表7.9所示。其中，Dol-P甘露糖合成酶在家蚕微孢子虫基因组中有3个拷贝，一个具备跨膜域，另外两个则不具备。而Dol-P甘露糖转移酶具有PMT结构域和4个跨膜结构域，相比较而言，比氏肠道微孢子虫的Dol-P甘露糖转移酶发生缩减，没有PMT结构域，推测该酶在比氏肠道微孢子虫中已失活。综上所述，家蚕微孢子虫存在完整的O-甘露糖糖基化通路（图7.5），这些糖蛋白可能在家蚕微孢子虫侵染宿主过程中扮演相应的角色。

表7.9 微孢子虫O-甘露糖基化通路中的相关酶基因及序列特征

注释	来源物种	基因登录号	氨基酸长度	等电点/分子质量	信号肽	跨膜域	结构域
己糖激酶	家蚕微孢子虫	NBO_1320g0001	429	5.05/49.63kDa	Y（22）	N	Hexokinase_1
	东方蜜蜂微孢子虫	XP_002995884	430	5.03/49.18kDa	Y（17）	N	Hexokinase_1
	兔脑炎微孢子虫	NP_586460	474	5.54/52.27kDa	Y（25）	N	Hexokinase_1
	肠脑炎微孢子虫	XP_003074002	456	4.93/51.08kDa	Y（19）	N	Hexokinase_1
磷酸甘露糖酶	家蚕微孢子虫	NBO_360g0006	261	5.47/30.07kDa	N	N	PMM
	东方蜜蜂微孢子虫	XP_002994973	250	7.54/29.07kDa	N	N	PMM
	兔脑炎微孢子虫	NP_597365	256	5.83/29.62kDa	N	N	PMM
	肠脑炎微孢子虫	XP_003072832	256	6.08/29.82kDa	N	N	PMM
	肠脑炎微孢子虫	XP_003072969	270	9.16/31.55kDa	N	N	PMM
	比氏肠道微孢子虫	XP_001827950	218	6.96/25.26kDa	N	N	PMM
	柞蚕微孢子虫	NAN_1975	225	5.60/26.14kDa	N	N	PMM
GDP甘露糖磷酸化酶	家蚕微孢子虫	NBO_20g0027	337	7.08/38.46kDa	N	N	NTP_transferase
	东方蜜蜂微孢子虫	XP_002996275	330	6.25/37.27kDa	N	N	NTP_transferase
	兔脑炎微孢子虫	NP_586375.1	345	5.74/38.76kDa	N	N	NTP_transferase
	肠脑炎微孢子虫	XP_003073916	346	5.53/38.99kDa	N	N	NTP_transferase
	比氏肠道微孢子虫	XP_002650256	329	9.28/37.53kDa	N	N	NTP_transferase
	柞蚕微孢子虫	NAN_0841	337	7.60/38.41kDa	N	N	NTP_transferase
Dol-P甘露糖合成酶	家蚕微孢子虫	NBO_1206g0004	230	8.27/26.42kDa	N	N	Glycos_transf_2
	家蚕微孢子虫	NBO_73g0006	238	8.20/27.22kDa	N	Y（1）	Glycos_transf_2
	家蚕微孢子虫	NBO_81g0020	230	8.27/26.41kDa	N	N	Glycos_transf_2
	东方蜜蜂微孢子虫	XP_002995008	227	8.87/25.86kDa	N	N	Glycos_transf_2
	兔脑炎微孢子虫	NP_584790.1	230	9.03/25.79kDa	N	N	Glycos_transf_2
	肠脑炎微孢子虫	XP_003072753	230	8.94/26.03kDa	N	N	Glycos_transf_2

续表

注释	来源物种	基因登录号	氨基酸长度	等电点/分子质量	信号肽	跨膜域	结构域
甘露糖转移酶	比氏肠道微孢子虫	XP_001827898	242	7.00/28.31kDa	N	N	Glycos_transf_2
	柞蚕微孢子虫	NAN_2841	230	8.53/26.41kDa	N	N	Glycos_transf_2
	家蚕微孢子虫	NBO_32g0049	324	7.54/38.49kDa	N	N	Glyco_transf_15
	东方蜜蜂微孢子虫	XP_002995229	328	7.98/39.07kDa	N	N	Glyco_transf_15
	兔脑炎微孢子虫	NP_584797	322	6.05/38.08kDa	N	N	Glyco_transf_15
	肠脑炎微孢子虫	XP_003072760	322	6.14/38.09kDa	N	N	Glyco_transf_15
	比氏肠道微孢子虫	XP_002649769	321	7.18/38.44kDa	N	N	Glyco_transf_15
	柞蚕微孢子虫	NAN_0637	306	7.00/36.38kDa	N	N	Glyco_transf_15
Dol-P甘露糖蛋白甘露糖转移酶（PMT家族）	家蚕微孢子虫	NBO_58g0020	553	9.18/64.23kDa	N	Y（4）	PMT：PMT_2
	东方蜜蜂微孢子虫	XP_002996405	658	9.22/76.82kDa	N	Y（4）	PMT：PMT_2
	兔脑炎微孢子虫	NP_584655	671	9.37/78.26kDa	N	Y（4）	PMT：PMT_2
	肠脑炎微孢子虫	XP_003072483	671	9.21/77.62kDa	N	Y（4）	PMT：PMT_2
	比氏肠道微孢子虫	XP_002650464	342	9.23/41.25kDa	N	Y（4）	无
	柞蚕微孢子虫	NAN_2923	576	8.94/67.03kDa	N	Y（4）	PMT：PMT_2

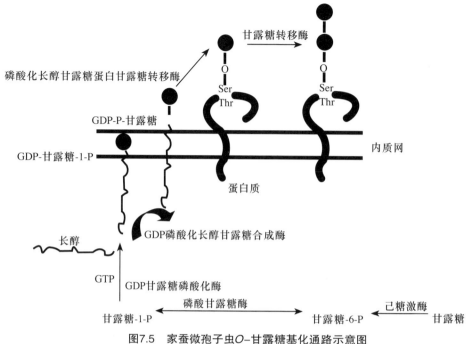

图7.5 家蚕微孢子虫O–甘露糖基化通路示意图

甘露糖经己糖激酶、磷酸甘露糖酶的作用下生成甘露糖–1–磷酸，甘露糖–1–磷酸与长醇在GDP甘露糖磷酸化酶的作用下生成GDP–甘露糖–1–磷酸，GDP–甘露糖–1–磷酸经磷酸化长醇甘露糖合成酶催化生成GDP–磷酸甘露糖，GDP–磷酸甘露糖在磷酸化长醇甘露糖蛋白甘露糖转移酶作用下将一个甘露糖残基转移至蛋白质特定的丝氨酸/苏氨酸残基上，第二个甘露糖在甘露糖转移酶作用下相继加在第一个甘露糖上，逐步形成甘露糖蛋白

异戊烯化修饰是指一组特定的蛋白质经过在C端加上15碳法尼基团或20碳二牻牛儿基团（geranylgeranyl groups）修饰（protein prenylation），行使着将蛋白质锚定在膜上和促进这些脂化的蛋白质结合其他蛋白质的作用。被异戊烯化修饰的真核细胞蛋白质具有典型的结构，它们的羧基端氨基酸序列为CAAX基序，其中"C"为半胱氨酸，"A"为脂肪族氨基酸，"X"代表任意氨基酸。某些蛋白质只有经过异戊烯化翻译后修饰才具有与细胞膜内表面结合的能力并进行正确的膜定位，进而发挥其生物学活性。异戊烯转移酶、法尼基转移酶、牻牛儿基转移酶Ⅰ型、二牻龙牛儿基转移酶Ⅱ型是异戊烯化过程中的主要酶类（夏炎枝和红凌，2010），其中异物烯转移酶是该过程的关键酶类。在家蚕微孢子虫基因组中有3个基因编码异物烯转移酶，但在兔脑炎微孢子虫中并未鉴定到。

家蚕微孢子虫中不存在参与氨基酸从头合成的酶，仅有少数氨基酸通过转氨基作用产生，如天冬酰胺、谷氨酰胺、丝氨酸和天冬氨酸分别来自于天冬氨酸、谷氨酸、丙酮酸和草酰乙酸的转氨基作用。其他大部分氨基酸通过氨基酸透性酶和转运体直接从宿主中获取。这些转运体蛋白不仅可以获取氨基酸，还可以协助专性细胞内寄生的家蚕微孢子虫从宿主细胞汲取大量其他物质，以及为代谢产物或有害物质运出孢子外提供通路。

7.1.1.2　蛋白质的分解

1. 氨基酸分解

在生物体内，蛋白质一方面不断地合成，另一方面也在不停地降解。氨基酸分解代谢包括脱氨基作用、脱羧基作用，其中以脱氨基作用为主要代谢途径。氨基酸脱去氨基的方式有氧化脱氨基、转氨、联合脱氨基和非氧化脱氨基等。氧化脱氨基的主要酶为脱氢酶，如谷氨酸脱氢酶，其在微孢子虫基因组中均存在，暗示微孢子虫可以完成氧化脱氨基。转氨所需酶如氨基转移酶等在家蚕微孢子虫基因组中不存在，支持了低等生物中氨基酸代谢以合成为主这一论断。

2. 酶促降解

蛋白质在体内的分解可以通过水解酶和泛素-蛋白酶体降解体系来实现。泛素-蛋白酶体系统（ubiquitin-proteasome system，UPS）是细胞内蛋白质降解的主要途径（Wilkinson，2000），参与细胞内近90%蛋白质的降解。该系统由泛素及一系列的相关酶组成，如泛素启动酶系统，26S蛋白酶体系统（26S ubiquiting-proteasome）和泛素解离酶（deubiquitinating enzyme）。泛素启动酶包括E1泛素激活酶（ubiquitin-activating enzyme）、E2s泛素结合酶（ubiquitin-conjugating enzymes）和E3s泛素连接酶（ubiquitin-ligase enzymes）。家蚕微孢子虫含有泛素-蛋白酶体途径的各个组分，说明家蚕微孢子虫具备这条完整的蛋白质降解途径。

水解蛋白质的酶类主要有肽酶和蛋白酶。近年来，研究较为清楚的是通过微孢子虫防治药物烟曲霉素筛选鉴定到的水解甲硫氨酸的氨肽酶（methionine aminopeptidase type 2，MetAP2）。Chavant等鉴定了兔脑炎微孢子虫（*Encephalitozoon cuniculi*）可水解N端为脯氨酸的氨肽酶P。氨肽酶是一类从多肽链的N端顺序水解氨基酸，使氨基酸逐个游离出来的酶。不仅能水解多肽，而且能水解完整的蛋白质分子。微孢子虫存在大量的氨肽酶，家蚕微孢子虫基因组中氨肽酶基本的序列特征见表7.10。

表7.10　家蚕微孢子虫氨肽酶序列特征

注释	基因编号	长度/aa	等电点/分子质量	信号肽	跨膜域	结构域
Zn²⁺依赖性蛋白酶	NBO_7g0060	434	7.97/50.9kDa	无	3次跨膜	Peptidase_M48
Xaa-Pro氨肽酶1	NBO_11g0046	252	9.86/29.4kDa	无	无	Peptidase_M24
Zn²⁺依赖性蛋白酶	NBO_31gi004	265	4.55/30.3kDa	无	无	Peptidase_M16
M1 家族氨肽酶1	NBO_38g0006	335	5.04/41.1kDa	无	无	Peptidase_M1
细胞质型氨肽酶	NBO_41g0003	505	6.11/56.6kDa	无	无	Peptidase_M17
CAAX 异戊二烯蛋白酶1	NBO_58g0027	409	8.97/47.7kDa	无	2次跨膜	Peptidase_M48
Xaa-Pro氨肽酶1	NBO_64g0049	520	5.47/59.8kDa	无	无	Peptidase_M24
甲硫氨酸氨肽酶2	NBO_69g0014	358	6.29/40.5kDa	无	无	Peptidase_M24
M1 家族氨肽酶1	NBO_95g0003	788	5.42/92.2kDa	无	无	Peptidase_M1
Zn-dependent protease	NBO_246g0002	237	9.6/28.06kDa	有	无	Peptidase_M48
cytosol aminopeptidase	NBO_381gi001	236	6.24/27.4kDa	无	无	Peptidase_M17
M1 家族氨肽酶1	NBO_508g0010	832	6.69/96.8kDa	无	无	Peptidase_M1
M1 家族氨肽酶1	NBO_574g0001	250	4.79/87.1kDa	无	无	Peptidase_M1
甲硫氨酸氨肽酶2	NBO_1166g0001	358	6.3/40.5kDa	无	无	Peptidase_M24

根据氨肽酶对水解N端氨基酸残基的专一性程度不同，可将氨肽酶分为两类：一类氨肽酶对N端氨基酸残基专一性低，如亮氨酰氨肽酶、赖氨酰氨肽酶、苯丙氨酰氨肽酶能水解几乎所有的氨基酸残基；另一类氨肽酶特异地水解某一种或几种氨基酸残基如脯氨肽酶。大多数氨肽酶是锌离子依赖型金属酶。1993年，Rawlings等将肽酶家族分为M1~M24等家族。对微孢子虫的系统进化分析发现（图7.6），微孢子虫氨肽酶主要聚为4枝：M1家族、M17家族、M24家族

和M48家族。M1家族为内氨酰氨肽酶，M17家族是亮氨酰氨肽酶，M24家族为蛋氨酰氨肽酶，M48家族主要是锌离子依赖型的内切蛋白酶，常分布于膜上，可以降解酪蛋白并剪切一些膜蛋白；一旦细胞破裂或者膜溶解，该类酶可进行自降解。

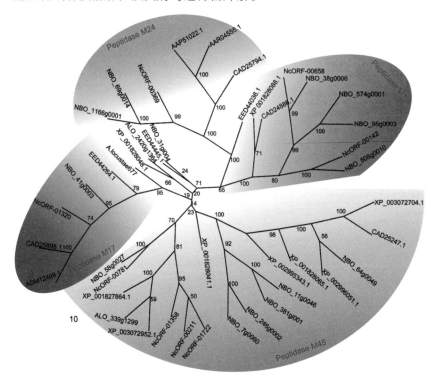

图7.6　微孢子虫氨肽酶聚类分析

红色区域表示肽酶M1家族，绿色区域表示肽酶M48家族，蓝色区域表示肽酶M17家族，
浅绿色区域表示肽酶M24家族

7.1.2　糖代谢

　　微孢子虫具有广泛的寄主，不同微孢子虫的寄生生活存在差异，基因组和生化代谢发生了不同程度的减缩进化，如肠道微孢子虫缺失磷酸戊糖途径、海藻糖代谢等核心糖代谢（Keeling et al., 2010）。

　　微孢子虫主要依赖海藻糖代谢，将海藻糖水解为葡萄糖，使得孢子内部的渗透压迅速增加，从而引发孢子发芽（Undeen and van der Meer, 1999）。该途径也对孢子抵抗逆境如低温和干燥具有一定的作用。不仅如此，海藻糖水解产生的葡萄糖，也是为微孢子虫代谢活动提供能量的方式之一（Vivarest et al., 2002）。

7.1.2.1　糖的生物合成

1. 海藻糖的生物合成

　　海藻糖（trehalose）是由两个吡喃葡萄糖分子通过 α -1,1-糖苷键连接而成的化学性质稳定的非还原性二糖，广泛存在于细菌、酵母、真菌、藻类、昆虫和低等动植物中。非还原特性使它更为惰性，因而能最有效地保护生物活性物质。许多生物体在处于不良生长环境，如高温、干燥、高渗透压、重金属、有毒试剂时体内合成并积累海藻糖。海藻糖被认为是生物渗透胁迫应激反应的重要产物。在酵母菌中，海藻糖可作为储藏碳水化合物和细胞应激反应的保护剂，当环境条件变化时细胞内海藻糖含量会发生显著变化。

　　海藻糖在生物体内的合成途径因物种的不同而有所区别，主要有3种途径（图7.7）。第一种途径UTP和葡萄糖-1-磷酸经UDP-

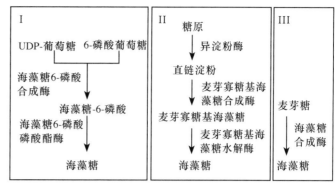

图7.7　海藻糖在生物体内的3种主要合成途径（杨平等，2006）

葡萄糖焦磷酸化酶合成为UDP-葡萄糖（UDPG）。UDPG和葡萄糖-6-磷酸（G-6-P）作为底物，经两步催化生成海藻糖。海藻糖-6-磷酸合成酶（trehalose-6-phosphate synthase，TPS：EC 2.4.1.15）催化UDPG和G-6-P合成为海藻糖-6-磷酸（T-6-P），随后在T-6-P磷酸酯酶（trehalose-6-phosphate phosphatase，TPP：EC 3.1.3.12）催化下，T-6-P脱去磷酸基成为海藻糖。TPS是海藻糖合成的关键酶。TPS与控制进入糖酵解的糖流量及糖诱导的信号传输有关。这是生物体内最广泛存在的一条海藻糖合成途径，适用于细菌、真菌和植物体内海藻糖的合成。第二种途径是以淀粉为底物合成海藻糖，常见于古细菌。第三种途径是以麦芽糖为底物合成海藻糖，该途径是在一些罕见细菌如脂肪杆菌和水生栖热菌中发现的。

　　家蚕微孢子虫、蝗虫微孢子虫、蜜蜂微孢子虫、兔脑炎微孢子虫和肠道微孢子虫中均存在海藻糖代谢途径中的主要酶，包括海藻糖合成酶（TPS）、海藻糖磷酸酯酶（TPP）和UDP-葡萄糖焦磷酸化酶（UGPA），均具有保守的结构域。基因座位的排布也比较保守（图7.8），不同的是海藻糖酶和TPS基因在家蚕微孢子虫中分别有3个和4个拷贝。比氏肠道微孢子虫基因组中未检索到海藻糖代谢相关酶类的注释信息。

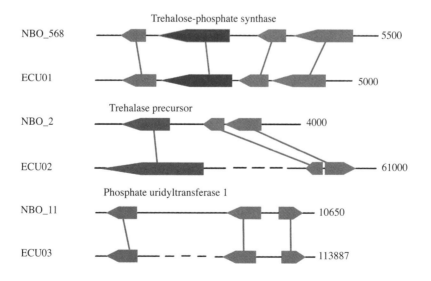

图7.8　微孢子虫海藻糖磷酸合成酶、海藻糖酶前体和UDP–葡萄糖焦磷酸化酶的共线性分析

图中直线相连的基因为家蚕微孢子虫和兔脑炎微孢子虫的垂直同源基因。红色箭头表示海藻糖磷酸合成酶，紫色箭头表示海藻糖酶前体，橙色箭头表示UDP–葡萄糖焦磷酸化酶

2. 几丁质的生物合成

几丁质是自然界中储存量仅次于纤维素的第二大天然多糖，广泛存在于原生生物、节肢动物和甲壳类生物之中。几丁质在生物体内的合成是靠几丁质合成酶（chitin synthase，CS）来完成的。几丁质合成酶是一种膜结合的糖苷转化酶，可将几丁质前体物尿苷二磷酸酯-*N*-乙酰氨基葡萄糖（UDP-GlcNAc）生物合成几丁质。几丁质合成酶在真菌中研究较为清楚。几丁质的生物合成牵涉多种CS的作用。酿酒酵母含有几丁质合成酶Ⅰ（CSⅠ），几丁质合成酶Ⅱ（CSⅡ），几丁质合成酶Ⅲ（CSⅢ）。这3种酶功能各不相同：CSⅠ是一种修复酶，在胞质分裂中补充几丁质；CSⅡ的主要功能是形成隔膜，这两种酶合成细胞中10%的几丁质；CSⅢ是最主要的几丁质合成酶，合成90%的几丁质。家蚕微孢子虫中有5个几丁质合成酶相关基因，可能参与微孢子虫孢内壁的形成。

7.1.2.2 糖的分解

1. 海藻糖分解代谢

海藻糖的分解途径在真菌中研究得比较透彻。按反应类型可分为4类：①海藻糖在海藻糖酶（trehalase）作用下直接分解为2分子葡萄糖；②海藻糖在6-磷酸海藻糖水解酶（trehalose-6-phosphate hydrolase，TPHase）作用下分解为葡萄糖与6-磷酸葡萄糖；③海藻糖在6-磷酸海藻糖磷酸化酶（trehalose-6-phosphate phosphorylase，TrePP）作用下生成6-磷酸葡萄糖和1-磷酸葡萄糖，1-磷酸葡萄糖再经磷酸葡萄糖变位酶（phosphoglucomutase）转化为6-磷酸葡萄糖而进入糖代谢途径，如毕赤酵母；④海藻糖在海藻糖磷酸化酶作用下裂解为葡萄糖与1-磷酸葡萄糖。由于在微孢子虫基因组中仅有海藻糖酶，推测海藻糖在微孢子虫中的分解主要经海藻糖酶水解成葡萄糖。

除肠道微孢子虫外，微孢子虫中均有完整的海藻糖代谢途径。但研究发现，寄生于陆生和水生生物的微孢子虫海藻糖代谢却迥然不同（Dolgikh et al.，2003）。寄生在水生生物的微孢子虫如鱼类微孢子虫，孢子的萌发是由于海藻糖水解致使短时间内积聚高浓度葡萄糖，内压增高，为极丝弹出提供动力。而寄生于陆生生物如蝗虫微孢子虫和家蚕微孢子虫，在极丝弹出前后还原性糖的浓度并无改变。蟋蟀微孢子虫（*Nosema grylli*）中的海藻糖酶在长时间的储备期已逐渐减少，仅检测到了很低的海藻糖酶的活性，而其他几个关键酶均未检测到活性。所以，海藻糖代谢是否为陆生微孢子虫的能量来源之一还有待进一步验证。

2. 几丁质分解代谢

几丁质能够被几丁质酶（EC 3.2.1.14）水解。在很多有机体中均发现几丁质酶，例如，昆虫、酵母、真菌等，此外在细菌、高等植物、脊椎动物等不含几丁质的生物体中也发现有几丁质酶。在真菌中，几丁质酶与细胞生长及分化有关；在昆虫和甲壳类中，它们则参与降解围食膜中的几丁质成分和外骨骼或外壳角质层；在高等植物和脊椎动物中，几丁质酶被认为是一种防卫蛋白。在家蚕微孢子虫中，几丁质是孢子内壁的重要组成成分，其对于维持孢子形态、抵抗环境压力具有重要的作用。在家蚕微孢子虫基因组中共鉴定得到2个几丁质酶相关基因，位于不同的重叠群中。其中，Nb_chi_1长度为2286bp，编码762aa，pI为6.35。另一个Nb_chi_2含552bp，183aa，仅含Glyco_hydro_19结构域部分，可能为一个不完整的拷贝。

　　InterProScan在线分析发现Nb_chi_1和Nb_chi_2为几丁质酶19族，其均有1个Glyco_hydro_19结构域；Nb_chi_1有信号肽，这与*Encephalitozoon cuniculi*（Ec）中的直系同源基因XP_955684一致。在这两个蛋白质中未发现几丁质酶结合区，这与Ec直系同源基因也一致。对家蚕微孢子与Ec的几丁质酶结构域比对分析发现其同源性高达63%（图7.9）。HESGG为保守催化基序，其中谷氨酸E为催化位点（黄乾生等，2008）。

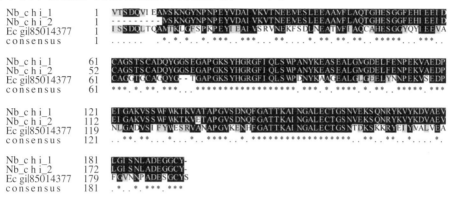

图7.9　家蚕微孢子虫与兔脑炎微孢子虫几丁质酶结构域序列比对分析（刘铁等，2008）

　　利用MEGA4.0分析几丁质酶基因进化关系。选取兔脑炎微孢子虫、蝗虫微孢子虫的几丁质酶序列及相似度较高的13条其他蛋白质序列与家蚕微孢子几丁质酶一起构建系统发生树。系统进化分析表明，家蚕微孢子虫与兔脑炎微孢子虫、蝗虫微孢子等微孢子虫形成了一个进化枝（图7.10）。这一群与具有19族几丁质酶的昆虫较为接近，进一步证明了家蚕微孢子虫几丁质酶为19族。一般而言，细菌的几丁质酶绝大部分为18族，植物和部分放线菌的几丁质酶拥有19族结构域。19族几丁质酶主要起着防御作用。作为细胞内寄生的微孢子虫，家蚕微孢子拥有19族功能结构域，猜测可能与孢子发芽时孢壁几丁质的降解有关，也有可能参与寄主家蚕的几丁质降解。

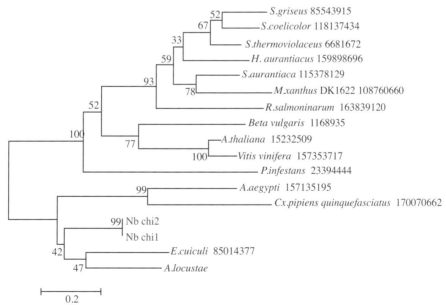

图7.10　家蚕微孢子虫几丁质酶系统发育树

家蚕微孢子虫几丁质酶的两个基因聚为一枝，与兔脑炎微孢子虫近缘

几丁质脱乙酰基酶（chitin deacetylase，CDA）最初是从真菌毛霉分离纯化的一种乙酰基转移酶。这种酶可以催化脱去几丁质分子中N-乙酰葡糖胺链上的乙酰基，进而使之变成壳多糖。真菌的几丁质脱乙酰基酶主要参与真菌细胞壁的形成。

兔脑炎微孢子虫几丁质脱乙酰基酶位于母孢子表面及孢内壁，属于碳水化合物酯酶4家族，是金属离子依赖性水解酶。通过氨基酸多重序列比对发现，兔脑炎微孢子虫EcCDA含有至少两个半胱氨酸，如保守基序CTN与ECL之间可形成二硫键，保守基序D^{158}与H^{206}可以形成一个催化活性位点（图7.11）。家蚕微孢子虫几丁质脱乙酰基酶的第158位为苏氨酸，有别于天冬氨酸，推测几丁质脱乙酰基酶在微孢子虫中功能可能发生了分化。Aalten等研究了兔脑炎微孢子虫几丁质脱乙酰基酶的活性，发现其不能降解几丁质多糖（Urch et al., 2009）。微孢子虫几丁质脱乙酰基酶的功能迄今仍是未解之谜。

由于几丁质脱乙酰基酶也是一种参与调控昆虫几丁质分解的重要酶类，几丁质经CDAs作用形成脱乙酰几丁质（或称聚葡糖胺），脱乙酰几丁质又被CDAs分解成氨基葡萄糖。在昆虫的角质层、围食膜、气管内皮及基底膜中，CDAs能够决定与多糖相关的蛋白质的类型，而角质层、围食膜、气管和基底膜的连接取决于脱乙酰的程度，因此CDAs能够影响角质层、围食膜气管内皮或基底膜的特性（郝威等，2010）。推测微孢子虫的CDA也可能参与对昆虫围食膜的降解。

```
                    .:                   :*: *.. *:**: * :**.  .  *  .  *:       .:
N.bombycis   ----------------------MIVLFLLILSIFAYLPNTCNAGLIAIVFDDGPT-DYTEEILEIADRNNIPL   51
E.cuniculi   ----------------------MLLCLLYFTSSWCSGSDMRIAINFVDGPVRGVTDRILNTLDELGVKA   55
E.intestinalis ---------------------MLHLLYLAFALCH--EVPDVCTSSGMIAINFVDGPVRGVTDKVLNTLEELGVKA   52
T.hominis    MDLIKQSNKKYKKAQIIQPMFLFLSLLRSAAILPDKCVKAGMIALTFDEGPT-GYTPAILEMLRDEDVKA   69
E.aedis      ----------------------MNFIFLTLCAILKAS-LPDKCVDNGVIAITFDDGPT-GHTEYVLDQLDELGVKA   52
      ruler  1.......10........20........30........40........50........60........70
```

```
             :* ** ::       *:: .   *. .:*: **.:: ***:* :*             *  :: :        :::::: :* *::        :::: *
N.bombycis   SFHFTINQRLSGDMREIYRKVVEGGHTLGLRVNP--KRDYDTMSYEEVQEDIERQIAGINKEGDTNIKFA   119
E.cuniculi   TFSFTVNQKAVGNVGQLYRRAVEEGHNVALRVDPSMDEGYQCLSQDALENNVDREIDTIDGLSGTEIRYA   125
E.intestinalis TFSFTVNQKAVGNVGQLYRRAVNEGHTVGLRVDPRMDEGYQDMSQEALEDNIDREIDTIDGLSGTEVRYA   122
T.hominis    TFHFTIQNITRGNISEHMREVAEDGHTVGLRVNP--TRNYDEMDSGEIKEDIEQQIKAIQNETETKIKFA   137
E.aedis      TFHFTTQNIVRGNIASLMRRAVEDGHTVGLRVNP--KRDYTEMDEDAIKEDLEGQIKVINKECNEKIRFA   120
      ruler  ........80........90.......100.......110.......120.......130.......140
```

```
             .*     ::   . ::: *    *  :      :  *       :            *.  .:.***: :*:  *
N.bombycis   KAPEDNGSYNTDVYNVLRENNITQSSSIFSPYTYSDPVSEFKEMLG----TSSNKFDSFIIQMHDYKEKE   185
E.cuniculi   AVPICNGQVNSEMYNILTERGVLPVGYTFCPYDYDDPVGEFESMIE----GSDPKHHSFIILMHDGQEAD   191
E.intestinalis SVPISNGEVSSELYTILTQRGVLPLGYTFCPYDYDDPIAEFEAMIE----GSDPKHHSFIILMHDGQEGD   188
T.hominis    RAPVDAGETNADVYNALMEKKIIQSNYTYCLYYEVEDVDAAREYLNKVFNASNPKYDSFIFLLHEEREKD   207
E.aedis      RAPTPDAQINEDVFNALQDKKIIQTGYTYCFYHDAEDADEAVSQLEKILETSSPQYESFIFLLHEEMEKT   190
      ruler  ........150.......160.......170.......180.......190.......200.......210
```

```
             ::.::   .   *.. :** *.. .:*:                 :          .:*:   :   ::
N.bombycis   DGYLQDFIDAGKDEGYTFVNLEDCLGDYKPEKN-----DQKKSSLK-SDGVTDIFILPLITLIFYII--   246
E.cuniculi   TSRLENMVKIGKDKGYRFVNMDECLQGYKGAPG-----DPELSLRGKGVESIGKGFLPFFLMMLVRLL-   254
E.intestinalis TSRLEKMVEIGEKKGYTFTNMDECLRGYKGSPG-----DPELNLRGKGAASLAT-FLPFF-MLLGRLL-   249
T.hominis    FPIMQDIITLGKKNGYTFVNMDECLNGYKPGDA-----VNSKASAQKLKRSSSASNTLTVPLSLLIFLVGF   274
E.aedis      FPLLEDIVRLGRKKGYEFVNYDECEAGFKPGDANPMGTARPASSLTDKSSANHVLIVPLCLLCFLFIC-   258
      ruler  ........220.......230.......240.......250.......260.......270
```

图7.11　微孢子虫几丁质脱乙酰基酶的多重序列比对

红色氨基酸为催化活性位点，紫色为兔脑炎微孢子虫，绿色为家蚕微孢子虫、人气管普孢虫（*Trachipleistophora hominis*，*T. hominis*）和埃及伊蚊微孢子虫（*Edhazardia aedis*，*E. aedis*），该酶的催化位点发生了替换；蓝色为半胱氨酸残基，橙色矩形框显示与金属离子结合的位点

3. 糖酵解

糖酵解作用是葡萄糖无氧分解成丙酮酸并产生ATP的过程，如果丙酮酸不经过TCA途径被最终氧化分解，那么1分子葡萄糖仅生成6或8分子ATP，远远低于最终氧化生成的38分子

ATP。可见，家蚕微孢子虫仅由酵解途径产生的能量应远远不够其生长繁殖所需，那么家蚕微孢子生长繁殖所需要的能量从何处获得呢？专性胞内寄生的细菌（如立克次氏体和衣原体）通过ATP/ADP转运蛋白直接从宿主细胞获取ATP等能量分子（Krause et al., 1985; Trentmann et al., 2007）。高等植物的质体（plastids）借助ATP/ADP转运蛋白完成质体与细胞质的能量交换（Winkler and Neuhaus, 1999）。最新研究表明，在兔脑炎微孢子虫基因组含有4个拷贝的ATP/ADP转运蛋白基因，其中3个拷贝定位于兔脑炎微孢子虫细胞膜，参与转运宿主细胞质的ATP，1个拷贝位于兔脑炎微孢子虫的纺锤剩体，为纺锤剩体的代谢提供ATP（Tsaousis et al., 2008）。家蚕微孢子虫基因组中也存在ATP/ADP转运蛋白，其中一个定位于微孢子虫细胞膜上，该蛋白质可能参与了能量转运。推测家蚕微孢子虫有可能产生了其他替代途径来实现脂肪、氨基酸及糖的氧化过程。

家蚕微孢子虫具有完整的糖酵解途径（图7.12），其获得ATP的方式之一是通过糖酵解途径把葡萄糖降解为丙酮酸并通过底物水平磷酸化合成ATP。其中，1分子葡萄糖产生2分子丙酮酸，2分子ATP，2分子NADH+H$^+$。

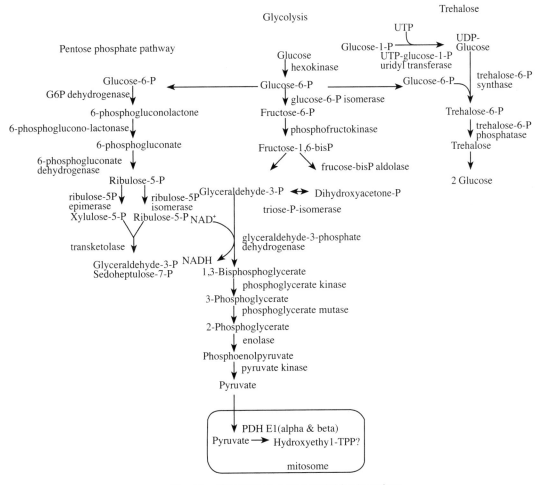

图7.12 家蚕微孢子虫核心糖代谢途径示意图

Dolgikh小组（Dolgikh et al., 1997; Dolgikh and Semenov, 2000）研究了蟋蟀微孢子虫的葡萄糖-6-磷酸脱氢酶、葡萄糖-6-磷酸变位酶、磷酸葡萄糖异构酶、果糖-6-磷酸激酶、二磷酸果糖酶（醛缩酶）、3-磷酸-甘油激酶（3-phosphoglycerate kinase）、甘油-3-磷酸脱氢酶的酶活力，它们的酶活分别为15 ± 1nmol/（min·mg protein）、7 ± 1 nmol/（min·mg protein）、1549 ± 255 nmol/（min·mg protein）、10 ± 1 nmol/（min·mg protein）、5 ± 1 nmol/（min·mg protein）、16 ± 4 nmol/（min·mg protein）、6 ± 1 nmol/（min·mg protein）、16 ± 2 nmol/（min·mg protein），然而，并未检测到己糖激酶、NAD依赖性的苹果酸脱氢酶、苹果酸酶、乳糖脱氢酶、乙醇脱氢酶和琥珀酸脱氢酶的酶活，这表明微孢子虫的碳代谢主要通过糖酵解途径完成。

4. 三羧酸循环

三羧酸循环（tricarboxylic acid cycle，TCA循环）是首先由乙酰辅酶A与草酰乙酸缩合生成柠檬酸，经脱氢脱羧，重新生成草酰乙酸的这一循环反应过程。三羧酸循环是三大营养素（糖类、脂类、氨基酸）的最终代谢通路，又是糖类、脂类、氨基酸代谢联系的枢纽。

基因组序列分析表明，家蚕微孢子虫基因组不具备编码乳酸脱氢酶和乙醇脱氢酶的基因，也不存在完整的丙酮酸脱氢酶复合体，以及三羧酸循环通路。典型真核生物线粒体，在丙酮酸脱氢酶组分（pyruvate dehydrogenase component，PDH）E1的催化下，丙酮酸脱羧同时产生"活性"中间体——2-α羟乙基硫胺焦磷酸（HETPP），之后在PDHC E2和PDHC E3作用下转化为乙酰辅酶A（van der Giezen et al.，2005）。而有些"无线粒体"寄生真核生物，如阴道毛滴虫，其丙酮酸代谢则通过铁硫蛋白丙酮酸:铁氧还蛋白氧化还原酶（pyruvate: ferredoxin dehydrogenase，PFOR）来完成丙酮酸脱羧（van der Giezen，2009）。与兔脑炎微孢子虫和蝗虫微孢子虫类似，家蚕微孢子虫基因组仅发现编码PDHC E1的α和β两个亚基基因，不存在PDHC E2和PDHC E3（Li et al.，2009），也不存在PFOR的基因，推测微孢子虫PDHC E1扮演着独特的角色。PDHC E1和PFOR的结构和催化活性相类似，二者可能均以HETPP作为活性的中间体。

5. 磷酸戊糖途径

磷酸戊糖途径（pentose phosphate pathway）是葡萄糖氧化分解的一种方式，是在动物、植物和微生物中普遍存在的一种糖的分解代谢途径。在生物体内磷酸戊糖途径除提供能量外，还可以为合成代谢提供多种原料。因此磷酸戊糖途径是重要的多功能代谢途径。

磷酸戊糖途径在家蚕微孢子虫中较为完整（表7.11，图7.12），该途径为糖酵解提供中间物，而且还能够产生NADPH供家蚕微孢子虫细胞生命活动所需。磷酸戊糖途径涉及的酶类基因仅转醛酶没有找到。

表7.11 不同微孢子虫基因组的能量代谢相关酶类

能量代谢通路		家蚕微孢子虫	东方蜜蜂微孢子虫	蝗虫微孢子虫	*Octosporea bayeri*	兔脑炎微孢子虫	比氏肠道微孢子虫
	基因组大小/Mb	15.3	≤10	5.6	≤24.2	2.9	6
糖酵解							
	丙酮酸激酶	+	+	+	+	+	−
	烯醇酶	+	+	+	+	+	−
	果糖1,6二磷酸醛缩酶	+	+	+	+	+	−
	磷酸甘油酸变位酶	+	+	+	+	+	−
	己糖激酶	+	+	+	+	+	+
	丙酮酸脱氢酶E1 α 亚基	+	+	+	+	+	+
	丙酮酸脱氢酶E1 β 亚基	+	+	+	+	+	+

续表

能量代谢通路		家蚕微孢子虫	东方蜜蜂微孢子虫	蝗虫微孢子虫	*Octosporea bayeri*	兔脑炎微孢子虫	比氏肠道微孢子虫
	磷酸果糖激酶	+	+	+	+	+	-
	磷酸葡萄糖异构酶	+	+	+	+	+	-
	3-磷酸甘油激酶	+	+	+	+	+	-
	甘油醛-3-磷酸脱氢酶	+	+	+	+	+	+
	磷酸丙糖异构酶	+	+	+	+	+	-
磷酸戊糖途径							
	6-磷酸葡萄糖脱氢酶	+	+	+	+	+	+
	6-磷酸葡萄糖内酯酶	+	+	+	+	-	-
	6-磷酸葡萄糖脱氢酶	+	+	+	+	+	-
	转酮酶1	+	+	+	+	+	-
	D核糖5-P异构酶	+	+	-	+	+	-
	D核糖5-P 3-差向异构酶	+	+	+	+	+	-
海藻糖代谢	中性海藻糖酶	+	+	+	+	+	-
	海藻糖-6-磷酸合成酶	+	+	+	+	+	-
	海藻糖磷酸酶	+	+	+	+	+	-
	UDP-葡萄糖焦磷酸化酶	+	+	+	+	+	-
ADP/ATP转运体		+	+	+	+	+	+

注："+"为基因组中存在；"-"为基因组中不存在

7.1.3　核苷酸代谢

核酸是由核苷酸以3′,5′-磷酸二酯键连接而成的大分子化合物。核酸内切酶和核酸外切酶将多聚核苷酸水解成核苷酸称为解聚。嘌呤核糖核苷酸的合成首先从5-磷酸核糖焦磷酸开始，经过一系列的酶促反应生成次黄嘌呤核苷酸，然后再转化为其他嘌呤核苷酸。但在家蚕微孢子虫的基因组中尚未发现磷酸核糖焦磷酸激酶。嘧啶核苷酸的合成是以氨甲酰磷酸和天冬氨酸合成嘧啶环，但也需要磷酸核糖焦磷酸激酶参与，所以微孢子虫无法独自完成嘌呤核糖核苷酸的从头合成。

家蚕微孢子虫基因组有2个拷贝的核酸内切酶和核酸外切酶，其序列保守，暗示核酸解聚途径在微孢子虫中是完整的。

7.1.4　脂肪酸代谢

脂肪酸代谢中的蛋白质是微孢子虫代谢中最多的一类（Dolgikh et al., 2009）。脂肪酸的合成需要乙酰CoA作为碳源，而乙酰CoA是三羧酸循环的起始底物；其不仅是糖代谢的中间产物，也是脂肪和某些氨基酸的代谢产物，可以通过脂肪酸的β-氧化、丙酮酸的脱羧和氨基酸的降解生成。乙酰CoA通过TCA循环出线粒体就可进行脂肪酸合成。家蚕微孢子虫缺乏脂肪酸β-氧化的部分基因，仅拥有几个关键酶基因，包括参与脂肪酸活化的脂酰CoA合成酶（acyl-coA synthetase）和参与β-氧化的脂酰CoA脱氢酶（acyl-coA dehydrogenase），以及将β-酮脂酰CoA硫解的酮脂酰硫解酶（ketoacyl coA thiolase）。家蚕微孢子虫缺失了一个长链脂酰CoA向线粒体转运的过程，也没有发现有脂肪酸从头合成的完整途径，但是却存在乙酰CoA羧化酶、生物素CoA羧化酶、脂肪酸转运蛋白和长链脂肪酸CoA连接酶，推测家蚕微孢子虫可能直接从宿主细胞中获取一定长度的脂肪酸链合成长链脂肪酸，而不需要从头合成。此外，在家蚕微孢子虫基因组中也缺乏α-氧化和ω-氧化的相关酶类的基因信息。

由于特殊的寄生环境，家蚕微孢子虫以一种独特的方式进行脂类代谢，它可以通过脂肪酸转运蛋白将长链脂酰CoA转运到宿主体内进行加工，然后将加工好的脂酰CoA运回到自身再进行β氧化，并最终释放能量。

总之，与其他营自由生活的生物不同，家蚕微孢子虫的代谢途径不完善，是精简型的代谢，很多途径都不完整，可能从宿主中直接获得某些产物补充入这些途径，从而完成其代谢功能，保证家蚕微孢子虫营寄生生活的需要。

7.2 家蚕微孢子虫分裂增殖

7.2.1 细胞周期相关蛋白

细胞周期的运转是一个有序的基因调控过程（G1→S→G2→M→G1）。家蚕微孢子虫增殖分裂相关基因比较完整（表7.12）。家蚕微孢子虫的周期蛋白主要有G1期的周期蛋白1、C型周期蛋白和cullin；周期蛋白依赖性激酶主要有CDC2、CDC5、CDC7、周期蛋白依赖性激酶的激酶CAK、酪蛋白激酶等；微小染色体维持蛋白MCM2-MCM7；DNA复制相关如DNA聚合酶α、β、κ、DNA聚合酶Ⅲ；DNA复制起始因子A和C、DNA拓扑异构酶；参与有丝分裂的蛋白质有丝/苏氨酸磷酸酶、丝/苏氨酸蛋白激酶等；减数分裂相关蛋白质包括减数分裂特异性蛋白MutS、减数分裂重组蛋白REC12、SPO11等。CDK与cyclin结合形成细胞促分裂因子MPF（mitosis promoting factor MPF），经过S期和部分G2期，逐渐被磷酸化，直接参与细胞有丝分裂，并且可以磷酸化修饰许多与有丝分裂相关的蛋白质而发挥生化效应。例如，核层连蛋白被磷酸化导致核膜解体，组蛋白磷酸化使染色体聚合，微管蛋白磷酸化将导致细胞骨架重组。该起始复合物MPF可通过自身磷酸化经泛素化途径降解（图7.13）。

表7.12　家蚕微孢子虫参与细胞周期相关基因

基因名	拷贝数
周期蛋白	
周期蛋白1（G1期）	1
C/K type 周期蛋白（G1期）	2
类支架蛋白（CDC53）	2
周期蛋白依赖性蛋白激酶	
细胞周期蛋白激酶2 CDC2	1
细胞周期蛋白激酶2 CDK2	1
细胞周期蛋白激酶2激酶	1
细胞周期蛋白激酶2	5
CDC7	2
酪蛋白激酶	1
类Mps1 苏/酪氨酸双特异性蛋白激酶	3
微小染色体维持蛋白家族	
微小染色体维持蛋白2	2
微小染色体维持蛋白3	2
微小染色体维持蛋白4（CDC54）	2
微小染色体维持蛋白5（CDC46）	1
微小染色体维持蛋白6	1
微小染色体维持蛋白7（CDC47）	2
DNA 聚合酶	
DNA 聚合酶α亚基	1
DNA 聚合酶α复合体	1

续表

基因名	拷贝数
DNA指导的DNA聚合酶	2
DNA 聚合酶 ε	2
DNA p聚合酶Ⅲ， ε 亚基	1
DNA 聚合酶 δ 催化亚基	1
DNA聚合酶κ	
DNA 复制执照因子	
DNA 复制执照因子A, prt1	1
DNA 复制执照因子A, prt 2（subunit）	未知
DNA 复制执照因子A , prt 3	未知
DNA 复制执照因子C	4
拓扑异构酶	
拓扑异构酶 Ⅰ	1
DNA拓扑异构酶Ⅱ	2
DNA 拓扑异构酶Ⅲ	3
减数分裂	
减数分裂特异的类 DNA 错配修复蛋白S同源蛋白	1
减数分裂相关蛋白cohesin	1
减数分裂重组蛋白REC12	1
减数分裂重组蛋白SPO11	1
有丝分裂	
丝/苏氨酸蛋白磷酸酶	4
丝/苏氨酸蛋白激酶	5
酪蛋白磷酸酶	1

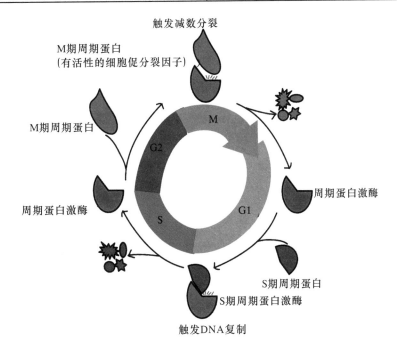

图7.13　家蚕微孢子虫细胞周期调控示意图

MPF.mitosis promoting factor, 细胞促分裂因子，由*cdc2*编码的激酶和周期蛋白（cyclin）组成；CDK蛋白本身不具有蛋白激酶活性，当周期蛋白cyclin含量积累到一定值时，二者形成复合体，在CDK激酶CAK的催化下，CDK被磷酸化，接着在磷酸酯酶的催化下，去磷酸化，CDK即表现出激酶活性。分裂中期结束，周期蛋白与CDK分离，进入泛素化途径降解（Donaldson and Blow, 1999）

　　细胞周期中最关键的3类调控因子是：细胞分裂周期基因*cdc*、周期蛋白依赖性激酶（CDKs）及细胞周期蛋白（cyclin）。*cdc*基因编码一种丝氨酸/苏氨酸蛋白激酶，命名为CDK（细胞周期蛋白依赖性激酶，cyclin dependent kinase）（Lee and Nurse., 1987）。该基因的编码产物为周期蛋白依赖性激酶蛋白家族中的一员，参与对细胞周期开始的控制。*cdc*基因进化上高度保守，其活性调节由其他蛋白质的磷酸化和去磷酸化决定，从而使细胞沿着细胞周期顺序不断地进行分裂。CDK主要在3个水平上进行调节（Bloom and Cross, 2007）：①CDK的活性受磷酸化和去磷酸化的调节，当Thr^{14}和Tyr^{15}被磷酸化时，活性被抑制；Thr^{14}和Tyr^{15}去磷酸化时，被活化；表7.13列举了家蚕微孢子虫周期蛋白激酶的预测磷酸化位点；②CDK活性受cyclin的调节，CDK必须与cyclin结合才有激酶活性，而cyclin的转录、合成与降解随细胞周期而变化，从而选择性地使CDK分子被磷酸化，而产生激酶的活性；③CDK的活性还可以通过抑制因子（cyclin2 dependent kinases inhibitor, CKI）进行调节。调控细胞周期的蛋白激酶的功能主要与染色体复制的启动、有丝分裂的起始和在细胞分裂结束后返回到分裂间期有关。

表7.13　家蚕微孢子虫周期蛋白激酶磷酸化位点的分析

注释	互作基序	家族	磷酸化位点	序列中的位置
细胞周期蛋白激酶（CDC2/CDKX）家族	p85_SH2	SH2	Y29	NGTFGSVYEVMDSKT
类细胞周期蛋白激酶2蛋白激酶		Y_kin	Y65	EKIGEGTYGVVYK
		Kin_bind	E131	EKMYLVFEFIDMDLR
	Lck_Kin	Y_kin	Y16	EKIGEGTYGVVYKTK
		Kin_bind	E82	EKMYLVFEFIDMDLR
细胞周期蛋白激酶蛋白激酶组装因子		Y_kin	Y95	DNEELYNDYLEKL
		Baso_ST_kin	S87	RYFSREESDFDNEEL
		Y_kin	Y95	DNEELYNDYLEKL
		Baso_ST_kin	S87	RYFSREESDFDNEEL
周期蛋白依赖性丝/苏氨酸周期蛋白激酶28		Y_kin	Y19	KKLGEGTYATVYQAT
		Baso_ST_kin	S74	GHDISAFREIKSLKRIRSNF
		Baso_ST_kin	S33	IQKQDSIFIEDT
		Y_kin	Y19	KKLGEGTYATVYQAT
		Baso_ST_kin	S74	SAFREIKSLKRIRSN
		Baso_ST_kin	T290	DPEKRINTLESLKDE
		Baso_ST_kin	S33	TPIQKQDSIFIEDTS
细胞周期蛋白激酶		SH2	Y315	FENITKYEDPNPNI
		SH2	Y291	LPNEKIIYSILRKIF
		Baso_ST_kin	S305	FITMMKKSLMI
		Baso_ST_kin	S98	TERKTLESLKKVFED
细胞周期蛋白激酶5		Acid_ST_kin	T44	FTEEDKYTLIINLNY
			S147	VEECDEESEENYEFS
	Pro_ST_kin		S228	QNTKLPYSPYPKKKP
			S285	LKFSSYQSPDKKN
	Kin_bind		E84	WKEYISFEIKNKTKS
类细胞周期蛋白激酶2蛋白激酶		Y_kin	Y85	NVHEDDIYLVFPYFR
S期蛋白激酶激活因子		SH2	Y151	NEEGEMEYENINEFL
		Baso_ST_kin	T56	KRFRTGPTKKSKKPG
细胞周期蛋白激酶		SH3	P269	DRLPIPGPPNPGPGP
		SH3	P274	PGPPNPGPGPPPPPG

续表

注释	互作基序	家族	磷酸化位点	序列中的位置
细胞周期蛋白激酶		SH3	P280	GPGPGPPPPPGPPTIEL
		Baso_ST_kin	S48	FRRHRD$\underline{S}$SSSSSSDEC
		Baso_ST_kin	S73	FRRFRD$\underline{S}$SSSSCS
		Baso_ST_kin	S49	RD$\underline{S}$SSSSSSDECR
细胞周期蛋白激酶7（CDC7）		Y_kin	Y315	MELGSEG$\underline{Y}$DLMYRML
		Kin_bind	E97	VAVFPYF$\underline{E}$FTDFRELL
		Y_kin	Y315	MELGSEG$\underline{Y}$DLMYRML
		Kin_bind	E97	VAVFPYF$\underline{E}$FTDFRELL

家蚕微孢子虫细胞分裂各时期的cdc基因有$cdc53$、$cdc2$、$cdc6$、$cdc46$、$cdc47$、$cdc54$。它们的家族分类、磷酸化位点及与底物相互作用的基序特征如表7.13所示。家蚕微孢子虫周期蛋白激酶有所分化，而且在Thr^{14}、Thr^{15}都有不同程度的氨基酸替代，这暗示在家蚕微孢子虫中可能存在另外的机制调节CDKs的活性。其中由$cdc2$编码的CDK（图7.13）与周期蛋白共同调控S期的DNA合成和M期的启动。由于微孢子虫基因与其他物种的相似性较低，在家蚕微孢子虫基因组中仅注释出3种周期蛋白，即cyclin1、cyclinH和cyclinK。家蚕微孢子虫是否会利用宿主细胞的周期蛋白来完成自身细胞增殖呢？作为寄生虫的锥虫（Hammarton，2007；McKean，2003）含有细胞分裂不同时期的周期蛋白，迄今，鲜有寄生虫利用宿主细胞周期蛋白的相关报道。随着越来越多微孢子虫基因组测序的完成和实验方法的改进与提高，将会有更多的周期蛋白被鉴定。

总的来说，家蚕微孢子虫中细胞增殖途径并不完整，具有如下特征。

第一，DNA复制起始调控通路存在于家蚕微孢子虫中。对于DNA合成起始，在家蚕微孢子虫中仅含有ORC1/CDC6，推测家蚕微孢子的DNA复制类似于古细菌。

第二，细胞有丝分裂启动的调控途径在家蚕微孢子虫中较完整，但家蚕微孢子的周期蛋白只有cyclin1、cyclinK和cyclinH的一个亚基，种类和数量都明显少于酵母，有待于进一步深入分析。家蚕微孢子虫的周期蛋白中，C-type cyclin 研究较少，功能尚不明确，只在兔脑炎微孢子虫和家蚕微孢子虫中发现。对于CDKs激酶，除了Casein kinase Ⅱ与cdc2互作外，其他的周期蛋白依赖性激酶与相应的周期蛋白的相互作用对还无法对应，需实验验证才能定论。

7.2.2　有性生殖蛋白

Lee等（2008）通过共线性方法，发现兔脑炎微孢子虫、蝗虫微孢子虫，以及比氏肠道微孢子虫（*E.bieneusi*）的高度可变区（high mobility group，HMG）和磷酸丙糖转运体（triosephosphate transporter，TPT）与*Phycomyces blakesleeanus*、*Rhizopus oryzae*的HMG、TPT基因具有共线性，这有力地证明了微孢子虫是从有性的真菌中起源而来，并且同接合菌密切相关。微孢子虫的2000多个基因中，有33个基因同接合菌有性生殖基因排列位置一样，显示微孢子虫同接合菌很可能拥有共同的祖先。另外，有性繁殖所包含的其他基因也在这两类真菌中出现，表明微孢子虫可能有一个遗传控制生殖周期，并且可能在感染宿主时开始进行有性繁殖。表7.14显示了有性生殖相关基因在微孢子虫中的分布及结构域预测情况。家蚕微孢子虫有两个HOP1蛋白，均含有HORMA结构域和锌指基序。酵母的*HOP1*编码的蛋白质为联会复合体的成分之一，在减数分裂时染色体的配对中起着重要作用（Jeffares et al.，2004；

Anuradha and Muniyappa, 2004）。Mei2则是在减数分裂前S期至第一次分裂时期的关键调控因子（Watanabe and Yamamoto, 1994; Yamamoto et al., 1997）。SPO11可以与一些蛋白质互作，引起减数分裂时期的重组（Klapholz et al., 1985）。图7.14为HMG、TPT在家蚕微孢子虫中的共线性分布。

表7.14　有性生殖相关基因在微孢子虫中的分布

注释	家蚕微孢子虫	兔脑炎微孢子虫	蝗虫微孢子虫	比氏肠道微孢子虫	结构域
减数分裂蛋白2	1	2	未知	未知	RRM2
减数分裂重组蛋白SPO11	1	1	未知	未知	Rad10
减数分裂特异性蛋白HOP1	2	未知	未知	未知	TP6A_N
配子转换蛋白swi10	3	未知	未知	未知	RAD10
发芽相关蛋白	4	未知	未知	未知	PSP1
精子相关抗原4	2	未知	未知	未知	Sad_UNC

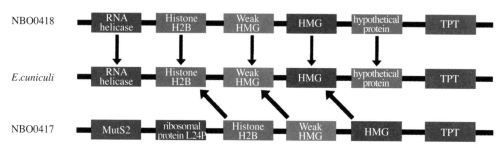

图7.14　家蚕微孢子虫有性生殖相关基因的共线性

HMG. 高度可变区；TPT. 磷酸丙糖转运体；MutS2. DNA 错配修复蛋白S；箭头相连为高度相似序列；家蚕微孢子虫有性生殖相关基因在基因组中的位置相对保守，并且家蚕微孢子虫基因组中有两个scaffold上具有有性生殖区域

7.2.3　微小染色体维持蛋白

微小染色体维持蛋白（minichromosome maintenance protein，MCM）是微孢子虫细胞增殖途径中最为保守的一类蛋白质（表7.15）。该家族起源于真核与古细菌分支前的一种古老基因。这个基因在真核生物进化中很早就形成6个拷贝，即MCM2～MCM7，并一直协同进化到高等生物。MCM2、MCM3、MCM5之间能形成稳定的复合物，有MCM2/3/4/5/6/7、MCM4/6/7、MCM2/4/6/7及MCM3/5，其中MCM4/6/7为MCM蛋白复合物的催化核心，有DNA解螺旋酶活性，在起始点能解开一段长度小于500bp的双链DNA，MCM3/5有限制MCM4/6/7解螺旋酶活性的作用，MCM2则能稳定MCM3/5与MCM4/6/7间的相互作用。MCM4/6/7复合物结合到DNA，随之ATP结合到MCM6，在形成过渡结构后促进ATP水解，最后通过MCM7蛋白将核苷酸水解。DNA解链后，MCM2、MCM3被磷酸化，进而抑制DNA再复制。在G1期，MCM位于胞核内，进入S期，MCM与复制起始复合物分离，渐移至胞质，不可逆地阻断复制叉的进程，避免DNA再复制。目前的研究表明，各个直系同源簇的功能各不相同，但对酵母来说，都是必需的。

表7.15　MCM在单细胞寄生虫中的拷贝数比较

注释	家蚕微孢子虫	兔脑炎微孢子虫	蝗虫微孢子虫	贾第虫	阿米巴原虫
微小染色体维持蛋白2	2	1	1	2	1
微小染色体维持蛋白3	1	1	未知	2	2
微小染色体维持蛋白4	4	3	2	2	2
微小染色体维持蛋白5	2	1	1	2	2
微小染色体维持蛋白6	1	1	1	2	未知
微小染色体维持蛋白7	2	2	1	2	未知

家蚕微孢子虫MCM 家族蛋白N端序列比较保守，具有2个α-螺旋和7个β-折叠（图7.15）。

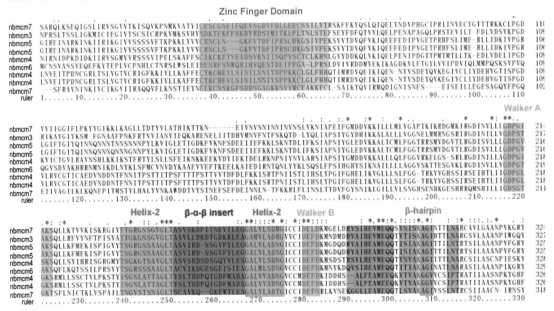

图7.15　家蚕微孢子虫MCM N端序列特征

MthMCM. 嗜热甲烷菌*Methanosaeta thermophila* 的微小染色体维持蛋白；星号为保守氨基酸

　　MCM的功能域均具有一个锌指结构域。在古细菌中，MCM含有的锌指结构模式为CX2CXnCX2C。家蚕微孢子虫MCM 含有的锌指结构模式为CX2CX18CX4H，而兔脑炎微孢子虫MCM 含有的锌指结构模式是CX2CX18CXC（图7.16），微孢子虫可能具有特异的锌指结构模式，以调控与DNA的互作。

图7.16　家蚕微孢子虫MCM的功能域

紫色阴影区域为锌指结构域，黄色区域为Walker间区，绿色区域为α-螺旋，红色表示β-折叠插入

家蚕微孢子虫MCM的C端序列很保守，没有预测到特征性结构域，含有RFD保守基序（图7.17），该基序的功能尚未见报道。

```
              :. :    *  :  .::::***       *.   .    :  :.::                    :      .
nbmcm7  DLRQSVEHNVGLPCSLLSRFDILVILRDESDEEKDKALAQHVTSLH---QNEEIENNYREIRNYIEQCKT-FDPSIPNELSGKLLEFYIK  410
nbmcm3  RENKPPQDNVRLPESLLTRFDLIFITLDKSEYNLDQQIAKVKSHTTNQSEESSNLQEMFRGYIQFCKT-KRPAMTKEASNLIIDEYTA      416
nbmcm3  DDYKTPDENIEFGTTILSRFDCIFILKDKHGPN-DLIMAEHVLNLHSHKSESKVVDNLKLIRRYVQYAKNNVFPKLSESSSSLLIKYYAS      414
nbmcm5  DDYKTPDENIEFGTTILSRFDCIFILKDKHGPN-DLIMAEHVLNLHSQHQDDK---DLKLIRRYVQYAKNNVFPKLSESSSSLLIKYYAS      411
nbmcm4  NPRKSIVENINLPSTLLSRFDVVCLLIDKFDESRDKMIGEHILDMYSEN-ENVTDFGNDLMRAYIDEARR-IEPRLTEESKKALAKSYVD      416
nbmcm6  DKRKTLRQNINLSQPIMSRFDLYFVLIDDVDKENDTNIANHHEMYADFTRQETLEQVKLYLKYVKS-MKPKLTDEAHDALVQNYSR         418
nbmcm4  NKSKSIRENLRFDNALLSRFDLIFILVDDLNEKENYEISDQILKKRRQSTEGDFLNTESNFSLDLLCSSLRTDPFIKNLSKPESLI----     412
nbmcm4  NKSKSIRENLRFDNALLSRFDLIFILVDDLNEKENYEISDQILKKRRQSTEGDFLNTESNFSLDLLCSSLRTDPFIKNLSKPESLI----     412
nbmcm7  NKNKTVSENTLISSPLVSRFDLIFGLFDNENPKTDNYIADKILCRTSTPIENRKGYSTQTLKRYLARIRR-TDLKIGEDLTPILLTYYTT     407
ruler   .......340.......350.......360.......370.......380.......390.......400.......410.......420
```

图7.17 家蚕微孢子虫MCM的C端序列特征

7.2.4 DNA修复

家蚕微孢子虫中参与DNA修复的基因相当保守，共有75条CDS，34种基因被检索到；除了6种基因没有发现外，其他修复基因都存在，而且其拷贝数也比兔脑炎微孢子虫的要多；此外，还有8种新基因被发现（表7.16）。其中，参与碱基剪切修复、核酸剪切修复、错配修复和同源重组修复这4种主要修复机制的基因都存在，但它们的修复途径或多或少存在基因缺失现象，只有核酸剪切修复的基因是最为完整的。碱基剪切修复、核酸剪切修复、错配修复和同源重组修复可能是微孢子虫的主要DNA修复途径。SOS修复和非同源末端连接修复机制可能不存在。另外，在家蚕微孢子虫基因组内发现了脱氧核糖二嘧啶光裂解酶基因，暗示其可能存在光修复，这有利于深入认识微孢子虫的基因组保护和突变机制。

表7.16 家蚕微孢子虫基因组中的DNA修复基因

名　称	基因在兔脑炎微孢子虫的数量	基因在家蚕微孢子虫的数量
1. 直接修复		
1.1. 光修复		
DNA光解酶	未知	1
1.2.烷基化修复		
DNA-3-甲基腺嘌呤糖基化酶 I	2	未知
尿嘧啶-DNA糖基化酶	1	未知
8-氧桥鸟嘌呤 DNA 糖基化酶	1	1
2. 碱基剪切修复		
核酸内切酶IV	2	2
核酸内切酶III	1	1
DNA损伤耐受性蛋白RAD31	1	未知
3. 核酸剪切修复		
DNA 修复蛋白（RAD14/XPA家族）	1	3
DNA 修复水解酶	1	4
结构特异性核酸内切酶（XPG/RAD2家族）	2	2
DNA 修复蛋白RAD4 [XPC]	2	2
核苷酸切除修复4-型核酸酶 [XPF]	2	2
核苷酸切除修复1-型核酸酶（Rad10）	1	3
DNA 修复水解酶 RAD25	1	1
修复小体，核酸剪切修复蛋白RAD7	未知	1
4.错配修复		
DNA错配修复蛋白S	2	4
DNA错配修复蛋白L	2	3

续表

名 称	基因在兔脑炎微孢子虫的数量	基因在家蚕微孢子虫的数量
核酸外切酶1	1	1
5.同源重组修复		
双链断裂DNA修复蛋白	1	未知
DNA修复蛋白RAD50	1	1
DNA修复蛋白RAD51	1	2
DNA修复和重组蛋白RAD22	1	未知
水解酶，属于DNA修复蛋白RAD25	1	4
DNA修复蛋白RAD5	未知	1
重组蛋白R	未知	3
类DNA修复/重组蛋白	未知	2
染色质结合蛋白	1	2
类DNA修复/重组蛋白26	1	未知
类DNA修复/重组蛋白16	1	2
核酸外切酶	1	1
6.其他修复		
核酸剪切修复因子TFIIH	8	8
DNA复制因子A（RPA）	3	2
酪蛋白激酶1同源蛋白	2	1
类RUVB DNA解旋酶	2	1
解旋酶	1	5
DNA修复蛋白MMS21	1	1
转录相关重组蛋白	1	2
ATP依赖性核酸外切酶V	未知	5
微球菌核酸酶同源蛋白	未知	1
DNA交叉修复蛋白SNM1	未知	1

参考文献

郭慧,邓文星,张映.2009.糖蛋白研究进展.生物技术通报,3:16-19.

郝威,何旭玲,徐豫松.2010.家蚕几丁质脱乙酰基酶基因结构及mRNA选择性剪接与表达差异的研究.蚕业科学,36(6):921-929.

黄乾生,谢晓兰,陈清西.2008.几丁质酶的结构特征与功能.厦门大学学报(自然科学版),47(2):232-235.

刘铁,胡军华,潘国庆,等.2008.家蚕微孢子虫几丁质酶基因的比较基因组学分析.蚕学通讯,28(1):9-12.

潘国庆,贺元莉,杨洋,等.2013.家蚕微孢子虫CQ1分离株侵染家蚕的组织病理学观察.蚕业科学,39(2):0310-0318.

申子刚,潘国庆,许金山,等.2008.重庆地区家蚕微孢子虫遗传多态性分析.自然科学进展,18(5):579-586.

王林玲,陈克平,姚勤,等.2006.柞蚕微孢子核糖体基因和转录间隔区的序列及系统进化分析.中国农业科学,39(8):1674-1679.

夏炎枝,红凌.2010.蛋白质异戊烯化修饰与抗肿瘤研究.医学分子生物学杂志,7(5):435-440.

杨平，李敏惠，潘克俭，等. 2006. 海藻糖的生物合成与分解途径及其生物学功能. 生命的化学, 26(3): 233-236.

Anuradha S, Muniyappa K. 2004. Meiosis-specific yeast Hop1 protein promotes synapsis of double-stranded DNA helices via the formation of guanine quartets. Nucleic Acids Res, 32(8): 2378-2385.

Biderre C, Pages M, Metenier G, et al. 1994. On small genomes in eukaryotic organisms: molecular karyotypes of two microsporidian species (Protozoa) parasites of vertebrates. C R Acad Sci Ⅲ, 317(5): 399-404.

Bloom J, Cross FR. 2007. Multiple levels of cyclin specificity in cell-cycle control. Nature Rev Mol Cell Bio, 8(2): 149-160.

Brugere JF, Cornillot E, Metenier G, et al. 2000. *Encephalitozoon cuniculi* (Microspora) genome: physical map and evidence for telomere-associated rDNA units on all chromosomes. Nucleic Acids Res, 28(10): 2026-2033.

Curgy JJ, Vavra J, Vivares C. 1980. Presence of ribosomal RNAs with prokaryotic properties in Microsporidia, eukaryotic organisms. Biologie Cellulaire, 38(1): 49-51.

Dolgikh VV, Seliverstova EV, Naumov AM, et al. 2009. Heterologous expression of pyruvate dehydrogenase E1 subunits of the microsporidium *Paranosema* (*Antonospora*) locustae and immunolocalization of the mitochondrial protein in amitochondrial cells. FEMS Microbiol Lett, 293(2): 285-291.

Dolgikh VV, Semenov PB. 2000a. Activities of enzymes of carbohydrate and energy metabolism of the intracellular stages of the microsporidian, *Nosema grylli*. Parasitol, 1(3): 87-91.

Dolgikh VV, Semenov PB. 2000b. Trehalose catabolism in the spore of microsporidia *Nosema grylli*. Parasitol, N37：372-377.

Dolgikh VV, Sokolova JJ, Issi IV. 1997. Activities of enzymes of carbohydrate and energy metabolism of the spores of the microsporidian, *Nosema grylli*. J Eukaryot Microb, 44(3): 246-249.

Donaldson A, Blow JJ. 1999. The regulation origin activation. Curr Opin in Gen&Dev,(9): 62-68.

Embley TM, Martin W. 2006. Eukaryotic evolution, changes and challenges. Nature, 440(7084): 623-630.

Fast NM, Keeling PJ. 2001. Alpha and beta subunits of pyruvate dehydrogenase E1 from the microsporidian *Nosema locustae*: mitochondrion-derived carbon metabolism in microsporidia. Mol Biochem Parasit, 117(2): 201-209.

Gatehouse HS, Malone LA. 1998. The ribosomal RNA gene region of *Nosema apis* (Microspora): DNA sequence for small and large subunit rRNA genes and evidence of a large tandem repeat unit size. J Invertebr Pathol, 71(2): 97-105.

Gill EE, Becnel JJ, Fast NM. 2008. ESTs from the microsporidian *Edhazardia aedis*. BMC Genomics, 9: 296.

Hammarton TC. 2007. Cell cycle regulation in *Trypanosoma brucei*. Mol Biochem Parasit, 153(1-4): 1-8.

Haro M, Del Aguila C, Fenoy S, et al. 2003. Intraspecies genotype variability of the microsporidian parasite *Encephalitozoon hellem*. J Clin Microbiol, 41(9): 4166-4171.

Hillis DM, Dixon MT. 1991. Ribosomal DNA: molecular evolution and phylogenetic inference. Q Rev Biol, 66(4): 411-453.

Huang WF, Bocquet M, Lee KC, et al. 2008. The comparison of rDNA spacer regions of *Nosema ceranae* isolates from different hosts and locations. J Invertebr Pathol, 97(1): 9-13.

Ishihara R, Hayashi Y. 1968. Some properties of ribosomes from the sporoplasm of Nosema bombycis. J Invertebr Pathol, 11(3): 377-385.

Jeffares DC, Phillips MJ, Moore S, et al. 2004. A description of the Mei2-like protein family; structure, phylogenetic distribution and biological context. Dev Genes Evol, 214(3): 149-158.

Katinka MD, Duprat S, Cornillot E, et al. 2001. Genome sequence and gene compaction of the eukaryote parasite *Encephalitozoon cuniculi*. Nature, 414(6862): 450-453.

Keeling PJ, Corradi N, Morrison HG, et al. 2010. The reduced genome of the parasitic microsporidian *Enterocytozoon bieneusi* lacks genes for core carbon metabolism. Genome Biol Evol, 2: 304-308.

Kelley WL. 1999. Molecular chaperones: how J domains turn on Hsp70s. Curr Biol, 9(8): R305-R308.

Kendrew J. 2009. Encylopaedia of Molecular Biology, Wiley-Blackwell.

Klapholz S, Waddell CS, Esposito RE. 1985. The role of the *SPO11* gene in meiotic recombination in yeast. Genetics, 110(2): 187-216.

Krause DC, Winkler HH, Wood DO. 1985. Cloning and expression of the *Rickettsia prowazekii* ADP/ATP translocator in *Escherichia coli*. P Natl Aca Sci, 82(9): 3015-3019.

Lecompte O, Ripp R, Thierry JC, et al. 2002. Comparative analysis of ribosomal proteins in complete genomes: an example of reductive evolution at the domain scale. Nucleic Acids Res, 30(24): 5382-5390.

Lee MG, Nurse P. 1987. Complementation used to clone a human homologue of the fission yeast cell cycle control gene cdc 2. Nature, 327(6117): 31-35.

Lee SC, Corradi N, Byrnes EJ, et al. 2008. Microsporidia evolved from ancestral sexual fungi. Curr Biol, 18(21): 1675-1679.

Li T, Dang XQ, Xu JS, et al. 2009. Mitochondrial pyruvate dehydrogenase E1 of *Nosema bombycis*: a marker in microsporidian evolution. Curr Zoology, 55(6): 423-429.

Mathis A, Tanner I, Weber R, et al. 1999. Genetic and phenotypic intraspecific variation in the microsporidian *Encephalitozoon hellem*. Int J Parasitol, 29(5): 767-770.

McKean PG. 2003. Coordination of cell cycle and cytokinesis in *Trypanosoma brucei*. Curr Opin Microbiol, 6(6): 600-607.

O'Mahony EM, Tay WT, Paxton RJ. 2007. Multiple rRNA variants in a single spore of the microsporidian *Nosema bombycis*. J Eukaryot Microbiol, 54(1): 103-109.

Rawlings ND, Barrett AJ. 1993. Evolutionary families of peptidases. Biochem J, 290(Pt 1): 205.

Shiflett M, Johnson PJ. 2010. Mitochondrion related organelles in eukaryotic protists. Annu Rev Microbio, 64: 409-429.

Trentmann O, Horn M, van Scheltinga AC, et al. 2007. Enlightening energy parasitism by analysis of an ATP/ADP transporter from chlamydiae. PLoS Biol, 5(9): e231.

Tsaousis AD, Kunji ERS, Goldberg AV, et al. 2008. A novel route for ATP acquisition by the remnant mitochondria of *Encephalitozoon cuniculi*. Nature, 453(7194): 553-556.

Undeen AH, van der Meer RK. 1999. Microsporidian intrasporal sugars and their role in germination. J Invertebr Pathol, 73(3): 294-302.

Urch Jonathan E, Hurtado-Guerrero R, Brosson D, et al. 2009. Structural and functional characterization of a putative polysaccharide deacetylase of the human parasite *Encephalitozoon cuniculi*. Protein Sci, 18(6): 1197-1209.

van der Giezen M, Tovar J, Clark CG. 2005. Mitochondrion-derived organelles in protists and fungi. Int Rev Cytol, 244: 175-225.

van der Giezen M, Tovar J. 2005. Degenerate mitochondria. Embo Reports, 6(6): 525-530.

van der Giezen M. 2009. Hydrogenosomes and mitosomes: conservation and evolution of functions. J Eukaryot Microbiol, 56(3): 221-231.

Vivares CP, Metenier G. 2000. Towards the minimal eukaryotic parasitic genome. Curr Opin Microbiol, 3(5): 463-467.

Vivares CP, Metenier G. 2004. The Microsporidia genome: living with minimal genes as an intracellular eukaryote.*In*: Lindsay DS, Weiss LM. Opportunistic Infections: Toxoplasma, Sarcocystis, and Microsporidia. US: Springer: 215-242.

Vivarest CP, Gouy M, Thomarat F, et al. 2002. Functional and evolutionary analysis of a eukaryotic parasitic genome. Curr Opin Microbiol, 5(5): 499-505.

Vossbrinck CR, Woese CR. 1986. Eukaryotic ribosomes that lack a 5.8 S RNA. Nature, 320：287-288.

Wilkinson KD. 2000. Ubiquitination and deubiquitination: targeting of proteins for degradation by the proteasome. Semin Cell Dev Biol，11(3)：141-148.

Winkler HH, Neuhaus HE. 1999. Non-mitochondrial ATP transport. Trends Biochem Sci, 24(2): 64-68.

Xu YJ, Takvorian P, Cali A, et al. 2006. Identification of a new spore wall protein from *Encephalitozoon cuniculi*. Infect Immun, 74(1): 239-247.

Ye J, Fang L, Zheng HK, et al. 2006. WEGO: a web tool for plotting GO annotations. Nucleic Acids Res, 34(Suppl 2): W293-W297.

第8章
家蚕微孢子虫分泌型蛋白

第8章 家蚕微孢子虫分泌型蛋白

李 田 党晓群 潘国庆

微孢子虫在抵抗宿主免疫系统及获取宿主细胞营养的过程中离不开一类重要的物质——分泌型蛋白。分泌型蛋白是指被细胞分泌到原生质膜外的蛋白质的统称，如激素、酶、毒素和抗微生物肽等。分泌型蛋白在病原与宿主的相互作用过程中扮演着非常重要的角色。对营专性细胞内寄生的微孢子虫来说，分泌型蛋白的作用尤为重要，微孢子虫孢壁的形成、对宿主细胞免疫系统的抵御、对宿主生理代谢的调控等都需要借助分泌型蛋白来完成。因此，分泌型蛋白的鉴定对微孢子虫的侵染机制和防控研究具有非常重要的意义。同时，分泌型蛋白的亚细胞定位决定了其作为病原检测靶标方面的优势，因此分泌型蛋白的鉴定对微孢子虫的检测研究具有重要应用价值。目前除了孢壁蛋白，尚未见有关微孢子虫分泌型蛋白的报道。基于基因组测序数据，通过生物信息学方法对家蚕微孢子虫的分泌型蛋白在全基因组范围进行预测，并对分泌型蛋白的功能和序列特征进行分析，可以为家蚕微孢子虫致病相关候选因子的研究及为其他微孢子虫分泌型蛋白的研究提供参考。

8.1 微孢子虫分泌型蛋白概况

微孢子虫种属繁多，宿主范围广泛。寄生于不同宿主的微孢子虫所面对的宿主免疫系统和所处的物质环境不同，因此其分泌型蛋白种类、数目和功能也就很可能不同。对不同微孢子虫分泌型蛋白特征的比较分析，有助于理解不同微孢子虫的侵染寄生机制。

8.1.1 分泌型蛋白数目

家蚕微孢子虫的分泌型蛋白数量为315个，占全基因组预测蛋白质的6.07%；兔脑炎微孢子虫（*Encephalitozoon cuniculi*）的分泌型蛋白数量有30个。这两种微孢子虫分泌型蛋白的数量与全基因组蛋白的数量总体上成正比。比氏肠道微孢子（*Enterocytozoon bieneusi*）虫有45个分泌型蛋白，远少于全基因组预测有2060个蛋白的东方蜜蜂微孢子虫（*Nosema ceranae*）（表8.1）。

表8.1 4种微孢子虫分泌型蛋白的全基因组预测结果统计（李田等，2013）

物种	基因组大小/Mb	基因数目	分泌型蛋白数目及比例	分泌型蛋白长度/aa	信号肽长度/aa	编码基因平均GC比例/%
家蚕微孢子虫	约15.3	5190	315（6.07%）	293	20	30.31
东方蜜蜂微孢子虫	约7.86	2060	90（4.37%）	283	20	28.28
兔脑炎微孢子虫	2.9	1997	30（1.50%）	291	21	47.76
比氏肠道微孢子虫	约6	3632	45（1.24%）	170	21	37.96

8.1.2　分泌型蛋白功能

不同微孢子虫的分泌型蛋白在功能上存在较大差异，仅有11种功能蛋白分布于两种以上的微孢子虫中，包括脂酶（lipase）、甘露糖（基）转移酶（mannosyltransferase）、肽酰-脯氨酰顺反异构酶（peptidyl-prolyl cis-trans isomerase）、蛋白二硫键异构酶（protein disulfide isomerase）、脂蛋白（lipoprotein）、未知功能的分泌型蛋白（unknown secreted protein）、丝氨酸蛋白酶抑制物（serpin）、几丁质脱乙酰基酶（chitin deacetylase，CDA）、热激蛋白70（HSP70）、孢壁蛋白（spore wall protein，SWP）和蓖麻毒素B链同源蛋白ricin B-凝集素（ricin B-lectin，RBL）。其中分布最广的是CDA、HSP70、SWP和RBL，在家蚕微孢子虫、东方蜜蜂微孢子虫和兔脑炎微孢子虫中均有发现（图8.1）。

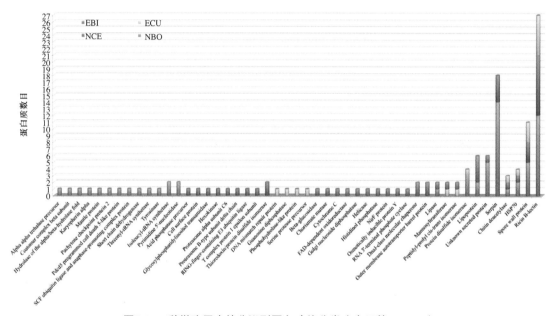

图8.1　4种微孢子虫的分泌型蛋白功能分类（李田等，2013）

NBO. 家蚕微孢子虫；NCE. 东方蜜蜂微孢子虫；ECU. 兔脑炎微孢子虫；EBI. 肠道微孢子虫；微孢子虫分泌蛋白中包含了孢壁蛋白、丝氨酸蛋白酶抑制物（serpin）、ricin B-凝集素、几丁质脱乙酰基酶等可能与侵染相关的重要蛋白质

根据功能分类，预测发现的大部分分泌型蛋白均属于各微孢子虫特异的蛋白质。家蚕微孢子虫、东方蜜蜂微孢子虫、兔脑炎微孢子虫和比氏肠道微孢子虫特异的分泌型蛋白分别有13、9、4和12种。GO注释分析发现，家蚕微孢子虫、东方蜜蜂微孢子虫、兔脑炎微孢子虫和比氏肠道微孢子虫分别有16、9、9和5个分泌型蛋白在数据库中有同源GO信息。按分子功能分类，不同属微孢子虫分泌型蛋白的功能差异较大，而且同属的微孢子虫也存在差异，例如，在有GO信息的分泌型蛋白中，酶抑制剂和离子结合功能的分泌型蛋白只发现于家蚕微孢子虫中，而在东方蜜蜂微孢子虫中未发现（图8.2）。

8.1.3　分泌型蛋白序列特征

*Nosema*和*Encephalitozoon*微孢子虫之间分泌型蛋白序列平均长度差异不大（图8.3A），*Enterocytozoon*微孢子虫则相对较短，只有170个氨基酸（表8.1）；而在信号肽平均长度（图

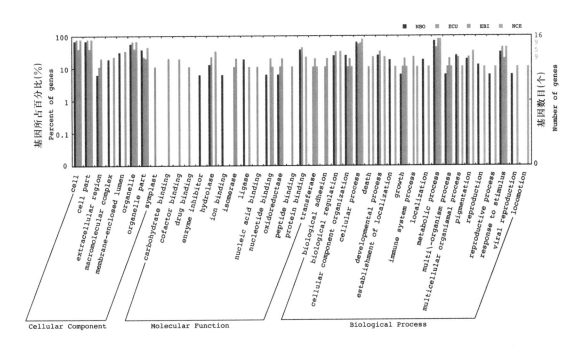

图8.2　4种微孢子虫的分泌型蛋白GO比较（李田等，2013）

NBO. 家蚕微孢子虫；NCE. 东方蜜蜂微孢子虫；ECU. 兔脑炎微孢子虫；EBI.肠道微孢子虫；不同微孢子虫间分泌型蛋白的功能差异较大

8.3B）上，3个属的微孢子虫之间均差异不大。微孢子虫分泌型蛋白的信号肽区域和非信号肽区域均以疏水性氨基酸为主。家蚕微孢子虫、东方蜜蜂微孢子虫、兔脑炎微孢子虫和比氏肠道微孢子虫分泌型蛋白信号肽区域疏水性氨基酸的比例分别为59.75%、61.44%、59.74%和59.85%，亲水性氨基酸的比例分别为26.98%、25.41%、28.66%和29.51%（图8.4A）；非信号肽区域同样以疏水性氨基酸为主，其比例分别为41.15%、41.23%、41.15%和39.96%，亲水性氨基酸的比例分别为28.91%、30.03%、28.81%和33.96%（图8.4B）。

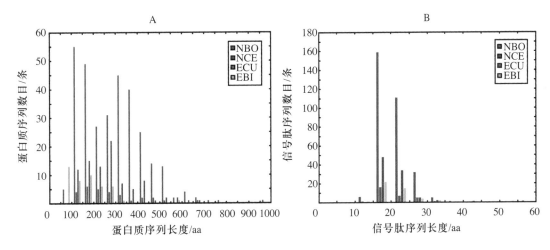

图8.3　4种微孢子虫的分泌型蛋白序列（A）及其信号肽（B）长度分布（李田等，2013）

NBO.家蚕微孢子虫；NCE.东方蜜蜂微孢子虫；ECU.兔脑炎微孢子虫；EBI.比氏肠道微孢子虫；*Enterocytozoon*微孢子虫分泌型蛋白的长度相对较短，各微孢子虫分泌型蛋白信号肽序列的长度相近

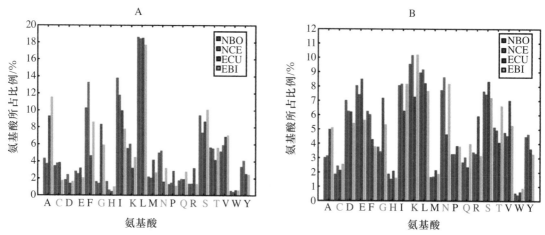

图8.4　4种微孢子虫的分泌型蛋白信号肽区（A）及非信号肽区（B）的氨基酸组成（李田等，2013）

微孢子虫分泌型蛋白的信号肽区域和非信号肽区域均以疏水性氨基酸为主；NBO.家蚕微孢子虫；NCE.东方蜜蜂微孢子虫；ECU.兔脑炎微孢子虫；EBI.比氏肠道微孢子虫；黑色字母示疏水性氨基酸；绿色字母示亲水性氨基酸；红色示酸性氨基酸；蓝色示碱性氨基酸；A.丙氨酸；C.半胱氨酸；D.天冬氨酸；E.谷氨酸，F.苯丙氨酸；G.甘氨酸；H.组氨酸；I.异亮氨酸；K.赖氨酸；L.亮氨酸；M.甲硫氨酸；N.天冬酰胺；P.脯氨酸；Q.谷氨酰胺；R.精氨酸；S.丝氨酸；T.苏氨酸；V.缬氨酸；W.色氨酸；Y.酪氨酸

　　分泌型蛋白的信号肽区域中，家蚕微孢子虫、东方蜜蜂微孢子虫、兔脑炎微孢子虫和比氏肠道微孢子虫的基序分别为[LI]xx[IV]xAS、L[FY]x、[LI]LL[LI][GSA]L[VI][IS][CAG]和L[LF]LFLAISAGA[SA]（图8.5A）。总体上，微孢子虫分泌型蛋白信号肽主要由疏水性氨基酸组成，并且富含疏水性的亮氨酸（L），即亮氨酸可能是构成微孢子虫信号肽的关键氨基酸。分泌型蛋白的非信号肽区域中，家蚕微孢子虫、东方蜜蜂微孢子虫、兔脑炎微孢子虫和比氏肠道微孢子虫的基序分别为[LM][RK]N、L[RK][ND]、[KR][KR][KR]LP和[PG]D[LM]（图8.5B）。与信号肽区的氨基酸组成相似，微孢子虫分泌型蛋白非信号肽区也富含亮氨酸，而且*Nosema*和*Encephalitozoon*微孢子虫的基序中都含有碱性的赖氨酸（K）或精氨酸（R）。

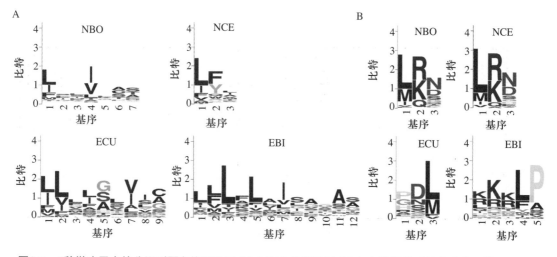

图8.5　4种微孢子虫的分泌型蛋白信号肽区（A）和非信号肽区（B）中的氨基酸基序（李田等，2013）

NBO.家蚕微孢子虫；NCE.东方蜜蜂微孢子虫；ECU.兔脑炎微孢子虫；EBI.比氏肠道微孢子虫；A.丙氨酸；C.半胱氨酸；D.天冬氨酸；E.谷氨酸；F.苯丙氨酸；G.甘氨酸；H.组氨酸；I.异亮氨酸；K.赖氨酸；L.亮氨酸；M.甲硫氨酸；N.天冬酰胺；P.脯氨酸；Q.谷氨酰胺；R.精氨酸；S.丝氨酸；T.苏氨酸；V.缬氨酸；W.色氨酸；Y.酪氨酸

　　家蚕微孢子虫和东方蜜蜂微孢子虫在分泌型蛋白信号肽剪切位点前后各3个氨基酸的组成上基本一致（图8.6），亲水性氨基酸的比例分别为36.56%和38.89%，疏水性氨基酸的比例分别为35.08%和38.89%，而且亲水性氨基酸和疏水性氨基酸的比例相近。而兔脑炎微孢子虫和比氏肠道微孢子虫分泌型蛋白信号肽剪切位点氨基酸主要为疏水性氨基酸，亲水性氨基酸的比例分别为29.44%和37.78%，疏水性氨基酸的比例分别为48.33%和42.96%。家蚕微孢子虫、东方蜜蜂微孢子虫和比氏肠道微孢子虫分泌型蛋白信号肽剪切位点上含量最丰富的氨基酸均为亲水性的丝氨酸（S），分别为11.90%、12.41%和14.81%，而兔脑炎微孢子虫的分泌型蛋白信号肽剪切位点为疏水性的丙氨酸（A），比例为9.44%，其次是丝氨酸，比例为8.89%。

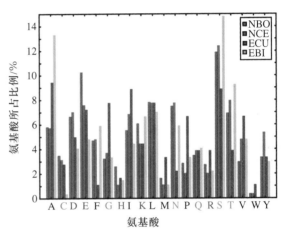

图8.6　4种微孢子虫的分泌型蛋白信号肽剪切位点前后3个氨基酸的组成（李田等，2013）

NBO.家蚕微孢子虫；NCE.东方蜜蜂微孢子虫；ECU.兔脑炎微孢子虫；EBI.比氏肠道微孢子虫；黑色字母示疏水性氨基酸；绿色字母示亲水性氨基酸；红色示酸性氨基酸；蓝色示碱性氨基酸；A.丙氨酸；C.半胱氨酸；D.天冬氨酸；E.谷氨酸；F.苯丙氨酸；G.甘氨酸；H.组氨酸；I.异亮氨酸；K.赖氨酸；L.亮氨酸；M.甲硫氨酸；N.天冬酰胺；P.脯氨酸；Q.谷氨酰胺；R.精氨酸；S.丝氨酸；T.苏氨酸；V.缬氨酸；W.色氨酸；Y.酪氨酸；不同微孢子虫在信号肽剪切位点上具有不同氨基酸组成

　　从各个位点的氨基酸组成（图8.7）来看，剪切位点上游的-3和-2位比较保守，-3位主要为亮氨酸（L），其次为丝氨酸（S），-2位主要为丙氨酸（A）或丝氨酸（S），-1位上

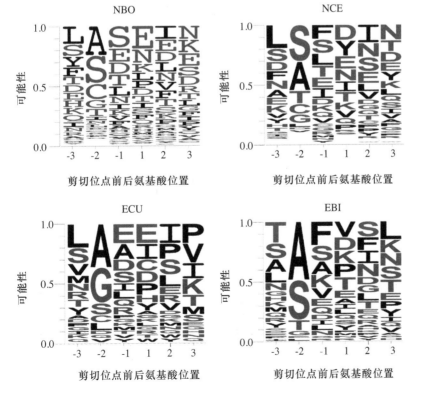

图8.7　4种微孢子虫的分泌型蛋白信号肽剪切位点前后3个位点的氨基酸组成模式（李田等，2013）

NBO.家蚕微孢子虫；NCE.东方蜜蜂微孢子虫；ECU.兔脑炎微孢子虫；EBI.比氏肠道微孢子虫；黑色字母示疏水性氨基酸；绿色字母示亲水性氨基酸；红色示酸性氨基酸；蓝色示碱性氨基酸；A.丙氨酸；C.半胱氨酸；D.天冬氨酸；E.谷氨酸；F.苯丙氨酸；G.甘氨酸；H.组氨酸；I.异亮氨酸；K.赖氨酸；L.亮氨酸；M.甲硫氨酸；N.天冬酰胺；P.脯氨酸；Q.谷氨酰胺；R.精氨酸；S.丝氨酸；T.苏氨酸；V.缬氨酸；W.色氨酸；Y.酪氨酸；微孢子虫分泌蛋白信号剪切位点上游的-3、-2位和下游的1、2位氨基酸比较保守

Nosema 主要为丝氨酸（S）；剪切位点下游1和2位比较保守，1位主要为谷氨酸（E），2位主要为异亮氨酸（I），3位在3种微孢子属间不保守，*Nosema* 主要为天冬氨酸（N）。

8.2 微孢子虫水通道蛋白

水通道蛋白（aquaporin，AQP）是一种广泛存在于原核和真核细胞膜上，选择性高效的转运水分子的特异孔道蛋白。微孢子虫的水通道蛋白是探索家蚕微孢子虫侵染机制的关键靶标蛋白。Ghosh等（2006）报道兔脑炎微孢子虫的跨膜水通道对水有高度渗透性，对溶质甘油或者尿素没有渗透性，对汞不敏感，但氯化汞可以抑制肠脑炎微孢子虫的增殖（He et al., 1996）。在家蚕微孢子虫编码基因中注释出水通道蛋白，分子质量为26.65kDa，等电点为5.14，无信号肽，具有6个跨膜区，在基因组中具有两个拷贝。兔脑炎微孢子虫、海伦脑炎微孢子虫（*Encephalitozoon hellem*）和肠脑炎微孢子虫（*Encephalitozoon intestinalis*）的 *AQP* 基因已克隆并鉴定，这三者之间的蛋白质序列相似性约为80%，与人的 *AQP1* 相似性为22%。家蚕微孢子虫水通道蛋白（NbAQP）与这3种微孢子虫的相似性为50%~54%。NbAQP具有水通道蛋白典型的NPA基元，由于第二个NPA基元前的第三个氨基酸不是半胱氨酸而是甘氨酸（图8.8，表8.2），推测 NbAQP可能同样对汞化合物不具敏感性，具有对水离子专一选择渗透性。兔脑炎微孢子虫、肠脑炎微孢子虫、海伦脑炎微孢子虫和家蚕微孢子虫的AQP均含有内质网驻留信号（表8.2），暗示该蛋白在内质网可能被加工修饰。通过SWISS-MODEL在线软件（http://swissmodel.expasy.org/）对家蚕微孢子虫水通道蛋白的三维结构预测显示NbAQP含有6个α螺旋形成的孔道，呈沙漏状（图8.9）。

```
                  .  **  ..*.:.* .*** *** :   :  .* .  . *: *   :   *:* **:*.****.**.::.*:.  .:   *:
EhAQP  - -MAGETLRKI QSLLGEMVASFI FGFAVYSAI LGSTI AQQPAAKVI GLTVGFSAI GI I YSFSDVTI AHFNPAI TLAAI LTGKMGI LCGL  88
EiAQP  - -MAKEALKTLQSMFGEMVASFVFGFAVYSAI LGSSI SQSSADKVI VGLTVGFSGI GVI YSFCDVTI AHFNPAI TLAAI LTSKI DVLQGL  88
EcAQP  - -MTRETLKTLQSTFGEMVASFVFGFAVYSALLGSALTEQSAARVI VGLTVGFSGI CVI YSFCDVTVAHFNPAI TLAAI LTCKLGVLRGI  88
NbAQP  -MVSRNI LKTQAI LGEMFAAFVFGFAVYSAI YGNTENTSASI I I GVTLGFAGVAVI YSFCDVTI AHFNPAI TLALLTGKI EI I MGF  88
AlAQP  MGTFETYQKYLLPYLAENACSFVFGFI VYAATI SQAQTLSAAGQVI I GTAI GFSSVALI YTFCDVTLAHFNPAI TFSAMVFGHI PVI RGL  90
ruler  1........10........20........30........40........50........60........70........80........90

          .:  ::  **  **:*..**     *.*             .  * .   .   .:  .*:.*:*.**.::*:  :  :    *  :    . *  :
EhAQP  GYMLAQCVGFI LAVCALLVCSPVGYKETLNVI RPAPAPFGADNLNVFFTEFFLTAI LVHI AFAVANPYRPKVDTDGKFVDPEKEPVDR  178
EiAQP  GYMLAQYI GFMLAVCALLVCSPVEYKETLDTI RPGPTDFGATSLNVFFAAEFFLTAI FVHI VFATAVNPYKPKVDTEGKFVDPEKEPVDR  178
EcAQP  GYI VAQYI GFI LAVCALLPCSPVGYKETLNI I RPTPSPFGGDNLNVFFTDFFLTAI LVHVAFATAVNPYKPKVDTDEGKFVDPDEEEPVDR  178
NbAQP  FYI LAQFI GFI LAALAVVACFPGAYRDKLDI MRPKFVYTDTRDGTVFASELFLTAI LVYVAFAVGI NPYQSPKDEEGAPLDPDEEI AFGR  178
AlAQP  TFI CAQLCGFM ASVVVLGCFSGSSYTTLNI I RPKRAFDEVNAGNI I CNEAVLTGI LVFVVFSVAI NTFHEP- - - - - - - -DLDEET- - - -  168
ruler  .........100........110........120........130........140........150........160........170........180

                  .:  ::   **    *
EhAQP  RI TAPLCI GLTLGFLAFMGLVTSGGAFNPGLTLAPVI MSNTWQHFWLYLGAQYLGGLVGGLLQVFVLYKLSSN  251
EiAQP  RI TAPLCI GLTLGFLAFMGLASSGGAFNPGLTFAPMANSNTWSHFWI YLGGQYLGGLTGGLLQVLVLYKLSSD  251
EcAQP  RI TAPLCI GLTLGFLAFLGLASSGGAFNPGLTI NWNHFWAYFAGYQYLGGLLGGLLQVLVLYKLSF-  250
NbAQP  KI TAPI AI GFTLGFLGLCSLSSSGGAFNPALVFAPCLLNGRWTHSWVYLLAEFAGGI I GGLLQSTI LYKLY- -  249
AlAQP  - MKMKVCDKRTEKK- - - - - - - - - - - - - - - - - - - - - - - - - - - - - - - - - - - - - - - - - - - - - - - - - - - - - - - -  181
ruler  .........190........200........210........220........230........240........250........
```

图8.8 微孢子虫水通道蛋白的多重序列比对

Eh. 海伦脑炎微孢子虫；Ei. 肠脑炎微孢子虫；Ec. 兔脑炎微孢子虫；Nb. 家蚕微孢子虫；Al. 蝗虫微孢子虫；
AQP. 水通道蛋白；微孢子虫水通道蛋白具有典型的NPA/G基元

表8.2 微孢子虫水通道蛋白的序列特征分析

	1st NPA基序	内质网驻留信号（N端）	2nd NPA基序	内质网驻留信号（C端）	跨膜域数目
EcAQP	NPA	TRET	NPG	YKLS	6
EhAQP	NPA	KLSS	NPG	YKLS	6
EiAQP	NPA	GRIG	NPG	KLSS	6
NbAQP	NPA	VSRN	NPG	LYKL	6
AlAQP	NPA	—	NPA	RTEK	3

注：Eh. 海伦脑炎微孢子虫；Ei. 肠脑炎微孢子虫；Ec. 兔脑炎微孢子虫；Nb. 家蚕微孢子虫；Al. 蝗虫微孢子虫；AQP. 水通道蛋白

图 8.9　家蚕微孢子虫水通道蛋白的三维结构预测

8.3　微孢子虫转运体蛋白

家蚕微孢子虫作为专性细胞内的寄生虫，许多物质能量都来源于宿主。氨基酸、核苷酸、脂肪酸、糖类、离子等物质要进入微孢子虫内，必须借助相应的转运系统。同时，微孢子虫的一些代谢产物或有害物质需要运出孢子外，也要依赖于转运系统。表8.3概括了家蚕微孢子虫的主要转运体蛋白。家蚕微孢子虫的转运体蛋白主要分为六大类，包括ATP结合盒超家族（ATP binding cassette，ABC）、可溶性葡萄糖转运体（包括糖类透性酶）、主要协助转运蛋白超家族、氨基酸转运体、离子通道和其他未知功能的转运体（图8.10）。根据转运能量的来源可以将这些转运体蛋白分为初级主动转运蛋白和次级转运蛋白。初级主动转运蛋白通过利用ATP水解等释放的能量实现转运过程，ATP结合盒超家族即属于该家族；次级转运蛋白是根据物质在膜内外浓度不同造成的电化学渗透势能来转运底物，如主要协助转运蛋白超家族（major facilitator superfamily，MFS）。ABC超家族和MFS超家族广泛存在于低等生物和高等生物中，其重要性可见一斑。在转运蛋白分类数据库TCDB（transporter classification database）中根据蛋白质行使功能的不同及序列同源程度将MFS超家族分为负责单一转运、溶质：阳离子（H^+ 或 Na^+）同向转运、溶质：H^+或溶质：溶质反向转运过程等，运输的底物包含单糖、多元醇、药物分子、神经递质、Krebs循环代谢物、氨基酸、肽链、核苷酸、有机阴离子、无机阴离子等。MFS超家族成员大多由400~600个氨基酸残基组成，N端和C端都位于胞内一侧，通过二级结构预测，几乎都含有12个穿膜α螺旋。从整体来看，家蚕微孢子虫的物质代谢呈削减型，很多代谢的途径不存在或不完整。大量的物质转运蛋白和各种通透酶帮助家蚕微孢子虫直接从宿主摄取营养物质，从而保证自身物质代谢的需要。

表8.3　家蚕微孢子虫转运体蛋白分类

转运体类型	注释
ABC转运体	ATP-binding cassette sub-family B member 7, mitochondrial
	heme exporter protein B
	pediocin PA-1 transport/processing ATP-binding protein pedD
	ATP-binding/permease protein cydC

续表

转运体类型	注释
ABC转运体	ABC-type multidrug transport system, ATPase and permease components
溶质转运蛋白家族	solute carrier family 35 member C2
	solute carrier family 2, facilitated glucose transporter member 3
	solute carrier family 15 member 1
	solute carrier family 2, facilitated glucose transporter member 2
	solute carrier family 2, facilitated glucose transporter member 1
糖转运体	sugar permease（maltose-related permease）
	sugar transporter ERD6-like 16
	UDP-galactose transporter homolog 1
	glucose transporter type3
主要协助转运蛋白超家族	permeases of the major facilitator superfamily
	major facilitator superfamily domain-containing protein 1
	purine ribonucleoside efflux pump nepI
氨基酸转运体	similarity to hypothetical aminoacid transporter
	putative amino acid transport protein
	L-asparagine permease
	Yer119cp like amino acid transporter, 11 transmembrane domain
	putative amino acid permease
	cystine/glutamate transporter
	vacuolar amino acid transporter 5
	vacuolar amino acid transporter 6
	nicotinic acid transporter
	similar to putative aminoacid transporter YEU9_yeast
	cystine/glutamate transporter
	multidrug translocase mdfA
离子通道	mechanosensitive ion channels
其他	inner membrane transport protein ydiM
	transmembrane transporter
	uncharacterized protein C24H6.11c

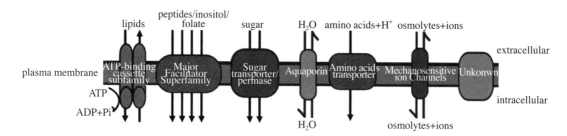

图8.10　家蚕微孢子虫转运体蛋白功能分类示意图

plasma membrane.细胞质膜；extracellular.细胞外；intracellular.细胞内

8.3.1　机械敏感离子通道蛋白

机械敏感离子通道（mechanosensitive ion channels，MSC）是一个膜蛋白，首先在大肠杆菌的原生质球中发现，广泛存在于细菌、古细菌和真核生物中。MSC有助于细胞准确感知外部环境的变化，起着换能器的作用，依靠质膜的张力将机械刺激的信号转换成电信号和化学信号（Perozo et al., 2002）。家蚕微孢子虫基因组中注释出10个MSC蛋白，多数具有3~4次跨膜

（图8.11）。而在高度减缩的兔脑炎微孢子虫中仅有两个MSC蛋白。部分家蚕微孢子虫的*msc*基因有两个拷贝，推测该基因在近期可能发生过基因重复（图8.11）。相较兔脑炎微孢子虫而言，家蚕微孢子虫没有寄生泡，为了更好地适应具有免疫防御体系的宿主细胞，需要这些机械敏感离子通道来感知外界刺激，保证自身免受损伤，在家蚕微孢子虫侵染过程中发挥作用。

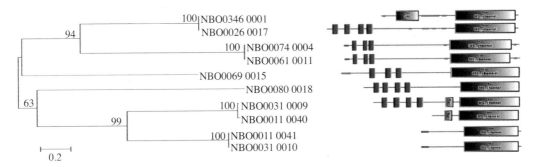

图8.11　家蚕微孢子虫机械敏感离子通道的系统进化及结构域分析

多数家蚕微孢子虫机械敏感离子通道蛋白具有跨膜结构域(蓝色框所示)

8.3.2　ATP结合盒蛋白

腺苷三磷酸结合盒转运蛋白（ATP-binding cassette transporters，ABC转运蛋白）是一类普遍分布于原核细胞和真核细胞膜上的整合膜蛋白，可通过水解ATP获得能量对溶质中各种生物分子如糖、氨基酸、多肽、蛋白质、细胞代谢产物、药物等进行跨膜转运。这类转运蛋白是一个超家族，家族成员数量巨大，如多药耐药转运体（multidrug resistant transporter）。ATP结合盒蛋白的核心结构通常由4个结构域组成，包括高度疏水的跨膜结构域和核苷酸结合域。核苷酸结合域包含了3个基序：Walker A（P-loop）、Walker B和linker peptide。其中Walker A和B是所有的核苷酸结合蛋白所共有的。Walker A的特征氨基酸残基序列为GXXGXGKS/T（X为任意氨基酸），Walker B的特征为hhhhD，h为疏水性氨基酸残基，linker peptide则为LSGGQQ/R/KQR（图8.12）（Schneider and Hunke，2006）。ABC转运蛋白常常以二聚体形式发挥功能，其主要功能是为机体提供基本的营养物质。

家蚕微孢子虫基因组中共有10个ABC转运体蛋白拷贝，少于其他几种微孢子虫，并且其所编码氨基酸序列的平均长度短于兔脑炎微孢子虫相应的蛋白（图8.13）。对4种微孢子虫做序列比对（图8.14，图8.15）显示ABC转运体序列在属间甚至在种间差异很大，也反映了ABC转运体功能的多样性。

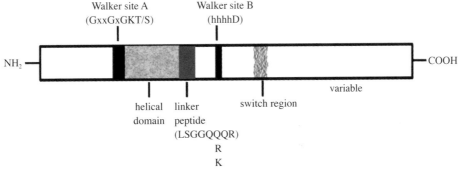

图8.12　典型ABC转运蛋白序列结构示意图（Schneider and Hunke，2006）

NH₂.氨基酸序列氨基端；COOH.氨基酸序列羧基端

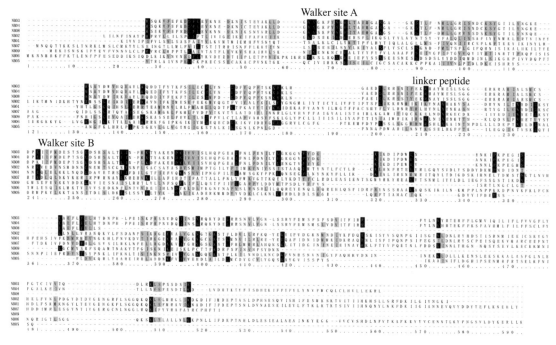

图8.13　家蚕微孢子虫ABC转运体多重序列比对

ABC转运体蛋白具有3个核苷酸结合基序：Walker A（P-loop）、Walker B和linker peptide

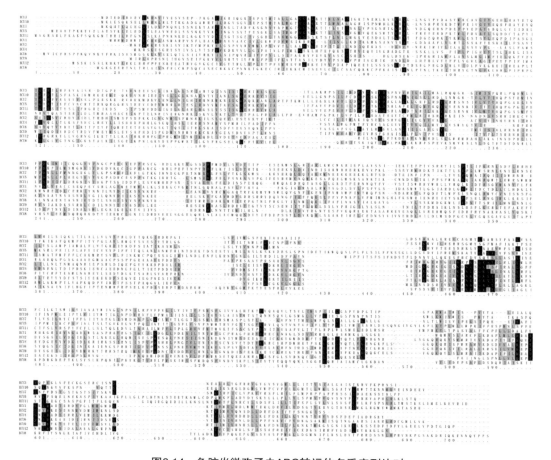

图8.14　兔脑炎微孢子虫ABC转运体多重序列比对

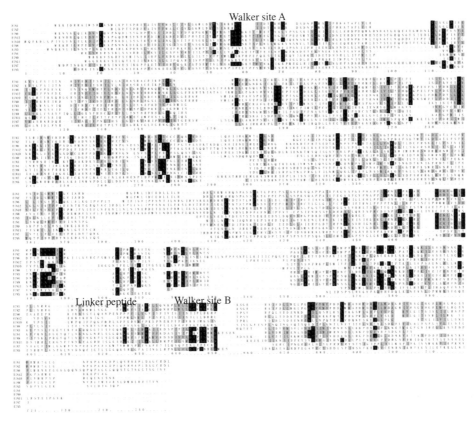

图8.15　比氏肠道微孢子虫ABC转运体氨基酸序列多重比对

ABC转运体蛋白具有3个核苷酸结合基序：Walker A（P-loop）、Walker B和linker peptide

微孢子虫的ABC转运体分为5簇：ABC亚家族B、ABC亚家族F、ABC亚家族G、ABC多抗药性转运系统和ABC极性氨基酸转运系统（图8.16）。*Nosema*暂未发现多药耐药性相关ATP结合盒转运蛋白。多药耐药性相关ATP结合盒转运蛋白主要负责泵出药物使药物外排，从而产生对药物的抗性（左明新等，2005）。

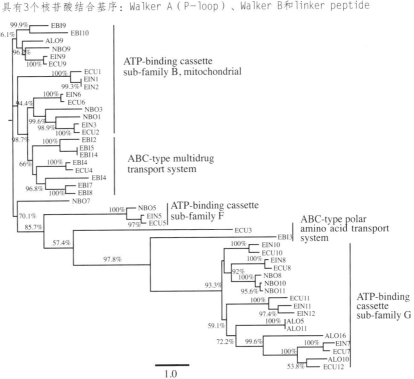

图8.16　5种微孢子虫ABC转运体蛋白系统进化分析

NBO. 家蚕微孢子虫；ECU. 兔脑炎微孢子虫；EIN. 肠脑炎微孢子虫；EBI. 比氏肠道微孢子虫；ALO. 蝗虫微孢子虫

8.3.3　透性酶

透性酶（permease）位于细胞膜上（Martin，1994），由于膜内外的渗透压不同，可使物质由细胞膜外向内透过（Grenson et al.，1970）。该酶只对特异物质起作用。目前研究比较清楚的是对糖和氨基酸具特异性转运的透性酶。家蚕微孢子虫转运体家族中，一半以上的透性酶为葡萄糖转运体（图8.17），以转运葡萄糖和甘露糖为主。葡萄糖是体内最主要的功能物质，但由于其极性不能自由通过细胞膜，因而需要细胞膜上的蛋白质来协助。葡萄糖转运体是一类镶嵌在细胞膜上转运葡萄糖的由单一肽链组成的蛋白质，根据转运葡萄糖的方式可分为两类：一类是钠依赖的葡萄糖转运体，以主动方式逆浓度梯度转运葡萄糖；另一类为易化扩散的葡萄糖转运体，以易化扩散的方式顺浓度梯度转运葡萄糖，其转运过程不消耗能量（图8.18）。葡萄糖的转运与细胞的糖代谢密切相关。家蚕微孢子虫葡萄糖转运体结构具有以下共同特点：①具有多个跨膜螺旋环，以形成通道供葡萄糖分子通过；②胞膜内面存在几个酸性和碱性氨基酸残基，已结合葡萄糖分子的羟基；③具有两个保守的色氨酸和酪氨酸残基。

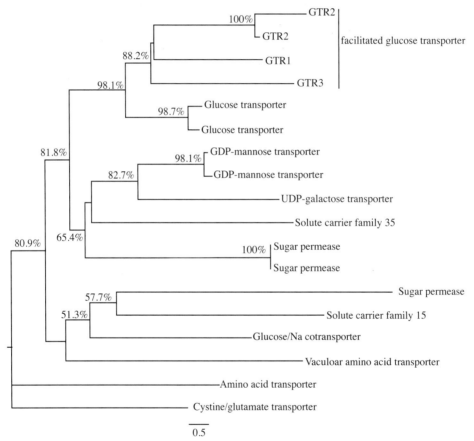

图8.17　家蚕微孢子虫糖/氨基酸转运体家族分类

glucose transporter. 葡萄糖转运体；GDP-甘露糖转运体；sugar permease. 糖透性酶；solute carrier family. 溶质转运体家族；amino acid transporter. 氨基酸转运体；UDP-galactose transporter. UDP-半乳糖转运体；glucose/Na cotransporter. 葡萄糖/Na离子共转运体；cystine/glutamate transporter. 半胱氨酸/谷氨酸转运体；facilitated glucose transporter. 易化性单糖转运体

氨基酸也是机体内重要的小分子极性物质，同样不能自由通过细胞膜。其转运机制与葡萄糖类似。目前已有报道的氨基酸转运体有十几种，根据其转运氨基酸种类的不同可分为3类：中性氨基酸转运体、碱性氨基酸转运体和酸性氨基酸转运体。家蚕微孢子虫有氨基酸转运体、

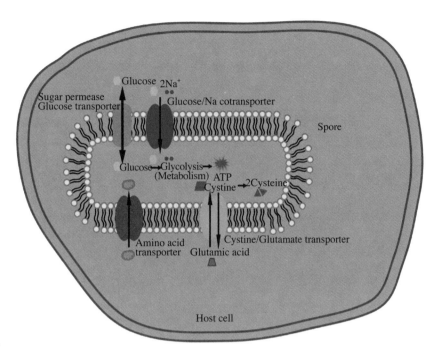

图8.18　家蚕微孢子虫糖/氨基酸转运体家族示意图

host cell. 宿主细胞；spore. 家蚕微孢子虫；家蚕微孢子虫可能借助其原生质模式上的糖转运体和氨基酸转运体从宿主细胞中获取营养物质

液泡氨基酸转运体和胱氨酸/谷氨酸转运体。其中，胱氨酸/谷氨酸转运体在细胞正常生理状态下，释放一分子的谷氨酸，摄取一分子胱氨酸进入细胞，两者偶联转运（图8.18）。胱氨酸在胞内迅速被还原成半胱氨酸，一部分参与胞内重要自由基清除剂谷胱甘肽的合成，另一部分则氧化成胱氨酸，重新参与胱氨酸/谷氨酸转运。若胞内谷氨酸浓度过高于胞外，将出现反方向转运，使得胱氨酸摄取被阻滞，进而导致胞内谷胱甘肽合成减少，造成氧自由基的堆积，引发后续反应，导致细胞损伤乃至死亡。

作为细胞内专性寄生的家蚕微孢子虫，其葡萄糖转运体和氨基酸转运体可能扮演着盗取宿主葡萄糖，以及氨基酸养分的角色，以满足自身代谢需要。

8.4　家蚕微孢子虫丝氨酸蛋白酶抑制物

丝氨酸蛋白酶抑制物（serpin）是一类数目最多、分布最广、结构相似的蛋白酶抑制物。目前已鉴定的serpin有1500多个，其中人类有36个serpin，在植物、动物、真菌、细菌、古生菌和某些病毒中均存在有serpin。目前研究者已经解析了80多个serpin的晶体结构。典型的serpin有3个β-片层（命名为A、B、C）和8~9个α-螺旋（hA-hI），以及一个被称为RCL区的裸露基序，此基序包含蛋白质识别位点，易与靶酶的结合。serpin分为抑制型和非抑制型两大类。抑制型serpin在胞内和胞外都发挥重要功能，在多种生物过程中起不同的作用。非抑制型serpin也具有非常广泛的功能，如激素转运分子、血压调节因子、分子伴侣、蛋白质储存及其参与能量代谢的作用。

目前仅在感染昆虫的*Nosema*微孢子虫中发现了serpin，且存在多拷贝形式。家蚕微孢子虫serpin的氨基酸序列与其他物种serpin的相似性较低，但仍存在保守性的氨基酸位点（图8.19）。

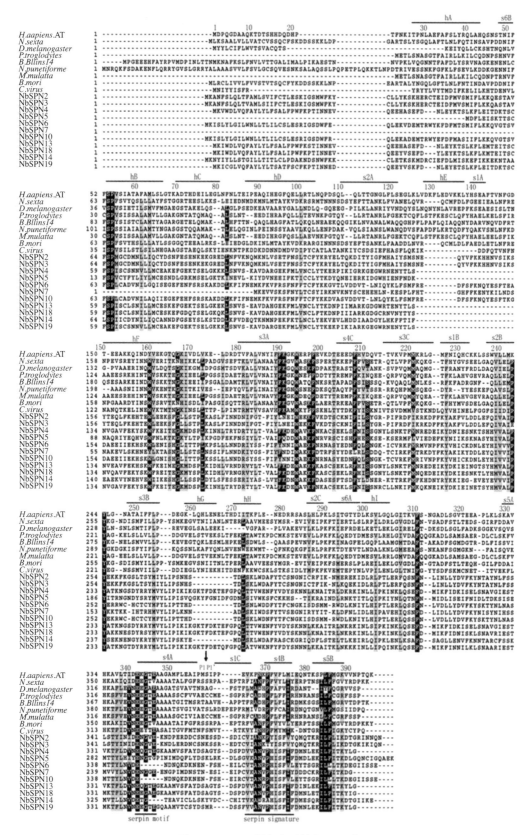

图8.19　serpin蛋白序列的多重比对

H. sapiens. 人；*M. sexta*. 烟草天蛾；*D. melanogaster*. 果蝇；*P. troglodytes*. 黑猩猩；*N. punctiforme*. 点形念珠藻；*M. mulatta*. 猕猴；*B. mori*. 家蚕；Nb. 家蚕微孢子虫

系统发生分析发现家蚕微孢子虫serpin与来自病毒的serpin亲缘关系较近（图8.20）。在家蚕微孢子虫基因组中发现了19个*serpin*基因。serpin蛋白的多重序列比对发现，烟草天蛾（*Manduca sexta*）的serpin5和serpin6，家蚕的serpin6在P1位点上为精氨酸；黑腹果蝇serpin 43Ac的P1位点是亮氨酸，serpin27A的P1位点是赖氨酸；家蚕微孢子虫NbSPN13、NbSPN18、NbSPN4、NbSPN19、NbSPN5、NbSPN14的P1位点为天冬氨酸，NbSPN2和NbSPN7的P1位点均为谷氨酸，NbSPN6和NbSPN10的P1位点是苯丙氨酸，NBO_39gi001的P1位点是酪氨酸，可能以胰凝乳蛋白酶为靶标；NBO_18g0021预测P1位点为赖氨酸，可能的靶标为胰蛋白酶（表8.4）。

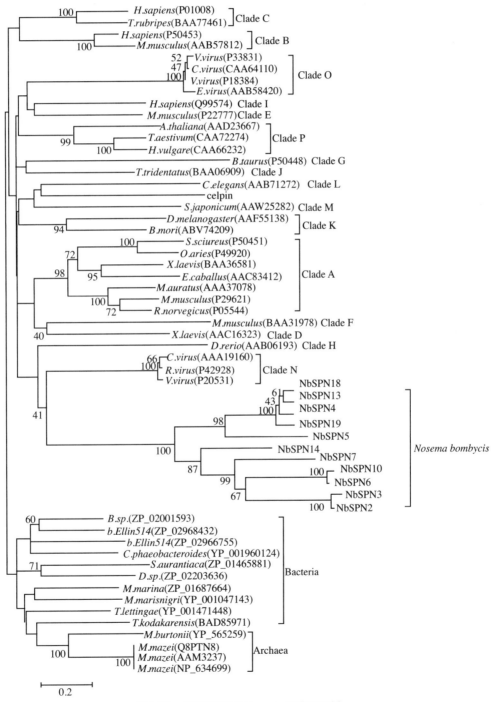

图8.20　家蚕微孢子虫serpin系统进化树

表8.4　家蚕微孢子虫serpin蛋白的序列特征

serpin	蛋白长度/aa	信号肽长度/aa	信号肽	信号肽剪切位点	靶蛋白酶
NBO_124g0001	391	—	—	YD-SA	—
NBO_1569g0001	391	—	—	YD-SA	—
NBO_19g0007	391	—	—	YD-SA	—
NBO_1570g0002	372	17	SA-TF	YD-SM	—
NBO_19g0009	351	—	—	YD-SK	—
NBO_18g0004	384	23	ES-KI	NE-SS	—
NBO_18g0021	384	23	ES-KI	NK-SS	T
NBO_34g0030	370	27	GS-DW	NF-SH	C
NBO_42g0004	370	27	GS-DW	NF-SH	C
NBO_34g0036	297	—	—	NE-SI	—
NBO_372g0002	366	19	LC-LP	VD-CC	—
NBO_39gi001	365	27	LG-QD	VY-SY	C

注：T. 胰蛋白酶（trypsin）；C. 胰凝乳蛋白酶（chymotrypsin）

　　家蚕微孢子虫NbSPN2、NbSPN3、NbSPN6、NbSPN10、NbSPN14和NbSPN19为分泌型serpin，可能被分泌到胞外参与孢子对宿主生理代谢及免疫系统的调控。在功能上，家蚕微孢子虫serpin一方面可能参与对家蚕某些蛋白酶的抑制，另一方面可能抑制自身蛋白酶的活性（Shaw et al., 2002）。

8.5　家蚕微孢子虫类枯草杆菌蛋白酶

　　枯草杆菌素蛋白酶超家族是第二大的丝氨酸蛋白酶家族，在原核生物、真核生物，以及病毒中广泛存在，包括内切肽酶、外切肽酶和三肽基肽酶（Rawlings and Barrett, 1993;Rawlings and Barrett, 1994），主要以内切肽酶为主。

　　细胞外分泌的枯草杆菌蛋白酶可作用于昆虫体表而被认为是最大的毒力因子之一。枯草杆菌蛋白酶可能参与宿主组织的破坏、免疫分子的失活、关键调控蛋白的激活和加工分泌性蛋白以调节基因表达，枯草杆菌蛋白酶还参与病毒衣壳糖蛋白的加工（Garten et al., 1994; Rojek et al., 2010）。由真菌分泌的草杆菌蛋白酶可水解环境中的蛋白质为自身提供营养物质（Gallagher et al., 1995），也有可能在细胞代谢中发挥特殊作用，有时也被作为致病性或毒性因子。在顶复动物亚门中，疟原虫的类草杆菌蛋白酶（subtilisin-like protease，pfsub1）在其分泌型细胞器的顶部表达较为丰富（Blackman et al., 1998），弓形虫的类草杆菌蛋白酶（Tgsub1）位于微线体（microneme）。疟原虫裂殖子分泌的蛋白酶Pfsub1直接或间接作用于富含丝氨酸的表面抗原，并启动了裂殖子从红细胞内流出进而侵染其他正常红细胞（Roiko and Carruthers, 2009）。

　　家蚕微孢子虫、兔脑炎微孢子虫、蝗虫微孢子虫、东方蜜蜂微孢子虫和比氏肠道微孢子虫均有类枯草杆菌蛋白酶（SLP1和SLP2），基因拷贝数有1~4个。兔脑炎微孢子虫的SLP2含有信号肽，SLP1不具有信号肽，在由芽体分化为母孢子时大量转录，这两个蛋白质可能定位于不同的亚细胞结构，通过降解蛋白以获得营养物质或是具有调控功能，水解某些前蛋白使其具有活性（Ronnebaumer et al., 2006）。家蚕微孢子虫中有4个类枯草杆菌蛋白酶，可能具有毒力作用。典型的枯草杆菌蛋白酶主要由N端前肽和酶活结构域组成。不同微孢子虫种间类枯草杆菌蛋白酶的结构域部分比较保守（图8.21），酶的活性中心为Asp192、His224和Ser413。

预测底物结合位点为"SerValGlyGly"和"AlaAlaGlyAsn"。微孢子虫的 *slp1* 基因和 *slp2* 基因各聚为一簇，表明微孢子虫 *slp1* 和 *slp2* 基因的分化位于微孢子虫物种内部分化之前（图8.22）。

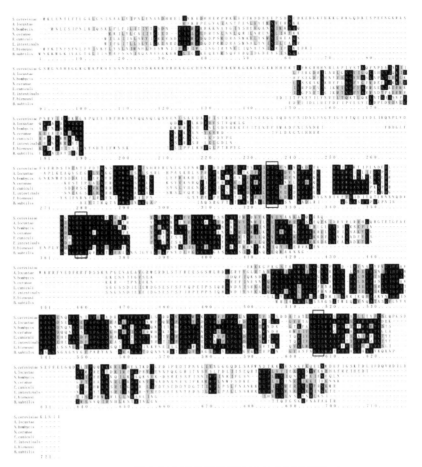

图8.21　微孢子虫枯草杆菌蛋白酶的多重序列比对

矩形显示为保守的活性位点：DTG、HGT和GTS

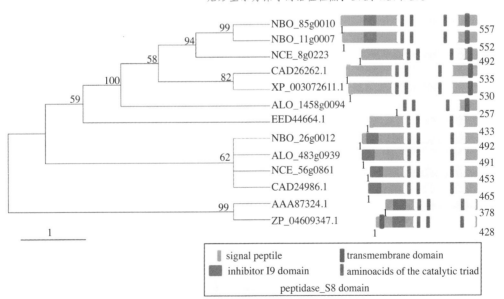

图8.22　微孢子虫门类枯草杆菌蛋白酶的系统发育树

NBO_26g0012为家蚕微孢子虫SLP1；NBO_85g0010和NBO_11g0007为家蚕微孢子虫SLP2；NCE_56g0861为东方蜜蜂微孢子虫SLP1；NCE_8g0223为东方蜜蜂微孢子虫SLP2；ALO_483g0939为蝗虫微孢子虫SLP1；ALO_1458g0094为蝗虫微孢子虫SLP2；CAD26262.1为兔脑炎微孢子虫SLP2；CAD24986.1为兔脑炎微孢子虫SLP1；EED44664.1为兔脑炎微孢子虫SLP2

家蚕微孢子虫类枯草杆菌蛋白酶NbSLP1预测的三维结构如图8.23所示，与枯草芽胞杆菌的枯草杆菌蛋白酶的三维结构相比，NbSLP1活性结构域，即NbSLP1C缺少2个α螺旋：hB和hH，多3个β折叠，在β折叠的位置和排布上与枯草芽胞杆菌的枯草杆菌蛋白酶类似。仅有一个Ca^{2+}结合位点，催化三联体的空间排布一致。Inhibitor_I9结构域延伸至活性中心内部，暗示Inhibitor_I9结构域影响该酶的催化活性，NbSLP1的活性发挥需要去除Inhibitor_I9结构域。

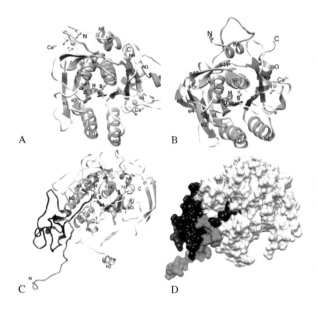

图8.23 NbSLP1 和 NbSLP1C的三维结构预测

A. 枯草芽胞杆菌的枯草杆菌蛋白酶酶活结构域的三维结构，绿色表示β折叠，按e1~e7表示，eⅠ和eⅢ为底物结合部分，橙色表示α螺旋，按hA~hH表示，活性位点的氨基酸以球形原子示意，并标注D、H和S，绿色球形代表钙离子；B. NbSLP1酶活性结构域的三维结构，绿色表示β折叠，按e1~e7表示，eⅠ和eⅢ为底物结合部分，橙色表示α螺旋，按hA~hH表示，活性位点的氨基酸以球形原子示意，并标注D、H和S，绿色球形代表钙离子；C. NbSLP1的三维结构，绿色表示β折叠，按e1~e7表示，eⅠ和eⅢ为底物结合部分，橙色表示α螺旋，按hA~hH表示，活性位点的氨基酸以球形原子示意，并标注D、H和S，红色表示信号肽部分，黑色表示Inhibitor_I9结构域；D.NbSLP1三维结构的表面展示图，红色区域为信号肽，黑色区域为Inhibitor_I9结构域，白色区域表示酶活结构域，黄色表示酶的催化中心

家蚕微孢子虫NbSLP1C的抗体可以识别4个蛋白点，分别是接近60kDa偏酸性端的点和30kDa左右偏碱性的3个点，无其他杂点出现（图8.24A）。60kDa的点与NbSLP1酶原的理论分子质量相近，推测为NbSLP1的酶原形式；30kDa的一串点可能由于翻译后修饰造成，该串蛋白点的大小与NbSLP1酶活的理论分子质量相近，推测为NbSLP1的酶活形式。用NbSLP1的前肽即Inhibitor_I9结构域制备的抗体与家蚕微孢子虫总蛋白的双向免疫印迹杂交显示，NbSLP1P的抗体仅能识别约60kDa的蛋白点（图8.24C），即酶原形式。

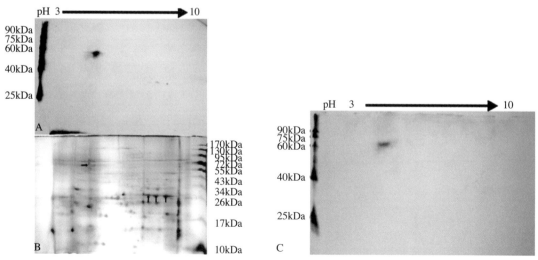

图8.24 NbSLP1C和NbSLP1P的抗体与家蚕微孢子虫总蛋白的双向免疫杂交

A.用NbSLP1C的抗体与家蚕微孢子虫总蛋白免疫杂交结果；B.家蚕微孢子总蛋白双向电泳银染结果，箭头所示为银染胶图上与免疫杂交结果对应的点；C.用NbSLP1P的抗体与家蚕微孢子虫总蛋白的双向免疫杂交

家蚕微孢子虫类枯草杆菌蛋白酶1在孢壁内侧靠近，并且多集中在孢子两端（图8.25）。经TritonX-100处理后，孢子表面即有翠绿色荧光也有红色荧光（图8.26），蓝色荧光即孢子双核的位置；经过0.1mol/L NaOH处理后的家蚕微孢子虫的间接免疫荧光试验中，两种荧光均能在孢子表面检测到（图8.26B）；在空壳表面，仅能检测集中在孢壳一端的翠绿色荧光信号（图8.26C），说明家蚕微孢子虫类枯草杆菌蛋白酶NbSLP1主要以酶原的形式分布于孢子两端，当孢子发芽弹出极丝后，该酶可能被激活成为成熟酶在极丝弹出的位置发挥功能。

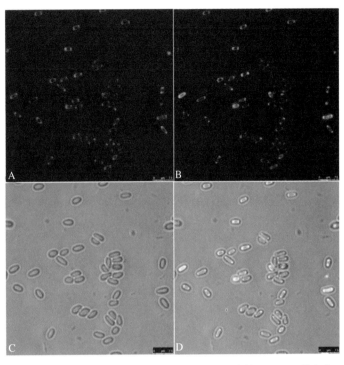

图8.25 共聚焦显微镜检测成熟家蚕微孢子虫的NbSLP1的定位

A. 用抗NbSLP1的鼠抗血清为一抗、Alexa647标记的羊抗鼠抗体为二抗与家蚕微孢子虫孵育，孢子呈现红色荧光；B. 用抗NbSLP1C的兔抗为一抗；FITC标记的羊抗兔抗体为二抗与家蚕微孢子虫孵育，孢子呈现绿色荧光；C. 相差视野下家蚕微孢子虫；D. A、B和C图的叠加；标尺为7.5μm

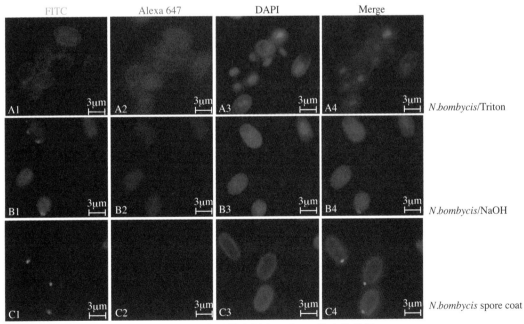

图8.26 家蚕微孢子虫NbSLP1的定位特征

A1、A2. 抗NbSLP1C的兔抗血清和抗NbSLP1P的鼠抗血清与经Triton处理的家蚕微孢子虫发生免疫反应，孢子呈现绿色和红色荧光；B1、B2.抗NbSLP1C的兔抗血清和抗NbSLP1P的鼠抗血清与经NaOH处理的家蚕微孢子虫发生免疫反应，孢子呈现绿色和红色荧光；C1、C2.抗NbSLP1C的兔抗血清和抗NbSLP1P的鼠抗血清与发芽后的孢壳发生免疫反应，孢壳一端有集中的荧光点；A3、B3和C3为DAPI荧光染色对照；A4、B4和C4分别为A1、A2和A3，B1、B2和B3，C1、C2和C3的叠加

8.6 家蚕微孢子虫类蓖麻毒素B链凝集素

类蓖麻毒素B链凝集素（ricin B-lectin）是蓖麻毒素B链的同源蛋白。蓖麻毒素（ricin）是一种最先分离于蓖麻种子的植物毒素，属于核糖体失活类蛋白。在结构上，蓖麻毒素蛋白是一种异源二聚体蛋白，包含两条约30kDa具有不同氨基酸序列的多肽链，肽链之间以二硫键相连（Morris and Wool, 1992）。A链（RTA，C3.2.2.22）是一个N-糖苷水解酶，能够切断rRNA上的一个共价键，移除一个腺嘌呤，从而抑制蛋白质的合成（Xuejun et al., 1986）。B链（RTB，C3.2.2.22）为凝集素，能够与细胞表面的糖蛋白或糖脂的半乳糖或甘露糖残基结合，协助A链通过细胞膜进入细胞（Rutenber et al., 1987）。RTB至少有3个半乳糖结合位点，可与细胞膜上的半乳糖和N-乙酰多巴胺等形成氢键（Frankel et al., 1996）。RTB由两个亚基组成，这两个亚基各自又都含有3个同源结构域α、β和γ，而只有1α和2γ具有明显的半乳糖结合活性（Rutenber and Robertus, 1991）。ricin和其他许多碳水化合物识别蛋白质，如植物和细菌的AB-毒素、肮酶类和糖苷酶等都有一个相似的ricin-B-lectin结构域，该结构域包括一段由40个氨基酸残基组成的半乳糖结合多肽（Lord et al., 1994；Rutenber et al., 1987）。半乳糖结合肽段是由最初的基因经过三体化形成，肽段中最典型的特征是具有Gln-X-Trp（Q-X-W）基序。因此，ricin-B-lectin结构域也被称为（QxW）₃结构域（Hazes, 1996；Hazes and Read, 1995）。RTB的三维结构显示3个QxW重复围绕假想的三倍体轴分布（图8.27），并由连接基序固定（Rutenber et al., 1987）。虽然ricin-B lectin结构域中没有明显的α螺旋和β折叠，但是每个QxW重复都包括一个ω-环（Lord et al., 1994）。

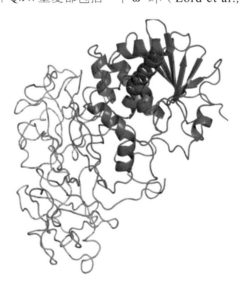

图8.27　蓖麻毒素蛋白质的三维结构

蓝色部分为A链，橙色部分为B链

从某些大型真菌如蘑菇分离得到的外源凝集素中，许多具有ricin-B-lectin结构域（Pohleven et al., 2009）。目前尚未在微生物中发现独立的ricin毒素基因，仅在某些细菌和寄生虫所编码的AB型毒素（AB-toxin）、糖苷酶（glycosidase）和蛋白酶（protease）中发现有ricin-B-lectin结构域（Tosini et al., 2004）。2004年，Tosini等在小球隐孢子虫（*Cryptosporidium parvum*）中鉴定了一种在侵染中发挥作用的蛋白Cpa135，此蛋白质大小为135kDa，含有两个结构域，即ricinB-lectin和LCCL，其中的ricinB-lectin结构域在初始侵染阶段可能发挥黏附作用（Joe et al., 1994）。在顶复动物亚门（Apicomplexa）寄生虫，即疟原虫、弓形体、小球隐孢子虫和球虫中均发现包含有LCCL结构域的蛋白质，这类蛋白质主要位于细胞膜或寄生泡膜上，很可能参与了寄生虫与宿主间的相互作用（Dessens et al., 2004）。

微孢子虫中，家蚕微孢子虫、东方蜜蜂微孢子虫、兔脑炎微孢子虫、比氏肠道微孢子虫和蝗虫微孢子虫中均存在一类与蓖麻毒素B链同源的ricin B-凝集素蛋白（RBL），这些蛋白质共分为3个家族（表8.5）。兔脑炎微孢子虫和蝗虫微孢子虫的RBL属于第一个家族，而家蚕微孢子虫和东方蜜蜂微孢子虫的RBL有第二和第三家族的分化。在家蚕微孢子虫、东方蜜蜂微孢子虫和兔脑炎微孢子虫的第一个RBL亚家族中，均存在rbl基因的串联重复簇，尤其在家蚕微孢子虫中存在两个相互保持着保守共线性关系的rbl串联重复簇，而且位于两个重复片段内（图8.28）。微孢子虫大部分RBL蛋白具有信号肽和保守的ricin B-lectin结构域，而且某些RBL还具有跨膜结构域。不同属微孢子虫的RBL蛋白质序列差异非常大，暗示微孢子虫从共同的祖先分化后，RBL在新的寄生环境中发生了很大的变异。

表8.5　ricin B-凝集素在微孢子虫中的分布及分类

家族	家蚕微孢子虫	东方蜜蜂微孢子虫	兔脑炎微孢子虫	蝗虫微孢子虫	比氏肠道微孢子虫
1	NbRBL1 NbRBL2 NbRBL3 NbRBL4 NbRBL5 NbRBL6 NbRBL7 NbRBL8 NbRBL9 NbRBL10 NbRBL13 NbRBL14 NbRBL15 NbRBL16 NbRBL17 NbRBL19 NbRBL20	NCE_33g0609 NCE_33g0611 NCE_33g0613 NCE_33g0612 NCE_33g0610 NCE_33g0614 NCE_225g1752	ECU08_1700 ECU08_1710 ECU08_1720 ECU08_1730	ALO_18g1184 ALO_493g1551	EBI_22g0011 EBI_32g0010
2	NbRBL18 NbRBL11	NCE_589g2260			
3	NbRBL21 NbRBL12	NCE_1g0023			

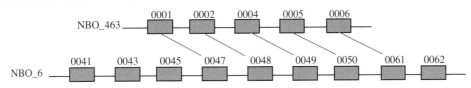

图8.28　家蚕微孢子虫Ricin B-lectin基因的串联重复及片段重复

NBO_6、NBO_463为家蚕微孢子虫骨架序列；家蚕微孢子虫Ricin B-lectin基因可能先后经历了串联重复和片段重复，从而产生了大量拷贝

分泌型RBL广泛存在于微孢子虫中，而且存在大量拷贝，说明RBL是一类非常重要的蛋白质，可能对微孢子虫的侵染增殖具有非常重要的作用。尤其家蚕微孢子虫中，RBL发生了串联重复，而且拷贝间氨基酸序列差异较大，一方面进一步暗示RBL对微孢子虫的重要性，另一方面也表明这些RBL可能具有不同的功能。对可感染多种宿主的*Nosema*微孢子虫来说，此类蛋白质可能在微孢子虫的适应性方面具有重要作用。

参考文献

李田, 齐晓冉, 陶美林, 等. 2013. 4种微孢子虫的分泌蛋白的比较基因组学分析. 蚕业科学,

39（3）：0527-0536.

左明新，叶爱军，胡欣 . 2005. 多药耐药性相关 ATP 结合盒转运蛋白 . 国外医学·药学分册，6: 001.

Blackman MJ, Fujioka H, Stafford WHL, et al. 1998. A subtilisin-like protein in secretory organelles of *Plasmodium falciparum* merozoites. JBiol Chem, 273(36): 23398-23409.

Dessens JT, Sinden RE, Claudianos C. 2004. LCCL proteins of apicomplexan parasites. Trends Parasit, 20(3): 102-108.

Frankel AE, Burbage C, Fu T, et al. 1996. Ricin toxin contains at least three galactose-binding sites located in B chain subdomains 1 alpha, 1 beta, and 2 gamma. Biochem, 35(47): 14749-14756.

Gallagher T, Gilliland G, Wang L, et al. 1995. The prosegment-subtilisin BPN′ complex: crystal structure of a specific 'foldase'. Structure, 3(9): 907-914.

Garten W, Hallenberger S, Ortmann D, et al. 1994. Processing of viral glycoproteins by the subtilisin-like endoprotease furin and its inhibition by specific peptidylchloroalkylketones. Biochem, 76(3-4): 217-225.

Ghosh K, Cappiello CD, McBride SM, et al. 2006. Functional characterization of a putative aquaporin from *Encephalitozoon cuniculi*, a microsporidia pathogenic to humans. Int JParasit, 36(1): 57-62.

Grenson M, Hou C, Crabeel M. 1970. Multiplicity of the amino acid permeases in *Saccharomyces cerevisiae* Ⅳ. Evidence for a general amino acid permease. J Bacteriol, 103(3): 770-777.

Hazes B, Read RJ. 1995. A mosquitocidal toxin with a Ricin-like cell-binding domain. Nat Struct Mol Biol, 2(5): 358-359.

Hazes B. 1996. The (QxW) 3 domain: a flexible lectin scaffold. Protein Sci, 5(8): 1490-1501.

He Q, Leitch GJ, Visvesvara GS, et al. 1996. Effects of nifedipine, metronidazole, and nitric oxide donors on spore germination and cell culture infection of the microsporidia *Encephalitozoon hellem* and *Encephalitozoon intestinalis*. Antimicrob Agents Ch, 40(1): 179.

Joe A, Hamer DH, Kelley MA, et al. 1994. Role of a Gal/GalNAc-specific sporozoite surface lectin in *Cryptosporidium parvum*-host cell interaction. J Eukary Microbiol, 41(5): 44S.

Lord JM, Roberts LM, Robertus JD. 1994. Ricin: structure, mode of action, and some current applications. The FASEB J, 8(2): 201-208.

Martin SA. 1994. Nutrient transport by ruminal bacteria: a review. J Anim Sci, 72(11): 3019-3031.

Morris KN, Wool IG. 1992. Determination by systematic deletion of the amino acids essential for catalysis by Ricin A chain. P Natl Acad Sci, 89(11): 4869-4873.

Perozo E, Cortes DM, Sompornpisut P, et al. 2002. Open channel structure of MscL and the gating mechanism of mechanosensitive channels. Nature, 418(6901): 942-948.

Pohleven J, Obermajer N, Saboti J, et al. 2009. Purification, characterization and cloning of a Ricin B-like lectin from mushroom *Clitocybe nebularis* with antiproliferative activity against human leukemic T cells.Biochem Bioph Acta-General Subjects, 1790(3): 173-181.

Rawlings ND, Barrett AJ. 1993. Evolutionary families of peptidases. Biochem J, 290(Pt 1): 205-218.

Rawlings ND, Barrett AJ. 1994. Families of serine peptidases. Method Enzymol, 244: 19-61.

Roiko MS, Carruthers VB. 2009. New roles for perforins and proteases in apicomplexan egress. Cell Microb, 11(10): 1444-1452.

Rojek JM, Pasqual G, Sanchez AB, et al. 2010. Targeting the proteolytic processing of the viral glycoprotein precursor is a promising novel anti-viral strategy against arenaviruses. J Virol，84(1):573-584.

Ronnebaumer K, Wagener J, Gross U, et al. 2006. Identification of novel developmentally regulated genes in *Encephalitozoon cuniculi*: an endochitinase, a chitin-synthase, and two subtilisin-like proteases are induced during meront-to-sporont differentiation. J Eukaryot Microbiol, 53(s1): s74-s76.

Rutenber E, Ready M, Robertus JD. 1987. Structure and evolution of Ricin B chain. Nature, 326, 624-626.

Rutenber E, Robertus JD. 1991. Structure of Ricin B-chain at 2.5 resolution. Proteins, 10(3): 260-269.

Schneider E, Hunke S. 2006. ATP-binding-cassette (ABC) transport systems：functional and structural aspects of the ATP-hydrolyzing subunits/domains. FEMS Microbiol Rev, 22(1): 1-20.

Tosini F, Agnoli A, Mele R, et al. 2004. A new modular protein of *Cryptosporidium parvum*, with Ricin B and LCCL domains, expressed in the sporozoite invasive stage. MolBiochem Parasitol, 134(1): 137-147.

Zhang XJ, Wang JH. 1986. Homology of trichosanthin and Ricin A chain. Nature, 321(6069): 477-478.

第9章
家蚕微孢子虫极管与孢壁

第9章 家蚕微孢子虫极管与孢壁

李 治 吴正理 陈 洁

微孢子虫具有特有的侵染方式，即通过弹出极管并将孢原质注入宿主细胞以寄生并大量增殖（Weber et al., 1994；Wittner and Weiss, 1999），从而广泛寄生于脊椎动物和无脊椎动物，是人类、经济昆虫、鱼类、产毛动物、啮齿类及灵长类的常见病原，给人类健康造成了严重危害，每年给世界农业和畜牧业等产业也造成了巨大的经济损失。因此，研究者期望通过揭示微孢子虫的入侵机制，找出感染的关键因子，获得微孢子虫的检测靶标和有效的药物设计靶标，这对于产业生产和人类微孢子虫病的防治都具有非常重要的意义。近30年来，随着多种微孢子虫基因组的解析，许多编码极管和孢壁蛋白的基因得到鉴定，为阐明微孢子虫的侵染机制奠定了数据基础。孢壁是微孢子虫最外层并直接与外界接触的结构单元，极管弹出是孢子感染宿主的关键。因此，组成孢壁和极管的相关蛋白质成为了微孢子虫检测和药物防治的潜在的天然最优靶标，对产业生产和人体健康具有非常重要的意义。基于此，研究者围绕孢壁和极管进行了大量的研究，积累了丰富的资料。

9.1 微孢子虫的极管

微孢子虫入侵宿主过程中，极管可能以特有的"外翻"发芽方式（Frixione et al., 1992；Weidner, 1982），从孢子内部迅速弹出并"刺"入宿主细胞，通过极管将孢原质注入宿主细胞内，完成对宿主细胞的入侵（Lom et al., 1963；Ohshima, 1937）。极管在微孢子虫对宿主的侵染中起着关键性作用。

9.1.1 极管的结构特征

微孢子虫种类繁多，其极管的构造不尽相同（图9.1），基本可分为前后两部分：前段呈棒状，起始于锚定盘，自孢子的前半部与孢子纵轴呈平行状延伸，结束于极膜层并被膨胀的极膜层所包裹；后段为螺旋盘绕部分，与纵轴呈一定倾角状态而螺旋盘绕贴于孢子内壁，其盘绕圈数和极管倾角因微孢子虫种类差异而不同（通常为4～30圈）（Cavalier-Smith, 1998）。极管结束末端的准确信息还不甚明了，推测可能呈封口状或开口状（Erickson and Blanquet, 1969）。极管长度为50～150μm，直径为0.1～0.2μm。极管具有柔韧性，在运送孢原质的过程中直径可增加到0.4μm，孢原质运送完毕后其长度会缩短5%～10%（Frixione et al., 1992；Lom and Vavra, 1963；Ohshima, 1937；Weidner, 1982）。

微孢子虫的极管由3～20层致密电子层和疏松电子层构成（Vavra and Larsson, 1999），极管内有一被4层极管同心圆绕着的中心芯（Sato et al., 1982），中心芯被一层较透明的电子层包围，透明层内为由16个小颗粒组成的亚结构，次层和最外层呈半透明状，此两层之间为一电子致密层，极管内芯周围为一层坚硬的致密电子物质所填充（Burges et al., 1974；Kudo,

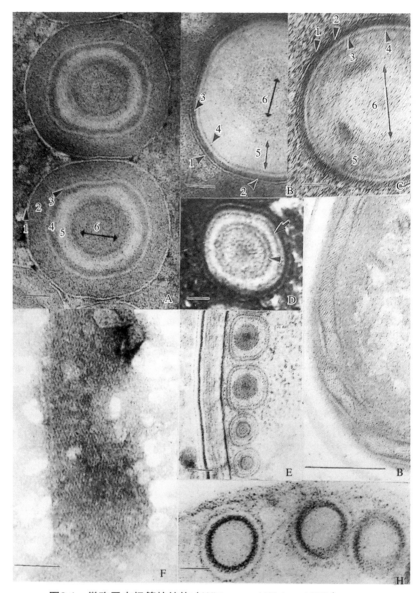

图9.1　微孢子虫极管的结构（Wittner and Weiss, 1999）

A. *Trichoctosporea pygopellita*的极管；B. *Janacekia adipophila*的极管；C. *Jirovecia involuta*的极管；D. *Heterosporis finki*极管的外层（有尾箭头）和内层（无尾箭头）结构；E. *Amblyospora culicis*未成熟孢子的极管；F、G. *Nosema whitei*和*Artemia salina*的纤维状极管；H. *Norlevinea daphniae* 极管的横切面

1921; Lom and Vavra, 1963; Vavra and Larsson, 1999）。Weidner认为，极管内部由非组装的极管蛋白质所填充，直到发芽后极管才变成圆柱形的空管状（Weidner, 1972, 1976）。有证据表明，极管以"翻手套"方式由内而外翻转并迅速弹出孢原质。极管发芽弹出后，先前位于极管内部的蛋白质则因极管的外翻，成为弹出后极管的外表面蛋白成分，相应的极管弹出前的极膜层和包被极管的膜则成为了弹出后极管的内部成分（Weidner et al., 1984；Weidner et al., 1995）。弹出的极管仍然与孢子的顶端相连，并拥有一层对胰蛋白酶敏感的鞘，该鞘为带负电荷的六亚甲四胺银，能与铁蛋白共轭刀豆蛋白A结合（Ishihara and Hayashi, 1968；Weidner, 1976；Weidner et al., 1984）。Cali等的研究还发现，极管的弹出过程中还伴随着包裹极管的膜的内褶发生（Cali et al., 2002）。显微结构观察结果表明，微孢子虫的极管可能是一种存在

于孢子内部的孢外质，这也解释了在极管爆发性瞬间弹出过程中孢原质能完好无损地经极管运输的原因（Xu and Weiss, 2005）。

尽管微孢子虫因宿主不同而存在种类的差异和地理分布的区域差异，但其极管的构造却基本相似，这可能缘于极管结构的进化先于微孢子虫不同属的分化。许多观察结果表明，极管起源于高尔基体与液泡共同组成的复合体，由该复合体形成的极管被一层或双层由孢原质分化而来的膜所包被（Sinden and Canning, 1974；Weidner, 1972, 1976）。极管的中央区域来源于类高尔基体扁平膜囊，极管的外层则来源于内质网（Weidner, 1970）。大量电镜证据表明，极管的形成贯穿于微孢子虫的整个发育历程之中，按先后顺序大体上可分为3个区域：极管的前端最早形成于一个电子致密区域。极管的着生地和前端随着孢子的发育而向相对方向移动并逐渐融合。极管的后端部分形成于高尔基复合体的后部区域，而环绕极管前端部分的极囊和极膜则形成于高尔基复合体的前部区域（Jensen and Wellings, 1972）。

9.1.2　理化因子对微孢子虫侵染的影响

微孢子虫的激活和发芽是其侵染宿主过程的重要环节之一，激活所需的条件因微孢子虫的种类繁多而千差万别，不同种微孢子虫孢原质的释放有着特殊的条件需求，受理化因子的影响较大。

9.1.2.1　pH

微孢子虫的激活需要特异的pH环境，酸性、碱性、从酸性到碱性、从碱性到中性，不同种需求各异（Undeen and Avery, 1984；Undeen et al., 1990），也有既能在酸性也能在碱性环境激活的微孢子虫（Hashimoto et al., 1976）。不同种微孢子虫可能有不同的最适pH，同种微孢子虫可能也在较宽的pH环境范围内被激活。寄生于鳞翅目昆虫体内的微孢子虫需经一定pH的离子缓冲液处理才能发芽。家蚕微孢子虫（N. bombycis）孢子发芽在一定温度下，pH为9.0~11.0时最显著。

9.1.2.2　Ca^{2+}

Ca^{2+}是很多细胞激活过程所必需的第二信使，在微孢子虫孢子激活入侵宿主细胞过程中也起着非常重要的作用。一种鱼类微孢子虫Spraguea lophii在入侵宿主细胞过程中，随着孢子极管的弹出，孢子壁和原生质膜上结合的Ca^{2+}逐渐减少，推测孢子壁和原生质膜上很可能存在具有活性的Ca^{2+}结合位点和Ca^{2+}通道（Pleshinger and Weidner, 1985）。Ca^{2+}对孢子内部膜结构起着骨架支撑作用，Undeen用刺激物对孢子进行预处理以改变孢子壁通透性，使得孢子外界离子与Ca^{2+}共同争夺结合位点（Undeen, 1990）。当活性钙离子结合位点和钙离子通道被外界刺激物激活后，刺激物（主要是离子）便结合孢子壁蛋白和孢子内部各种膜结构中起骨架作用的钙离子，最终将Ca^{2+}置换下来。由于Ca^{2+}被置换，导致孢子膜结构的损伤和机械紊乱，海藻糖与海藻糖酶因间隔膜的打破而相互接触，在合适条件下酶活性被激发，催化海藻糖水解为葡萄糖或果糖，孢子内部渗透压上升，导致孢子外大量水分进入孢子，压迫极管解螺旋，极管弹出。

Ca^{2+}在不同种类的微孢子虫中的作用有差异。在微孢子虫E. cuniculi和E. hellem中，孢子发芽依赖于Ca^{2+}的浓度（Grynkiewicz et al., 1985；Weidner et al., 1982）。在某些微

孢子虫中，当CaCl$_2$浓度在1mmol/L或0.2mol/L、pH为9.0时，将有助于促进微孢子虫的侵染（Pleshinger and Weidner, 1985；Weidner et al., 1982）。但也有研究报道CaCl$_2$浓度为0.001~0.1mol/L时，某些微孢子虫的激活发芽却被抑制（Leitch et al., 1993；Pleshinger and Weidner, 1985；Weidner et al., 1982）。格留虫属微孢子虫*Glugea americanus*中间片状组合中的包涵素和钙调蛋白被去除后，该孢子虫的激活发芽将永久失活；Ca^{2+}也具有副作用，会阻碍微孢子虫的侵染。增加环境中Ca^{2+}的浓度将抑制微孢子虫*Glugea fuminerae*和*Glugea hertwigi*的发芽（Grynkiewicz et al., 1985；Weidner et al., 1982）。

9.1.2.3　渗透压

微孢子虫孢内渗透压的改变对病原性孢子入侵宿主细胞起着重要的作用。在适当的刺激物作用下，微孢子虫被激活后，活化的微孢子虫孢子壁通透性增加，大量吸收水分，极膜层变成膨胀状态，形成强大的压力，孢子内部渗透压升高。因为渗透压的升高，迫使极管从孢子壁最薄的固定板处破壳而出，瞬间完成极管外翻。极管外翻时，极管蛋白PTP3不断地聚合生成并包裹于极管外，同时极膜层进入中空的极管，后极泡膨大，不断产生的压力将极膜层和核压入极管中，进而促进极管弹出等一系列程序，最终完成入侵（Undeen et al., 1990）。在高渗溶液中，微孢子虫极管的释放会被抑制或者减慢，孢原质从孢子内运送进宿主细胞也不会发生（Frixione et al., 1992; Lom and Vavra, 1963; Undeen et al., 1990; Weidner et al., 1982）。

目前，孢内渗透压增大的原因主要存在两种观点。一种看法认为，孢子壁上有特殊的跨膜水道，让孢外的水进入，使孢内压力增大，引发发芽。其主要证据来自于对按蚊微孢子虫（*N. algerae*）的研究，此孢子有类似CHIP28的水孔蛋白（aquaporin），它能特异地携带水穿过孢原质膜。脑炎微孢子虫属微孢子虫孢原质膜的超微结构显示其表面有大量粗糙颗粒，其中可能就有水孔蛋白。从兔脑炎微孢子虫（*Encephalitozoon cuniculi*）的基因组中也预测到一个特殊水通道的功能基因，可能与产生向孢内流动的快速水流有关，这对极管放射和孢原质注入细胞都是非常重要。另一种看法认为，孢内海藻糖降解为葡萄糖和其他相关的代谢是引起孢内压力增大的重要原因。对按蚊微孢子虫的研究，发现孢子发芽后孢内海藻糖浓度下降，葡萄糖上升，因此认为海藻糖的降解使孢内糖浓度上升，促使水分进入孢内，孢子内压上升。

9.1.2.4　其他因子

促进病原性微孢子虫释放孢原质，入侵宿主细胞的因子，除了Ca^{2+}之外，还有很多离子对孢子虫释放孢原质有促进作用。阳离子包括钾离子、锂离子、钠离子和铯离子等，阴离子包括溴离子、氯离子、碘离子和氟离子等（Frixione et al., 1994；Undeen and Avery, 1988；Undeen et al., 1990）。另外，黏蛋白或多聚离子、过氧化氢、低剂量的紫外线辐射和钙离子载体、磷酸盐和柠檬酸钠等也都有助于病原性微孢子虫入侵宿主细胞（Leitch et al., 1993; Lom and Vavra, 1963；Undeen, 1990；Weidner et al., 1982）。

抑制病原性微孢子虫释放孢原质，入侵宿主细胞的因子包括氯化铵、低盐溶液（10~50nmol/L）、氟化钠、银离子、伽马辐射、紫外线照射、高温（>40℃）和微管破坏物（细胞松弛素、脱羰秋水仙碱、伊曲康唑）等（Leitch et al., 1993; Undeen and Avery, 1988; Undeen, 1990）。

9.1.3 极管的蛋白质组成及其功能

微孢子虫的极管（polar tube）与侵染密切相关。孢子内极管蛋白（polar tube protein, PTP）装配形成极管，弹出的极管在孢原质输送过程中具有可塑性，而且极管蛋白聚合体的亚单位可能通过二硫键结合成多聚体的形式。极管是微孢子虫家族的典型细胞器，不同种微孢子虫极管的蛋白质成分存在差异。有关微孢子虫极管蛋白的特性和功能研究，主要集中于对脑胞虫属（Encephalitozoonidae）微孢子虫和家蚕微孢子虫的主要极管蛋白PTP1、PTP2和PTP3的研究。

9.1.3.1 PTP1

极管蛋白PTP1是一种伴刀豆球蛋白，在不同微孢子虫的分子质量大小存在差异。家蚕微孢子虫的极管蛋白PTP1（NbPTP1）与兔脑炎微孢子虫PTP1（EcPTP1）的蛋白序列差别虽然很大，但仍有部分氨基酸位点非常保守（图9.2）。家蚕微孢子虫的极管蛋白PTP1、PTP2和PTP3在基因组中均有两个拷贝（图9.3），提示极管蛋白编码基因可能发生过一次重复。NbPTP1是一个由400个氨基酸组成的预测分子质量为39.6kDa的蛋白质，预测pI为5.82，序列中含有丰富的脯氨酸，其N端具有20个氨基酸组成的信号肽序列，具有 O-糖基化和 N-糖基化位点，没有已知的结构域，但有许多小片段重复序列。EcPTP1含有395个氨基酸，预测分子质量为37kDa，富含脯氨酸，具有 N-糖基化位点和 O-糖基化位点，糖基化很可能在极管结构中具有重要的功能意义（Delbac et al., 2001; Vavra et al., 1972; Wittner and Weiss, 1999; Xu et al., 2004）。一般胶原蛋白和弹性蛋白中含有大量的脯氨酸，它的环状结构特征使蛋白质富有弹力，这对微孢子虫极管弹出和孢原质输出具有重要作用（Xu and Weiss, 2005）。此外，EcPTP1的N端信号肽可能在形成内质网-高尔基复合体中具有重要作用。

```
NbPTP1    1  MRIRSFKLLSLVAYIKLN---SANMACSPGNGTP-----------VVAITQPGGVENCA
EcPTP1    1  MKGISKILSASIALMKLENVYSATALCSNAYGLTPGQQGMAQQPSYVLIPSTPGTIANCA

NbPTP1   46  TTSPAPLVYESSNGQNPLNNFTPDCLVNSPGVPVQSYPVIGVPVSGTPGTPGAPGTAGNN
EcPTP1   61  SGSQDTYSPSPAAPTSPVTPGKTSENETSPSAPAEDVGTCKIAVLKHCDAPGT--TSGTT

NbPTP1  106  YGPTECVPTSGGGSYPPGYFNPPMATTIINPPTYAPPGTPGSPSANNPPAGFHAPPPAGP
EcPTP1  119  PGSGPCETPEQQQPLSVISTTPAVPVTVESAQSPSVVPVVPVVAHHQAVPGYYNNGTSGI

NbPTP1  166  PAKNEEQCTVTTKLDCEPVSPGVPAVTAPPAGPPIESVGVPPQKVALVTPVASVASVVAV
EcPTP1  179  PGQQQ---ILSGTLPPGATLCQGQAMPSTPGQQQILSGTLPPG-VTLCQGQATPS--TPG

NbPTP1  226  PPSHATGSGVPCIPVSSTGGHPSNLVGGGFPSNAQVTQAPCVPSQAHHPVASVPVTS-VP
EcPTP1  233  QQQVLSGTLPPGVTLCQGQATPS------TPGQQQVLSGTLLPGATLCQDQGMPGTSGVP

NbPTP1  285  VNAVPMTSAPVTPLGPSYYGSSSLPPSGS-HPTAPCGAPQNALSSPCATNNASAGNTYTS
EcPTP1  287  GQQGQSSGQCCAPQIPNPVMPPSMNISGNCYPSSTAYSPNLGSLGSCVDIQKTG------

NbPTP1  344  SNVGAACSLPNAENCLMKALENVGRPSPQEAASCVTAQKQPMVEIGMMLPVTDAYSNAAN
EcPTP1  341  ---GTSCEQKPEKSATQYAMEACATPTP----TIIGNSEYLVGPGMYNAINSPCNTAVQ

NbPTP1  404  NPCVLN
EcPTP1  394  --CC--
```

图9.2 微孢子虫极管蛋白1（PTP1）序列的多重比对

Nb：家蚕微孢子虫；Ec：兔脑炎微孢子虫；

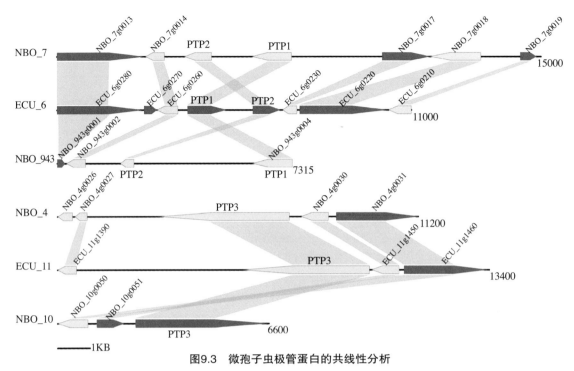

图9.3 微孢子虫极管蛋白的共线性分析

NBO. 家蚕微孢子虫；ECU. 兔脑炎微孢子虫；黑色直线代表染色体或骨架序列，黄色区域相连的基因即为家蚕微孢子虫和兔脑炎微孢子虫具有共线性的基因，可以看到家蚕微孢子虫的PTP1、PTP2和PTP3各有两个拷贝；家蚕微孢子虫与兔脑炎微孢子虫极管蛋白的编码序列在基因座位上存在保守性，家蚕微孢子虫极管蛋白基因PTP1～PTP3在基因组中均分别存在两个拷贝

9.1.3.2 PTP2

除了极管蛋白PTP1之外，PTP2也是构成极管的重要组分。家蚕微孢子虫极管蛋白2（NbPTP2）含有277个氨基酸，预测分子质量为30.9kDa，pI预测值为9.39，N端信号肽序列长度为24个氨基酸。与NbPTP1不同，NbPTP2富含赖氨酸，没有糖基化位点。兔脑炎微孢子虫极管蛋白2（EcPTP2）也含有277个氨基酸，预测分子大小为30kDa，在GenBank中没有同源蛋白，具有与EcPTP1相似的N端信号肽，还有3个可能的O-糖基化位点，中间区域富含赖氨酸且含有一个RGD基序，C末端区域还有一个酸性尾，N-糖基化位点和RGD基序可能参与蛋白质互作（Delbac et al., 2001）。对家蚕微孢子虫的极管蛋白PTP2（NbPTP2）与兔脑炎微孢子虫PTP2（EcPTP2）的蛋白序列进行比对分析，在一些氨基酸位点非常保守（图9.4）。

9.1.3.3 PTP3

家蚕微孢子虫极管蛋白3（NbPTP3）由1370个氨基酸组成，预测分子质量为150.3kDa，pI预测值为6.29，NbPTP3没有信号肽，可能存在N-糖基化位点。同时，预测存在一个SCOP结构域，该结构域属于ARM-repeat家族。ARM-repeat结构域含有42个氨基酸的蛋白质与蛋白质相互作用域，存在于很多真核生物的蛋白质中，参与多种细胞调控作用。兔脑炎微孢子虫极管蛋白3（EcPTP3）含有1256个氨基酸，预测分子大小为136kDa，具有信号肽，其编码基因位于11号染色体。EcPTP3中心区域富含天冬氨酸和谷氨酸，成熟蛋白质的N端和C端呈较强的酸性（Peuvel et al., 2002）。家蚕微孢子虫的极管蛋白PTP3（NbPTP3）与兔脑炎微孢子虫PTP3（EcPTP3）的蛋白序列差别虽然很大，但仍有部分氨基酸位点非常保守（图9.5）。

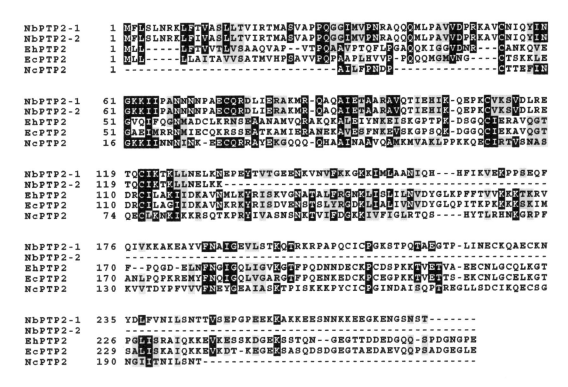

图9.4 微孢子虫极管蛋白2（PTP2）序列的多重比对

Nb：家蚕微孢子虫；Eh：海伦脑炎微孢子虫；Ec：兔脑炎微孢子虫；Nc：蜜蜂微孢子虫

极管不溶于1%～3% SDS、1%Triton 100、10% H_2O_2、2.5~4mol/L H_2SO_4、1~2mol/L HCl、氯仿、1% 盐酸胍、0.1mol/L蛋白酶K和8~10mol/L尿素，但是却溶于不同浓度的β-巯基乙醇（2-ME）或者 1% DTT等还原剂（Keohane et al., 1996；Keohane et al., 1998；Weidner，1976）。事实上，EcPTP1和EcPTP2只能溶于2-ME或1% DTT等还原剂，而EcPTP3可溶于无还原剂的SDS溶液（Peuvel et al., 2002）。Weiss等利用化学交联反应证明EcPTP1、EcPTP2和EcPTP3在极管中形成一个复合体。全长的EcPTP1、EcPTP2和EcPTP3在体外能够两两互作，EcPTP1的C端和N端都能够和3个全长蛋白质互作，但是富含重复片段的中间区域却没有互作反应。研究发现，极管可能来源于高尔基体囊泡的聚合，从而形成一个具膜管腔（Vávra and Sprague，1976）。Weidner基于孢子在空气-水两相间发芽的实验结果，认为极管弹出的过程就是极管中的极管蛋白在顶端不断组装的结果，并提出了蛋白组装的模型（Weidner et al., 1982）。

在家蚕胚胎细胞（BmE-SWU1）中，观察到家蚕微孢子虫发芽后的孢子空壳及未发芽孢子。在接种后10d的细胞爬片中，大量孢子弹出极丝，其极丝的长度为58～120μm，其中100μm以上的居多，且其极丝的扭曲程度、方向性、粗细也大都不同（图9.6）（李艳红等，2007）。

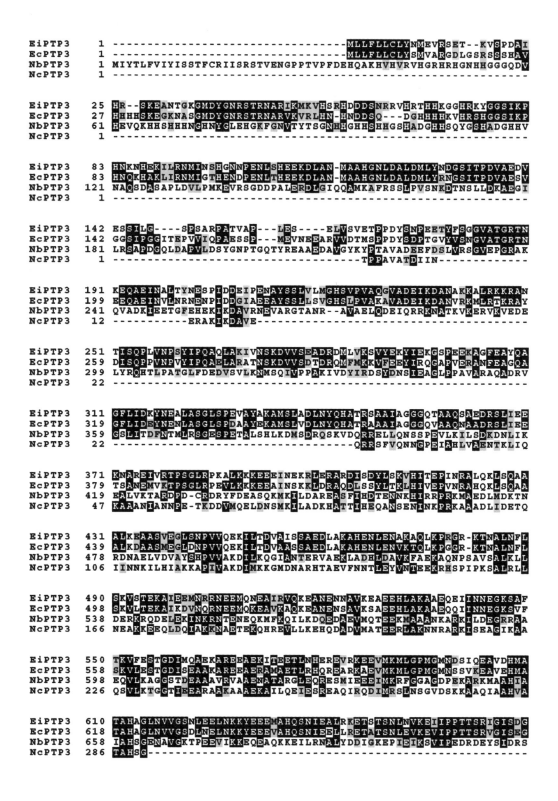

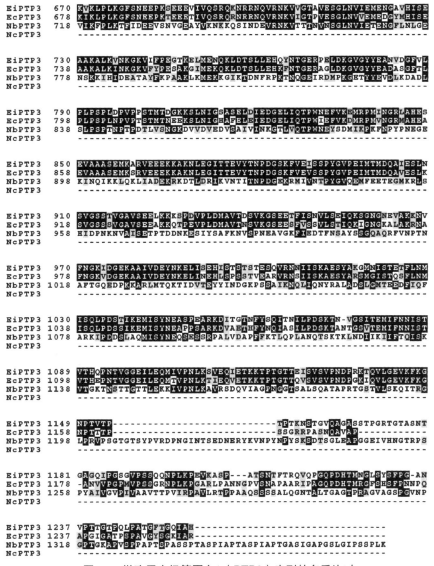

图9.5　微孢子虫极管蛋白3（PTP3）序列的多重比对

Nb：家蚕微孢子虫；Ei：肠脑炎微孢子虫；Ec：兔脑炎微孢子虫；Nc:蜜蜂微孢子虫

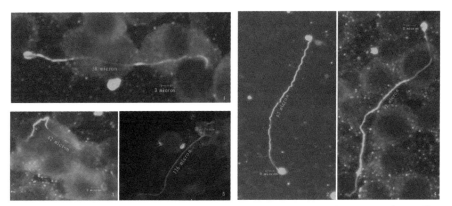

图9.6　免疫荧光观察家蚕微孢子虫CQ1株在BmE-SWU1细胞中极管弹出的过程（李艳红等，2007）

在接种感染10d的BmE-SWU1细胞中，家蚕微孢子虫正弹出极丝；1. 极丝长度为58μm，推测为短极丝孢子；2. 极丝长度为63μm，推测为短极丝孢子；箭头所指为膜包被的孢原质团；3. 极丝长度为62μm，推测为短极丝孢子；箭头所指为极管膨大处；4. 极丝长度为92μm，推测为长极丝孢子；5. 极丝长度为116μm，推测为长极丝孢子

　　利用针对家蚕微孢子虫极管蛋白PTP1和PTP2的抗体，对极管进行标记，如图9.7及图9.8所示，在体外观察到了极丝弹出的过程，翠绿色荧光信号分布于极管上。

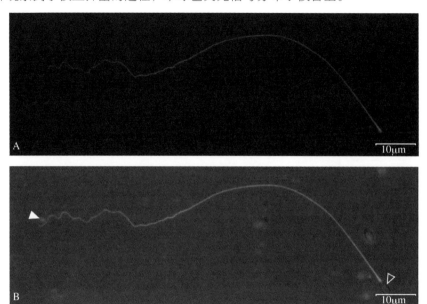

图9.7　家蚕微孢子虫极管蛋白1的间接免疫荧光定位

A. NbPTP1的抗体与家蚕微孢子虫的极管发生免疫反应，以FITC标记的二抗进行间接免疫荧光检测，极管呈现绿色荧光；B. DAPI核染色、FITC间接免疫荧光标记及白光视野合并图；蓝色所示为孢子的核；实心箭头为孢子发芽弹出的孢原质；空心箭头所指为孢子空壳

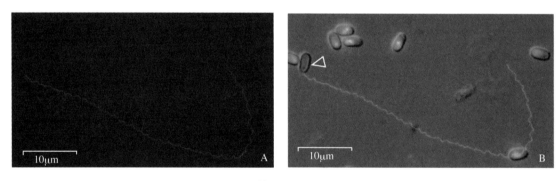

图9.8　家蚕微孢子虫极管蛋白PTP2的间接免疫荧光定位

A. NbPTP2的抗体与家蚕微孢子虫的极管发生免疫反应，以FITC标记的二抗进行间接免疫荧光检测，极管呈现绿色荧光；B. DAPI核染色、FITC间接免疫荧光标记及白光视野合并图；蓝色所示为孢子的核；空心箭头所指为孢子空壳

9.1.3.4　极管蛋白间的相互关系及其在孢子侵染中的作用

　　PTP1、PTP2和PTP3是构成微孢子虫极管的主要成分，这3种蛋白质各司其职，相互作用，共同调控极管的弹出，在极管弹出和孢子对宿主的侵染中起着重要的作用。PTP1和PTP2在孢子激活前呈类结晶状蛋白质单体，发芽过程中二硫键将PTP1和PTP2连接成PTP1-PTP2聚合体。该聚合体的形成直接影响着极管的弹出，还在极管伸长的柔韧性和极管的功能方面发挥着重要的作用（Delbac et al., 2001；Keohane et al., 1998；Weiss, 2001）。PTP3则通过调控PTP1-PTP2聚合体的构象状态影响极管的弹出。极管弹出前，PTP3调控PTP1-PTP2聚合体以浓缩状态存在。当外界离子进入孢内后，PTP3和聚合体之间的离子作用在与外界离子的竞争中

处于劣势而被取代，PTP3失去对聚合体构象的调控，先前处于浓缩状态的聚合体开始向外延伸，这很可能就是极管弹出的重要原因（Peuvel et al., 2002）。

此外，极管蛋白的糖基化作用对极管的构造起着重要的作用，从而间接影响微孢子虫对宿主细胞的入侵（Delbac et al., 2001；Vavra，1972；Xu et al., 2004）。肠道微孢子虫的极管蛋白PTP1中心区域的糖基化作用给极管提供了一个黏性表面，有助于已弹出极管的前端与宿主细胞表面的最初黏附，从而介导极管刺入宿主细胞。PTP1的*O*-甘露糖糖基化作用也在孢子入侵宿主细胞中起着重要作用。通过对兔肾细胞进行甘露糖糖基化预处理，可以明显降低孢子对兔肾细胞的侵染。

最近，Bouzahzah等（2010）对*E. cuniculi*孢子极管的PTP1、PTP2和PTP3之间的关系进行了深入研究，通过免疫荧光和免疫电镜技术，证实了这3个蛋白质确实共同定位在极管上，是构成极管的蛋白质组分。蛋白质交联和免疫共沉淀实验发现，这3个蛋白质形成了一个复合体，共同构建极管。体外酵母双杂交实验进一步揭示，这3个极管蛋白质之间确实存在相互作用的关系，这种相互作用关系主要由PTP1的N端和C端结构区域介导，而与介于N端和C端之间由疏水性氨基酸组成的重复序列区域无关。

9.2　微孢子虫的孢壁

病原对宿主的侵染和致病过程中，其表面蛋白都扮演着重要的角色，正如疟原虫子孢子和裂殖子的表面蛋白可以作为配体与靶细胞表面的受体结合，参与侵染过程（黄天谊等，1994）。微孢子虫孢壁以其特殊的组成和结构，保护微孢子虫抵御外界环境的胁迫（Frixione et al., 1997；Shdduck and Polley, 1978），维持着孢内渗透压平衡和水的通透性，控制着极管的弹出。表面蛋白是孢壁的主要成分（Kurtti and Brooks, 1977），是微孢子虫最先、最直接与宿主接触的部分，在微孢子虫侵染宿主的过程中扮演着重要的角色。微孢子虫的孢壁蛋白在孢子发芽过程中发挥了积极作用，孢壁蛋白的存在与否直接影响着孢子发芽，进而影响微孢子虫对宿主的侵染能力。

9.2.1　孢壁的结构

与其他微孢子虫类似，家蚕微孢子虫的孢壁由3层结构组成，由外到内依次为富含蛋白质的孢子外壁（exospore）、电子透明薄层即孢子内壁（endospore）和原生质膜（图9.9）（Bigliardi et al., 1997）。孢子外壁为蛋白质外层，表面不光滑，有突起（Kurtti and Brooks, 1977），但在水生微孢子虫中孢子外壁是被高度修饰的。孢子内壁为含蛋白质和几丁质的透明

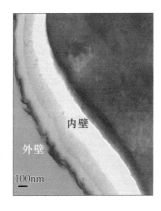
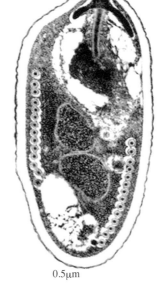

图9.9　家蚕微孢子虫孢壁超微结构

电子层，该层似纤维状分别与孢子外壁和孢原质膜相连，具有选择通透性。孢子内壁厚而均一，但在孢子前顶端处的内壁比其他部位薄。原生质膜则将孢子壁与孢原质隔离开。

9.2.2　孢壁的蛋白质组成和特性

孢子外壁蛋白的类型因种而异，已发现肠脑炎微孢子虫（*Encephalitozoon intestinalis*）的外壁蛋白主要由两种组成，即SWP1和SWP2（Hayman et al., 2001），兔脑炎微孢子虫的外壁蛋白有SWP1（Bohne et al., 2000）。家蚕微孢子虫的孢子外壁蛋白包括有SWP3和SWP5。孢子内壁为含几丁质的透明电子层，该层似纤维状，分别与孢子外壁和孢原质膜相连，具有选择通透性（Bigliardi et al., 1997; Vávra and Sprague, 1976）。兔脑炎微孢子虫孢子内壁含有蛋白EnP1（40kDa）和EnP2（22kDa）（Peuvel-Fanget et al., 2006）；家蚕微孢子虫的孢内壁蛋白主要有SWP1、SWP2和SWP26。

微孢子虫孢壁表面有发芽关键蛋白，具有屏蔽孢壁"离子通道"的作用，当它们受到抑制（如抗体的中和）或破坏时，孢子发芽和侵染会受到显著影响。表面抗原蛋白的存在对极管的发芽有辅助作用，去除表面抗原蛋白使极管弹出发芽困难。去除表面抗原蛋白2个月后的微孢子虫的致病性及对极管发芽的影响，介于刚去除的家蚕微孢子虫与未去除的正常家蚕微孢子虫之间。SDS处理去除表面蛋白后，微孢子虫的发芽率较未处理的正常微孢子虫的发芽率明显降低，对家蚕的致病力也显著下降，家蚕的被感染率从60%下降到38.89%（刘强波等，2005）。另外，利用单抗处理也能显著降低易感细胞的感染率。可能是因为单抗封闭了孢子表面的一个或多个抗原决定簇，从而影响了孢子发芽。1998年，Enrique等（1998）在体外条件下，对3种微孢子虫（兔脑炎微孢子虫、肠脑炎微孢子虫、海伦脑炎微孢子虫*E. hellem*）进行单抗处理后，经荧光抗体检查发现，细胞感染率下降了21%～29%。

日本学者河原畑勇（1982，1986）在抽提比较8种微孢子虫的表面蛋白后，证实蛋白质也可作为微孢子虫分类的依据。1995年，龙綮新和柯昭喜（1995）对6种昆虫微孢子虫（*Nosema*）和1种鱼类微孢子虫（*Glugea*）的表面蛋白进行了SDS-PAGE电泳分析。并以基于蛋白迁移率进行聚类分析，结果发现：2株家蚕微孢子虫和2种玉米螟微孢子虫的相似系数分别是0.98和0.90，从而将这几种微孢子虫归为一类；而柞蚕微孢子虫与家蚕微孢子虫和玉米螟微孢子的相似系数是0.73；蝗虫微孢子虫（*N. locustae*）与上述同属*Nosema*的鳞翅目微孢子虫的相似系数为0.58；鱼类微孢子虫与昆虫微孢子虫相差甚远，这与传统分类结果有些出入。

1989年，梅玲玲等分析了家蚕微孢子虫和桑尺蠖来源的微孢子虫的总蛋白，发现两种微孢子虫蛋白质的氨基酸组成基本相同，以天冬氨酸最高，甘氨酸次之。1995年，郭锡杰等用蔗糖渗胀法、冻融法、EDTA处理法（有效成分为SDS）对家蚕微孢子虫和其他4种微孢子虫的孢壁蛋白进行了抽提比较，在SDS-PAGE电泳图谱上出现少数条带，其中有2条带为5种孢子虫共有，并发现家蚕微孢子虫孢壁蛋白中有32kDa、26kDa及24.5kDa 3种组分。EDTA法能有效地解离孢子表面成分，认为在孢壁结构组成中可能有较丰富的二价阳离子。1995年陈祖佩等用0.5% K_2CO_3溶液提取家蚕微孢子虫、SCM6和SCM7 3种微孢子虫表面抗原蛋白，并用SDS-PAGE电泳研究了三者表面抗原蛋白的差异，确定三者无共同成分存在。用家蚕微孢子虫抗体致敏碳素制成检液，对家蚕微孢子虫孢子呈阳性反应，对SCM6和SCM7均不出现阳性凝集反应，可用于有效判别三者中的家蚕微孢子虫，说明微孢子虫的表面抗原都具有种特异性。龙綮新和柯昭喜（1995）研究也认为，孢子-孢壁蛋白的 SDS-PAGE 图谱具有高重复性，各种孢子的图谱因种而异，具有种特异性，可以作为分类鉴定的辅助标准。黄少康等对家蚕微孢子虫孢壁蛋白进行电泳分析，发现有4条主要蛋白带，即12kDa、17kDa、30kDa和33kDa，并对内网虫属微孢子虫Endoreticulatus的研究发现，其主要孢壁蛋白有4种，即3kDa、22kDa、16kDa和15kDa。

9.2.3　孢壁蛋白在侵染中的作用

崔红娟等发现家蚕微孢子虫、SCM6和SCM7虽然都感染家蚕，但形态、大小及毒力各不相同，三者的孢壁蛋白明显不同，呈现出丰富的多态性。家蚕微孢子虫有3条主带，SCM6有3~4条，SCM7带数较多，有一条主带较明显。即使是同属异种的家蚕微孢子虫孢壁蛋白的多态性也十分明显，推测可能是微孢子虫适应不同的寄主的结果。持续的继代或转寄主寄生可引起微孢子虫孢壁蛋白的变异（崔红娟等，1999；万永继等，1995）。黄少康等（2004）发现家蚕微孢子虫和内网虫属微孢子虫的孢壁表面仅有10个蛋白点，考虑到这两种微孢子虫对家蚕及其他鳞翅目昆虫的侵染性，他们认为这些蛋白质可能与孢子能否感染寄主有关，在表达量上的差异蛋白可能与孢子对寄主的感染程度有关。另外，陈剑等（2007）等也发现，家蚕微孢子虫转宿主连续于桑尺蠖继代以后，微孢子虫孢壁蛋白的种类及孢壁蛋白的表达量也有显著的变化，孢壁蛋白带谱中的34kDa、67kDa和68kDa可能与家蚕微孢子虫对桑尺蠖的感染适应性有重要关系。

前期孢壁蛋白的研究表明，孢壁蛋白对于微孢子虫的分类及在孢子发芽侵染宿主过程中起着重要的作用，但孢壁蛋白的组成成分、种类、结构特点和分布情况等均不清楚。为此，研究者利用免疫印迹、蛋白质组学，以及免疫电镜等方法对孢壁蛋白的组成等方面进行了深入的研究。到目前为止，已经成功鉴定了14个孢壁蛋白，其中脑炎微孢子虫属8个，家蚕微孢子虫6个。对于孢壁蛋白抗原的分离鉴定，研究者主要依赖制备单克隆抗体或多克隆抗体结合免疫印迹和电镜技术。1998年，Delbac等（1998）制备了格留属微孢子虫（Glugae atherinae）和兔脑炎微孢子虫的单克隆抗体及多克隆抗体，其中兔脑炎微孢子虫的一株单克隆抗体（MAb Ec102）和一种多克隆抗体（PAb anti-55kD）都能与一种55kDa的蛋白质反应。PAb anti-55kDa还能与一种33kDa的孢壁蛋白发生反应，该孢壁蛋白定位于质膜上；同时还发现了E. cuniculi一种30kDa的外壁蛋白。1998年，Lujan等（1998）利用纯化的孢子（E. intestinalis和E. hellem）作为抗原制备单抗，共得到了21个单克隆抗体，并用这些单抗来检测微孢子虫E. intestinalis、E. hellem、E. cuniculi和Vittaforma corneae，其中有5种单抗与这4种微孢子虫都有免疫反应，7种单抗与其中3种微孢子虫都有免疫反应，6种单抗与2种微孢子虫都有免疫反应，只有一种单抗是E. intestinalis所特有的，并且有4种单抗与这4种微孢子虫的极丝都起反应，而单抗MAb11B2针对孢壁起作用。随后，Hayman等（2001）根据这些单抗鉴定出了E. intestinalis的两种孢子外壁蛋白SWP1和SWP2。Bohne等（2000）用纯化的E. cuniculi孢子免疫小鼠制备单克隆抗体，分离得到的单抗MAb11A1特异性地与E. cuniculi孢壁蛋白发生免疫反应，并克隆到了相应的孢子外壁蛋白SWP1（51kDa）。崔红娟等分离纯化得到了3种孢壁蛋白P32.7（即SWP3）、P30.4（即SWP1）及P25.3（即SWP2），并获得了SWP1部分编码序列（崔红娟等，2000）。Wu等（2008）报道了14种假定孢壁蛋白（表9.1），并成功鉴定了其中的2种蛋白质：孢内壁蛋白SWP1和孢外壁蛋白SWP3（图9.10）。2005年，Brosson等（2005）利用质谱分析技术结合多克隆抗体法鉴定了兔脑炎微孢子虫质膜外表面蛋白EcCDA。序列分析结果表明，该蛋白质属于多聚糖脱酰基酶家族，具有几丁质脱酰基酶活性，经免疫电镜分析表明EcCDA在脑炎微孢子虫发育早期出现。在蝗虫微孢子虫中亦发现了EcCDA同源蛋白，表明该酶在微孢子中广泛存在的可能性。Dolgikh等（2005）利用免疫电镜鉴定到了一种40kDa的孢外蛋白，该蛋白质是微孢子虫（*Paranosem grylli*）的外壁蛋白（40kDa），这种微孢子虫寄生于蟋蟀（*Gryllusbim aculatus*）。该外壁蛋白一方面伴随着孢子的萌发而掉落，另一方面可能还与极丝弹出有关，当移去该蛋白时会增加孢子的渗透性。2007年Southern等利用*E. intestinalis* cDNA文库筛选到了EcEnP1的同源物EiEnP1，序列分析显示EcEnP1与EiEnP1在蛋白质水平上具有61.5%的相似性；两种EnP1在整个孢壁（内壁和外壁），以及极膜层都有分布，且EcEnP1含有2个糖胺聚糖（GAGs）的结合基序而EiEnP1含有3个GAGs结合基序，通过孢子体外结合和宿主感染实验证实了外源重组蛋白EcEnP1通过自身的糖胺聚糖结合基序在孢子与宿主细胞的黏附过程中起着重要的作用，这也暗示内源的孢壁蛋白可能在孢子侵染过程中起着重要的作用。2002年，鲁兴萌等通过双向电泳检测到160余个家蚕微孢子虫表面蛋白质点，并在对经桑尺蠖传代24次后的家蚕微孢子虫和正常家蚕微孢子虫的表面蛋白的比较研究发现，有5种可疑蛋白可能与微孢子虫的侵染性改变有关。该小组还对家蚕微孢子虫的孢壁蛋白（84kDa）进行了定位，认为该蛋白质与家蚕微孢子虫发芽侵染有密切的关系。

表9.1　家蚕微孢子虫假定孢壁蛋白序列信息（Wu et al., 2008）

蛋白编号	氨基酸残基数/aa	MS-pep LC/MT	表达序列标签	信号肽	N糖基化位点	磷酸化位点	等电点/分子质量/kDa	肝素结合基序的数量	注释	GenBank登录号
NbHSWP1	278	22/12	Yes	Yes（19）	Yes	Yes	7.93/32.1	0	SWP30	EF683101
NbHSWP2	268	20/7	Yes	Yes（20）	Yes	Yes	8.35/30.7	1	SWP25	EF683102
NbHSWP 3	316	14/9	Yes	Yes（18）	Yes	Yes	7.25/37.4		SWP32	EF683103
NbHSWP 4	451	11/6	No	Yes（20）	Yes	Yes	4.77/50.0	1	unknown	EF683104
NbHSWP 5	186	7/–	No	Yes（22）	No	Yes	4.36/20.3	0	unknown	EF683105
NbHSWP 6	352	4/12	Yes	Yes（17）	Yes	Yes	6.52/57.5	1	unknown	EF683106
NbHSWP 7	291	3/10	No	Yes（19）	No	Yes	4.80/32.8	1	ECU11_1210	EF683107
NbHSWP 8	162	4/–	Yes	no	Yes	Yes	4.61/18.5	1	unknown	EF683108
HPNbSWP9	331	4/4	Yes	no	No	Yes	6.55/38.7	0	ECU07_0530	EF683109
NbHSWP 10	236	3/–	No	no	Yes	Yes	5.28/26	5	unknown	EF683110
NbHSWP 11	446	3/13	No	no	No	Yes	10.1/52.3	6	ECU04_0120	EF683111
NbHSWP 12	228	2/–	Yes	no	Yes	Yes	6.97/26.6	1	ECU01_0420	EF683112
NbHSWP 13	833	–/13	No	Yes（17）	Yes	Yes	6.90/94.3	2	unknown	EU179719
NbHSWP 14	423	–/11	No	Yes（20）	Yes	Yes	9.72/50.1	0	unknown	EU179720

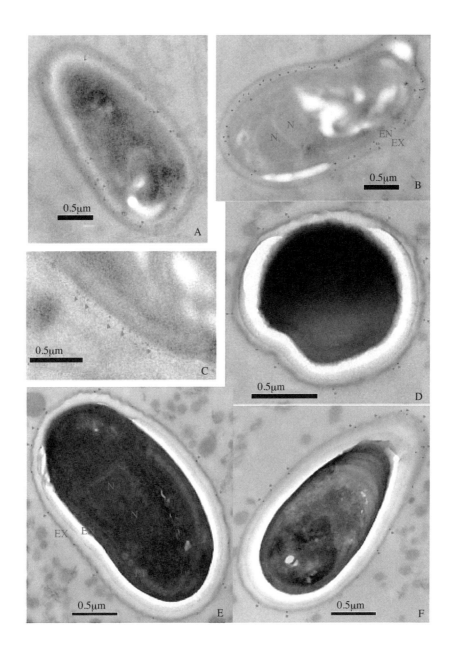

图9.10　家蚕微孢子虫SWP1和SWP3免疫胶体金标记定位（Wu et al., 2008）

A~C. SWP1定位在家蚕微孢子虫的孢内壁上；D~F. SWP3定位在家蚕微孢子虫的孢外壁上；EN：孢子内壁
（electron-lucent endospore）；EX. 孢子外壁（electron-dense exospore）；N. 核；一抗分别为SWP3抗血
清和SWP1抗血清，二抗为免疫胶体金颗粒

9.2.4　家蚕微孢子虫主要孢壁蛋白的研究进展

近年来，通过发芽结合密度梯度离心纯化空孢子壳的方法，从空孢子壳中提取孢壁蛋白
（图9.11），再通过LC-MS/MS及MALDI-TOF/MS鉴定，获得家蚕微孢子虫的14种候选孢壁
蛋白的序列，序列分析显示，家蚕微孢子虫孢壁蛋白部分具有肝素结合基序，多数具有N端信
号肽序列、无跨膜结构域、具有磷酸化位点和N-糖基化位点（表9.1）。

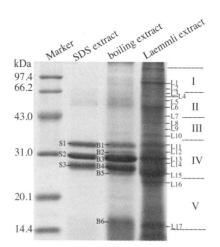

图9.11　家蚕微孢子虫孢壁蛋白SDS–PAGE电泳图（Wu et al., 2008）

9.2.4.1　SWP1、SWP2、SWP3

家蚕微孢子虫孢壁蛋白SWP3在感染后24h就可以检测到其转录本，SWP1、SWP2的转录本在感染后36h可检测到，提示SWP3可能在孢子裂殖体阶段就需要发挥作用；3种孢壁蛋白在感染3d后其转录本均达到较高水平，并在感染过程中持续保持，在感染后第10天仍能明显检出（图9.12）。3种孢壁蛋白在感染3d后转录本明显增加，这一现象与家蚕微孢子虫的生活史相符合，即孢子母细胞在此阶段迅速增加并向成熟孢子转化，成熟孢子的孢壁在这一时期形成。3种孢壁蛋白的表达能在感染早期阶段的家蚕中肠组织中被检出，为进一步探讨3种蛋白质的功能提供了线索，也为开发基于这3种蛋白质的分子生物学及免疫学特异性的家蚕微粒子病早期诊断技术提供了理论依据。

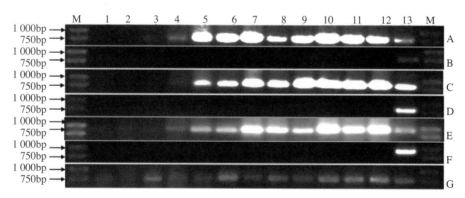

图 9.12　家蚕微孢子虫孢壁蛋白SWP1、SWP2和SWP3在家蚕中肠中的转录谱（潘国庆等，2009）

A、C、E、G分别是以感染中肠组织cDNA为模板扩增孢壁蛋白SWP2、SWP1、SWP3基因和微管蛋白（tubulin-β chain）基因的结果；B、D、F分别是以感染中肠组织RNA为模板扩增孢壁蛋白SWP2、SWP1、SWP3基因的电泳图；泳道M为marker DL2000；泳道1～12依次为以添毒后12h、24h、36h、2d、3d、4d、5d、6d、7d、8d、9d、10d的感染中肠组织cDNA为模板对3种孢壁蛋白基因和微管蛋白基因的扩增图谱；泳道13为以家蚕微孢子虫基因组为模板对相应孢壁蛋白基因和微管蛋白基因的扩增图谱

间接免疫荧光检测和免疫胶体金电镜确定了SWP1、SWP2和SWP3的精细定位，确认它们都位于微孢子虫的孢壁上（图9.10，图9.13）。SWP3 位于家蚕微孢子虫外壁（最外层），而SWP1位于家蚕微孢子虫内壁，这一现象结合家蚕微孢子虫发芽后 SWP3比SWP1更易脱落的现

象和肝素结合基序的分析结果（SWP3含有HBMs结构域，而SWP1无HBMs结构域），SWP3
在孢子的侵染过程中发挥重要的作用，可能识别宿主细胞表面的某些特殊受体，参与孢子与宿
主细胞的黏附过程和孢子的激活过程；而SWP1则可能只起作孢子细胞的骨架作用，保护孢子
内环境的稳定。

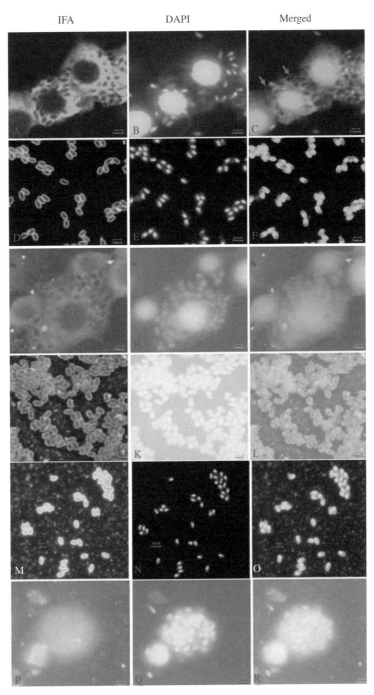

图9.13　间接免疫荧光检测家蚕微孢子虫孢壁蛋白SWP1、SWP2和SWP3在孢壁上的表达（Wu et al.,
2008）

A、G、M. 家蚕微孢子虫感染家蚕BmE-SWU1细胞；D、J. 纯化的家蚕微孢子虫成熟孢子；P. 阴性对照；B、E、
H、K、N、Q. DAPI染色；C、F、I、L、O、R分别为A~B、D~E、G~H、J~K、M~N、P~Q的合并图；其中，A和D
以SWP1抗血清为一抗，G和J以SWP3抗血清为一抗，M为阴性血清

9.2.4.2 SWP26

SWP26是家蚕微孢子虫的一种孢壁蛋白（图9.14），该蛋白质预测有信号肽，4个潜在的 *N*-糖基化位点，C端有1个能与孢外糖胺聚糖互作的肝素结合基序（HMB）（图9.15）。

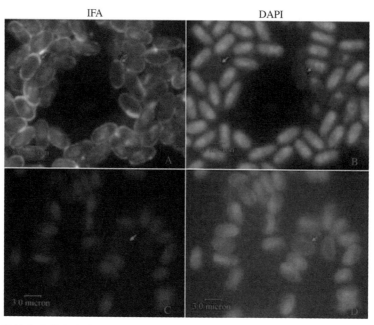

图9.14　间接免疫荧光法检测成熟家蚕微孢子虫的孢壁蛋白SWP26的表达（Li et al., 2009）

A. 抗SWP26的鼠抗血清识别并与家蚕微孢子虫的表面抗原发生免疫反应，孢子呈现黄绿色荧光，红色箭头所指为孢子空壳；C. 阴性血清检测孢子，视野较暗，孢子轮廓不清楚，孢子表面没有黄绿色荧光，只有弱的背景荧光；
B、D. DAPI荧光染色对照

```
                         signal peptide
SWP26_N. bombyics    1  MNIIIFSLMT--ISFLRA RFGYEKEILP--MMDTASDKSYLQGPPNPYTATVNPLERLIS
ECU05_0590           1  MSAISSLVLIGWAMCLENSYKYYDPVLQPTNFYKPSTAAFLESRPLMFAPEQLSRNAILH
                        *. *     ::    *.    *. :    : ..*   ::*:. :  ::.   . : ::

SWP26_N. bombyics   57  ---------DTYLKVTGILSHYFAYYQENVAEFRRWFQSIYYEMDDDTRKKILNELNLN-L
ECU05_0590          61  NPVAFGEGNFYKLLYPSMTRLTSYLNDHSPLFGDWYRSPSLIMSKSDKEEVISGLYKAQP
                        :  *  :  ::: :*: .*  : : * *::*   *... :::::. *

SWP26_N. bombyics  108  RSMDDLENFWTETQGAILKGNLLELSDLLKGLEETVNAKTHMSSEANNDLIKSKINFKDK
ECU05_0590         121  KGDKDLKEFWGFIMGELLIRDLPELKKSLGELKGIQNEERKKKSVAEFKDIADQK--DND
                        :. .**:* **    * :* : * **.. *:   * : :: *:  * .: .::
                                                                  HBM
                                                               "XBBBXXBX"
SWP26_N. bombyics  168  AVDFLNQLNKIYGFLDLGLSYHTSNRFTDVHAMFLDAAA SKKKLDKS FESISGIDD----
ECU05_0590         179  ENSFFGTAWFILDCLSLGVSNRNAEIYGDVIGPFVDAAIAFKSLEHNFSNIIGSSRSMSS
                        .*:.   * . *.**:* :.:: :  ** .*:***  : *.*::.*..* .

SWP26_N. bombyics      --------------
ECU05_0590         239  YRTNSTEQIGSKK
```

图9.15　家蚕微孢子虫孢壁蛋白SWP26与兔脑炎微孢子虫假定蛋白的氨基酸序列比对（Li et al., 2009）

signal peptide. 信号肽；HBM. 肝素结合基序

　　SWP26的重组融合蛋白rSWP26能在一定程度上抑制孢子对宿主细胞的黏附作用，进而降低了孢子对宿主细胞的感染，其抑制程度有10%（图9.16）。与此相反，去掉肝素结合基序的突变型重组融合蛋白rΔSWP26并不能有效抑制孢子对宿主细胞的黏附（图9.17）。

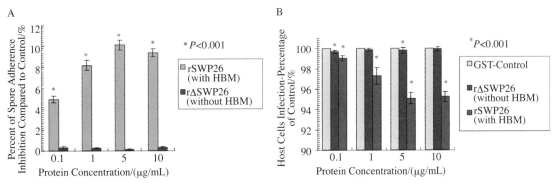

图9.16 外源重组蛋白rSWP26抑制孢子黏附和感染（Li et al., 2009）

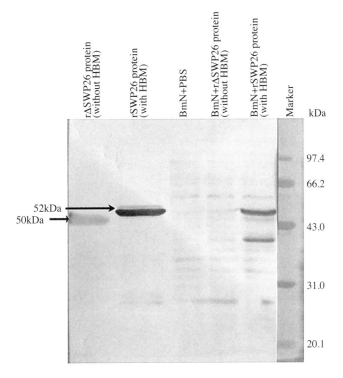

图9.17 肝素基序在重组蛋白 rSWP26结合到宿主细胞表面中的作用（Li et al., 2009）

重组蛋白 rSWP26能够结合到宿主细胞表面，而去除的重组蛋白rΔSWP26不能与宿主细胞结合。将重组蛋白rSWP26（具有肝素基序的rSWP26或者没有肝素基序的 rΔSWP26）分别稀释到1mL的细胞培养基中，然后添加到在12孔细胞培养板中生长的单层宿主细胞BmN-SWU1中共育。对照样品中没有加入任何蛋白质样品。阳性对照：约50kDa大小的重组蛋白rΔSWP26（短箭头所示）和约52kDa大小的重组蛋白rSWP26（长箭头所示）

9.2.4.3 SWP12

SWP12为家蚕微孢子虫孢子壁上的又一独特蛋白质，该蛋白质在孢子中的详细亚细胞定位已经被间接免疫荧光技术所证实（图9.18）。一般而言，在微孢子虫家族中，不同种的微孢子虫其构成孢壁的蛋白质种类差异较大，大部分都没有同源的蛋白质。家蚕微孢子虫的孢壁蛋白SWP12是一个保守存在于多种已报道微孢子虫孢壁中的蛋白质，该蛋白质在N端和C端各有12个保守的氨基酸位点，有两段保守基序"YEHGG"和"RYDLE"可能是其发挥功能的关键位点（图9.19）。这样一个保守的蛋白质，对于开展家蚕微孢子虫的检测工作来说，无疑提供了一个良好的检测靶标。

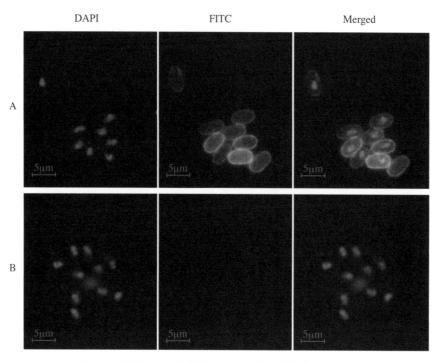

图9.18 SWP12在成熟家蚕微孢子虫中的荧光定位观察

A. NbSWP12抗血清；B. 阴性抗血清；间接免疫荧光检测显示SWP12定位在成熟孢子孢壁

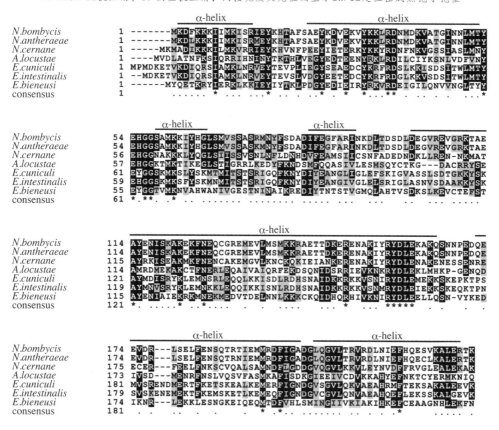

图9.19 SWP12同源蛋白的多重序列比对

SWP12在N端和C端各有12个保守的氨基酸位点，有两段保守基序"YEHGG"和"RYDLE"可能是其发挥功能的关键位点

将异源表达的SWP12蛋白与家蚕微孢子虫几丁质壳孵育，发现SWP12能够与脱蛋白的家蚕微孢子虫几丁质壳相结合（图9.20），推测SWP12可能通过与几丁质壳的结合稳定家蚕微孢子虫的结构。

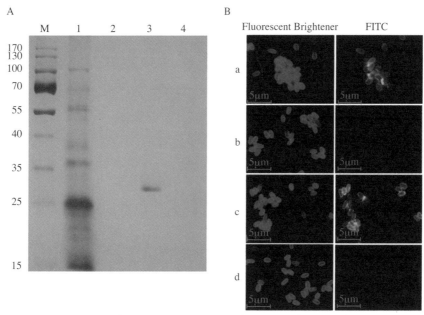

图9.20　重组表达SWP12与脱蛋白的家蚕微孢子虫几丁质壳相结合

A. SDS-PAGE；B. IFA；1. 家蚕微孢子虫总蛋白；2. 热碱处理后家蚕微孢子虫几丁质壳蛋白；3. 重组表达SWP12 与脱蛋白几丁质壳结合；4. 重组表达RBL21与脱蛋白几丁质壳不结合

9.2.4.4　SWP5

家蚕微孢子虫孢壁蛋白SWP5在微孢子虫家族的孢壁蛋白中具有非常独特的意义。SWP5蛋白作为一种孢壁蛋白，不仅表达在孢子的孢外壁，还在孢子的重要侵染细胞器——极管上也有表达（图9.21，图9.22）。对于微孢子虫而言，孢壁和极管是两个行使独立功能的细胞器，SWP5蛋白既定位在孢壁也

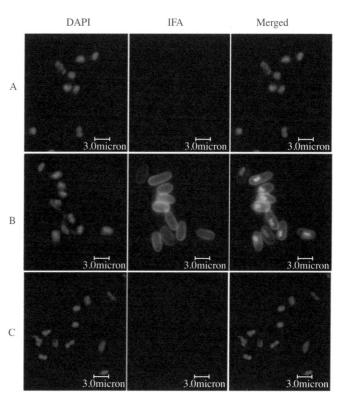

图 9.21　间接免疫荧光法检测成熟家蚕微孢子虫的孢壁蛋白SWP5的表达（Li et al., 2012）

A. 阴性血清对照；B. 孢子经DAPI和anti-SWP5处理后，呈现蓝色和绿色荧光信号；C. 孢子经SDS处理后，在用anti-SWP5抗血清作为一抗孵育，孢子未见绿色荧光信号

定位在极管，可能是由于家蚕微孢子虫在长期的进化历程中，极管在分化形成之前也可能是孢壁的组成部分，极管的最终分化形成可能是孢壁内陷的结果。

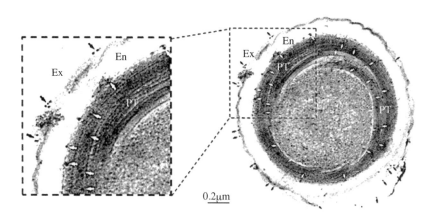

图 9.22 家蚕微孢子虫孢壁蛋白SWP5定位在成熟孢子的外壁和孢内极管区域（Li et al., 2012）

箭头所指为胶体金颗粒；En. 孢外壁；Ex. 孢内壁；N. 核；PT. 极管

　　SWP5蛋白的信息学特征如图9.23所示，该蛋白质预测为亲水性蛋白，赖氨酸和谷氨酸是该蛋白质的主要氨基酸，所占比例分别为12.9%和11.3%。高比例的赖氨酸自N端到C端均有分布，使得SWP5蛋白的结构稳定性相对较差。SWP5具有39个带负电荷和25个带正电荷的氨基酸残基。SWP5蛋白不具有任何已知的蛋白功能结构域，仅在N端和C端预测有5个酪蛋白激酶Ⅱ型磷酸化位点和3个蛋白激酶C型磷酸化位点，以及1个细菌型Ig-like结构域的小片段残余。SWP5蛋白预测有8个O-糖基化位点和8个赖氨酸ε-氨基团糖基化位点，不具有N-糖基化和C-甘露糖基化位点。此外，在C端（氨基酸座位149~165）具有一个由8个氨基酸组成的随机重复序列"EDDKSKKNG"，该重复序列可能代表了一个特有的结构单元。SWP5蛋白的N端具有一个由22个氨基酸组成的信号肽，但不具备跨膜域和GPI锚定位点。

图9.23 SWP5的氨基酸序列特征和蛋白质同源性比对分析（Li et al., 2012）

Nosema bombycis. 家蚕微孢子虫；*Nosema ceranae*. 蜜蜂微孢子虫；signal peptide. 信号肽；"K". 赖氨酸 ε-氨基；"S/T". O-糖基化位点；①. 酪蛋白激酶Ⅱ型磷酸化位点；②. 蛋白激酶C型磷酸化位点；③. Big-1（细菌Ig-like结构域）

　　关于SWP5蛋白的功能，免疫共沉淀、质谱鉴定和间接免疫荧光共定位分析发现（图9.24，图9.25，表9.2），SWP5与组成极管的蛋白PTP2和PTP3存在相互作用的关系。孢壁蛋白SWP5在孢子发芽弹出极管的过程中，存在从孢壁上脱落的现象。此外，SWP5蛋白与家蚕微孢子虫极管的弹出具有一定的关系，该蛋白质能在一定程度上影响孢子极管的弹出。孢子经

anti-SWP5抗血清处理后其极管弹出率相对于对照组下降了42%，相对于阴性血清处理组下降了30%（图9.26）。

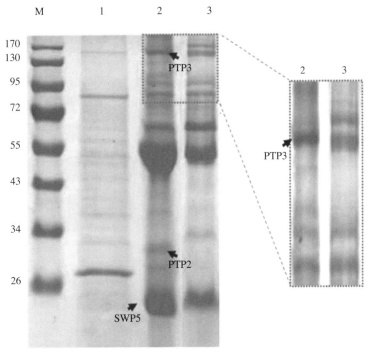

图 9.24　家蚕微孢子虫孢壁蛋白SWP5与极管蛋白PTP2和PTP3的互作（Li et al., 2012）

M. 蛋白质分子质量标准；1. 孢子总蛋白；2. 在anti-SWP5抗血清条件下的免疫共沉淀结果；3. 在鼠阴性血清条件下的免疫共沉淀结果；插入图片为方框放大部分；箭头分别标示SWP5、PTP2和PTP3

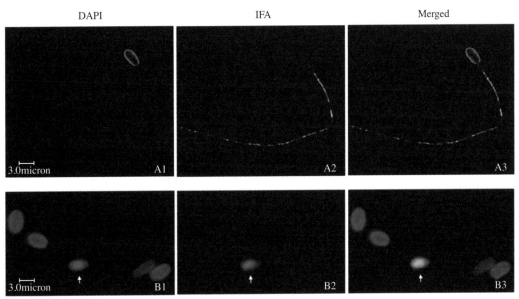

图 9.25　间接免疫荧光分析孢壁蛋白SWP5与极管的共定位（Li et al., 2012）

A1~A3. K_2CO_3诱导发芽后的孢子，弹出的极管经anti-SWP5抗血清（一抗）和荧光标记羊抗鼠FITC-conjugated IgG（二抗）孵育；B1~B3. 纯化的孢子经一抗anti-SWP5抗血清孵育后，体外K_2CO_3诱导发芽弹出极管，最后用二抗荧光标记二抗羊抗鼠FITC-IgG孵育；A1和B1：K_2CO_3诱导发芽后的孢子经核酸荧光染料DAPI染色；箭头所示为未发芽的孢子，未发芽孢子表面呈现明亮的绿色荧光，孢核呈现明亮的蓝色荧光。A3和B3：分别为A1与A2、B1与B2的图片Merge。anti-SWP5抗血清的工作浓度为1∶100稀释，FITC-conjugated IgG工作浓度为1∶64稀释。图片放大倍数为1000倍，标尺为3μm

表9.2 免疫共沉淀鉴定蛋白的LC-MS/MS质谱分析（Li et al., 2012）

protein	Accession number	pI/MM/kDa	CoverPercent	Lc-MS/MS Peptides Mass hits					Diff (MH+)/Da
				m/z	Overlap/total	Charge	MM(MH+)/Da	Sequence	
PTP2	HQ881498	9.69/31.4	56.12%	1172.7	22/32	1	1 841.097 40	AKEAYVFNA/GEVLSTK	1.29640
				1032.4	15/20	2	1 280.448 80	AVCNIQYINGK	-2.73520
				2170.0	23/28	2	1 641.846 30	EAYVFNAIGEVLSTK	0.56030
				211.5	17/26	2	1 611.735 30	IIPANNNPAECQR	-1.04170
				777.4	19/24	2	1 552.868 90	IM*LAANIQHHFIK	1.20290
				1175.0	17/24	2	1 536.869 50	IMLAANIQHHFIK	1.29550
				809.0	18/28	2	1 739.908 20	KIIPANNNNPAECQR	1.25520
				1249.5	26/52	3	1 681.041 80	KIM*LAANIQHHFIK	-0.47120
				1214.4	31/72	3	2 221.406 90	LLNELKNEPEYTVTGEENK	2.29490
				1846.5	36/92	3	2 809.120 70	LLNELKNEPEYTVTGEENKVNVFK	0.55470
				646.9	18/24	2	1 510.541 60	NEPEYTVTGEENK	0.48860
				975.2	22/34	2	2 098.255 40	NEPEYTVTGEENKVNVFK	0.80340
				1251.4	24/42	2	2 467.670 00	NYDLFVNILSNTTVSEPGPEEK	0.11100
				674.9	18/44	2	2 595.842 90	NYDLFVNILSNTTVSEPGPEEKK	-0.61110
				397.6	18/30	2	1 746.891 10	STPQTAEGTPLINECK	0.56610
				733.3	15/24	2	1 469.691 90	AQQQM*LPAVVDPR	0.22090
				1252.4	18/24	2	1 453.692 50	AQQQMLPAVVDPR	0.36150
				1527.6	16/22	2	1 408.621 70	KAVCNIQYINGK	0.48770
				824.9	15/18	2	1 059.158 60	QAQAIETAAR	0.23160
PTP3	JF739554	6.73/150.3	4.56%	897.4	17/30	1	1 800.943 80	TFIDEEVSNVGEAYVK	0.01280
				771.7	16/28	2	1 712.838 20	YPTAVADEEFDSLVR	-0.36580
				947.2	19/34	2	2 015.233 10	ALADSLGMTEEDFIQFAR	0.58210
				297.1	15/20	2	1 272.390 10	AVAELQDEIQR	-0.66390
				1221.8	22/42	2	2099.24820	SDQVIAGPNGGTSALSQATAPR	-0.27280
				1059.7	13/16	1	902.975 50	VAAENATAR	0.15650
				535.7	13/24	2	1 467.716 00	VGSLITDFNTMLR	-1.03300

综上，微孢子虫的孢壁蛋白对其侵染具有重要作用，但其作用机制还不明确。随着微孢子虫基因组数据的逐渐丰富，以及孢壁蛋白研究的深入，将有更多的孢壁蛋白被鉴定，其功能及作用机制将会被阐明。

9.2.5 家蚕微孢子虫孢壁蛋白与孢壁几丁质的关系

家蚕微孢子虫孢壁由3层结构组成，由外到内依次为高电子密度的刺突状外层即孢子外壁、电子透明薄层即孢子内壁和纤维性内层即原生质膜，而孢子内壁主要由几丁质组成（Bigliardi et al., 1997；Bigliardi et al., 1996；Frixione et al., 2007）。1977年，Manners和Meyer（1977）利用热碱获得了裂殖酵母细胞壁中的糖链结构；2010年，Chatterjee等利用1 mol/L NaOH煮沸兰伯氏贾第虫提

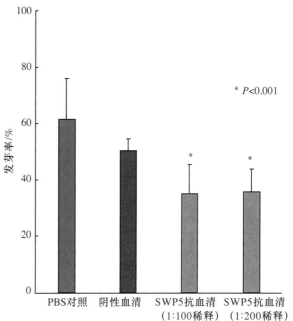

图9.26 孢壁蛋白SWP5抗血清影响孢子的人工发芽率（Li et al., 2012）

成熟孢子分别经anti-SWP5抗血清和鼠阴性血清在28℃孵育2h后，经0.1mol/L K$_2$CO$_3$诱导发芽，DAPI染色后荧光显微镜下观察统计极管的弹出率。统计显著性水平规定为P<0.001，数据均表示为平均值±标准误。

取到包囊壁中的脱蛋白N-乙酰半乳糖胺聚合物，该结构是一种疏松弯曲的纤维状晶体结构，并且变得比正常包囊壁厚（Chatterjee et al., 2010）。利用1mol/L NaOH煮沸家蚕微孢子虫1h，也可获得没有任何蛋白质的结构（图9.27），经过DAPI染色和透射电子显微镜发现在正常的孢子内有双核、极管和后极泡等其他细胞器结构（图9.28B、D），但处理后的结构内部没有任何细胞器和双核结构存在（图9.28A、C），同时发现处理后的结构比正常的家蚕微孢子虫变得疏松（图9.29B、C），并且经荧光增白剂染色发现该结构是几丁质成分（图9.29A）。

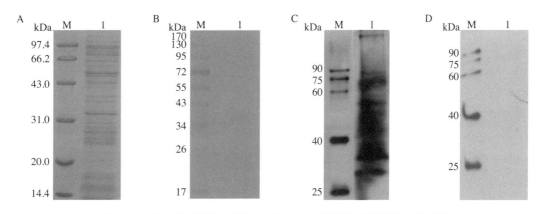

图9.27 正常家蚕微孢子虫和1mol/L NaOH煮沸孢子后的蛋白质检测

A. 正常家蚕微孢子虫总蛋白考马斯亮蓝染色；泳道1. 家蚕微孢子虫总蛋白；B. 1mol/L NaOH煮沸孢子后的蛋白硝酸银染色；泳道1. M NaOH煮沸孢子后的脱蛋白几丁质成分；C. 利用家蚕微孢子虫总蛋白抗体进行Western blotting 检测正常家蚕微孢子虫总蛋白；泳道1. 家蚕微孢子虫总蛋白；D. 利用家蚕微孢子虫总蛋白抗体进行Western blotting 检测1mol/L NaOH煮沸孢子后的脱蛋白几丁质中的蛋白；泳道1. mol/L NaOH煮沸孢子后的脱蛋白几丁质成分

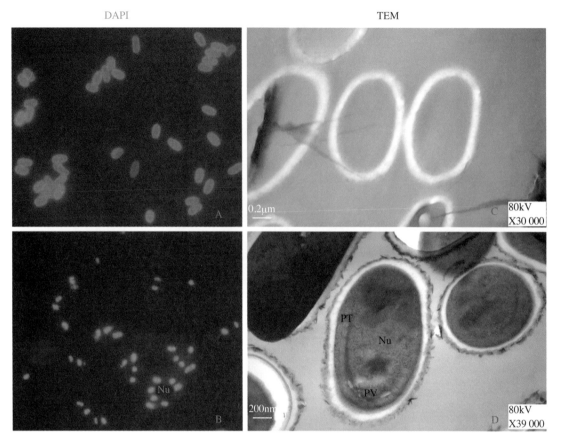

图9.28 DAPI和透射电镜检测正常家蚕微孢子虫和1 M NaOH煮沸孢子后的脱蛋白几丁质壳

A. 1mol/L NaOH煮沸孢子后的脱蛋白几丁质壳DAPI染色；B. 正常家蚕微孢子虫DAPI染色；C. 1 mol/L NaOH煮沸孢子后的脱蛋白几丁质壳透射电镜观察；D. 正常家蚕微孢子虫透射电镜观察；Nu. 细胞核；PT. 极管；PV. 后极泡

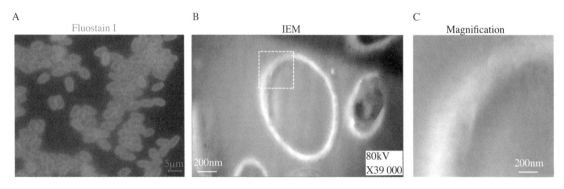

图9.29 脱蛋白几丁质壳荧光增白剂染色和透射电镜观察

A. 1mol/L NaOH煮沸孢子后的脱蛋白几丁质壳荧光增白剂（Fluostain Ⅰ）染色；B. 1mol/L NaOH煮沸孢子后的脱蛋白几丁质壳透射电镜观察；C. B图中白色虚线方框区域放大

在兰伯氏贾第虫中，包囊壁蛋白能够结合到脱蛋白N-乙酰半乳糖胺聚合物上，将N-乙酰半乳糖胺聚合物压成扁平紧密的结构来形成包囊壁。在家蚕微孢子虫中，天然的孢壁蛋白SWP26、SWP1和SWP3能够结合到疏松的几丁质结构上，但是SWP2不能结合到该结构上（图9.30）；另外，利用1mol/L NaOH在室温下提取到碱溶蛋白，将碱溶蛋白再与脱蛋白几丁质壳进行结合，发现除了SWP3以外，其他的孢壁蛋白都不能结合到几丁质壳上。

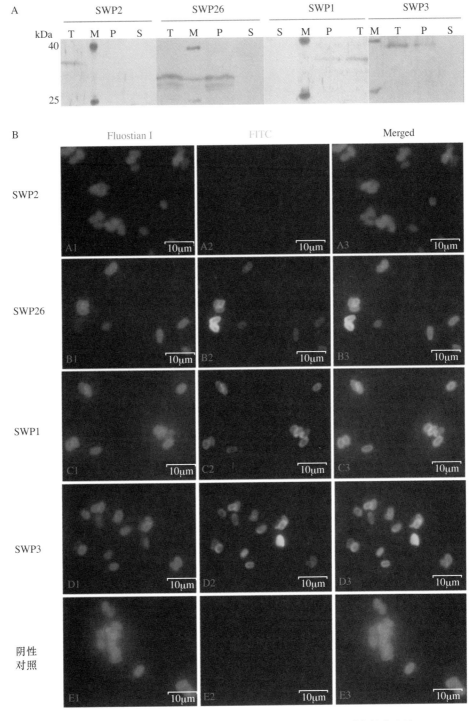

图9.30　家蚕微孢子虫碱溶蛋白中孢壁蛋白与脱蛋白几丁质壳结合实验

家蚕微孢子虫碱溶蛋白SWP26、SWP1和SWP3能够与脱蛋白几丁质壳相结合，SWP2不能与脱蛋白几丁质壳相结合；A. Western blotting检测碱溶孢壁蛋白SWP2、SWP26、SWP1和SWP3与脱蛋白几丁质壳的结合；T. 家蚕微孢子虫碱溶蛋白上清；P. 磷酸盐缓冲液（PBS）洗6次后的结合了碱溶蛋白的脱蛋白几丁质壳；S. 磷酸盐缓冲液（PBS）洗6次后的未结合到脱蛋白几丁质壳上清碱溶蛋白；B. 间接免疫荧光实验（IFA）检测碱溶孢壁蛋白SWP2、SWP26、SWP1和SWP3与脱蛋白几丁质壳的结合；荧光增白剂（Fluostain Ⅰ）染色：A1、B1、C1、D1和E1；A2、B2、C2和D2：SWP2、SWP26、SWP1和SWP3与脱蛋白几丁质壳的结合；E2. 阴性血清与几丁质壳结合；A3、B3、C3、D3和E3是A1和A2，B1和B2，C1和C2，D1和D2及E1和E2的叠加；一抗以1：200稀释，二抗为FITC标记的羊抗鼠IgG，1：64稀释

参考文献

陈剑，刘强波，涂增，等 . 2007. 家蚕微孢子虫 (*Nosema bombycis*) 交叉感染的孢子形态变化及表面蛋白差异 . 蚕业科学，33(2)：311-313.

陈祖佩，崔红娟 . 1995. 家蚕微孢子虫 *Nosema bombycis* 抗体蛋白非特异性结合的去除研究 . 西南农业学报，8(4)：84-88.

崔红娟，周泽扬，万永继，等 . 1999. 家蚕微孢子虫表面抗原蛋白对家蚕致病性的影响 . 蚕业科学，25(004)：261-262.

崔红娟，万永继 . 1999. 家蚕微孢子虫 (*Nosema bombycis*) 表面蛋白提取法研究 . 西南农业大学学报，21(004)：367-369.

郭锡杰，黄可威 . 1995. 家蚕几种病原微孢子虫的比较研究 . 蚕业科学，21(002)：96-101.

河原畑勇 . 1982. 微粒子病病原 *Nosema bombycis* 昆虫培养细胞中孢子形成 . 九州蚕丝，13：60-62.

河原畑勇 . 1986. 家蚕微粒子病病原 *Nosema bombycis* 及其近缘种的免疫学鉴定 . 国外农学蚕业，2：19-21.

黄少康，鲁兴萌，汪方炜，等 . 2004. 两种微孢子虫孢子表面蛋白及对家蚕侵染性的比较研究 . 蚕业科学，30(002)：157-163.

黄天谊，程勤，黄亚明 . 1994. 不同地区间日疟原虫环子孢子蛋白基因两侧翼 DNA 序列的比较 . 中国寄生虫学与寄生虫病杂志，(2)：85-93.

李艳红，吴正理，潘国庆，等 . 2007. 家蚕微孢子虫在家蚕胚胎细胞系 BmE-SWU1 中的极丝弹出情况 . 动物学报，53(6)：1107-1112.

刘强波，万永继 . 2005. 微孢子虫侵染研究进展 . 蚕学通讯，25(1)：19-25.

龙綮新，柯昭喜 . 1995. 微孢子虫孢子表面蛋白电泳分析及其在种类鉴定上应用的初步研究 . 昆虫天敌，17(1)：27-32.

梅玲玲，金伟 . 1989. 家蚕微孢子虫与桑尺蠖微孢子虫的研究 . 蚕业科学，15(3)：135-138.

潘国庆，谭小辉，党晓群，等 . 2009. 家蚕微孢子虫孢壁蛋白 SWP25，SWP30，SWP32 的表达谱分析 . 蚕业科学，35(2)：328-332.

万永继，敖明军 . 1995. 家蚕病原性微孢子虫 SCM7 (*Endoreticulatus* sp.) 的分离和研究 . 蚕业科学，21(003)：168-172.

Bigliardi E, Gatti S, Sacchi L. 1997. Ultrastructure of microsporidian spore wall:the ultrastructure of microsporidian spore wall: *Encephalitozoon hellem* exospore. Ital J Zool, 64: 1-5.

Bigliardi E, Selmi MG, Lupetti P, et al. 1996. Microsporidian spore wall: ultrastructural findings on *Encephalitozoon hellem* exospore. J Eukaryot Microbiol , 43: 181-186.

Bohne W, Ferguson DJ, Kohler K, et al. 2000. Developmental expression of a tandemly repeated, glycine- and serine-rich spore wall protein in the microsporidian pathogen *Encephalitozoon cuniculi*. Infect Immun, 68(4): 2268-2275.

Bouzahzah B, Nagajyothi F, Ghosh K, et al. 2010. Interactions of *Encephalitozoon cuniculi* polar tube proteins. Infect Immun, 78(6): 2745-2753.

Brosson D, Kuhn L, Prensier G, et al. 2005. The putative chitin deacetylase of *Encephalitozoon cuniculi*: a surface protein implicated in microsporidian spore wall formation. FEMS Microbiol Lett, 247(1): 81-90.

Burges HD, Canning EU, Hulls IK, 1974. Ultrastructure of *Nosema oryzaephili* and the taxonomic value of the polar filament. J Invertebr Pathol, 23(2): 135-139.

Cali A, Weiss LM, Takvorian PM. 2002. Brachiola algerae spore membrane systems, their activity during extrusion, and a new structural entity, the multilayered interlaced network, associated with the polar tube and the sporoplasm. J Eukaryot Microbiol, 49(2): 164-174.

Cavalier-Smith T. 1998. A revised six-kingdom system of life. Biolog Rev, 73(3): 203-266.

Chatterjee A, Carpentieri A, Ratner DM, et al. 2010. Giardia cyst wall protein 1 is a lectin that binds to curled fibrils of the Gal NAc homopolymer. PLoS Pathog, 6(8): e1001059.

Delbac F, Duffieux F, David D, et al. 1998. Immunocytochemical identification of spore proteins in two microsporidia, with emphasis on extrusion apparatus. J Eukaryot Microbiol, 45(2): 224-231.

Delbac F, Peuvel I, Metenier G, et al. 2001. Microsporidian invasion apparatus: identification of a novel polar tube protein and evidence for clustering of ptp1 and ptp2 genes in three *Encephalitozoon* species. Infect Immun, 69(2): 1016-1024.

Dolgikh VV, Semenov PB, Mironov AA, et al. 2005. Immunocytochemical identification of the major exospore protein and three polar-tube proteins of the microsporidia *Paranosema grylli*. Protist, 156(1): 77-87.

Enriquez FJ, Wagner G, Fragoso M, et al. 1998. Effects of an anti-exospore monoclonal antibody on microsporidial development *in vitro*. Parasitology, 117(06): 515-520.

Erickson JBW, Blanquet RS. 1969. The occurrence of chitin in the spore wall of *Glugea weissenbergi*. J Invertebr Pathol, 14(3): 358-364.

Frixione E, Ruiz L, Cerbon J, et al. 1997. Germination of *Nosema algerae* (Microspora) spores: conditional inhibition by D_2O, ethanol and Hg^{2+} suggests dependence of water influxupon membrane hydration and specific transmembrane pathways. J Eukaryot Microbiol, 44(2): 109-116.

Frixione E, Ruiz L, Santillán M, et al. 1992. Dynamics of polar filament discharge and sporoplasm expulsion by microsporidian spores. Cell Motil Cytoskeleton, 22(1): 38-50.

Frixione E, Ruiz L, Undeen AH. 1994. Monovalent cations induce microsporidian spore germination *in vitro*. J Eukaryot Microbiol, 41(5): 464-468.

Grynkiewicz G, Poenie M, Tsien RY. 1985. A new generation of Ca^{2+} indicators with greatly improved fluorescence properties. J Biolog Chem, 260(6): 3440-3450.

Hashimoto K, Sasaki Y, Takinami K. 1976. Conditions for extrusion of the polar filament of the spore of *Plistophora anguillarum*, a microsporidian parasite in *Anguilla japonica*. Bulletin Japan Soc Sci Fish, 42: 74-78.

Hayman JR, Hayes SF, Amon J, et al. 2001. Developmental expression of two spore wall proteins during maturation of the microsporidian *Encephalitozoon intestinalis*. Infect Immun,

69(11): 7057-7066.

Ishihara R, Hayashi Y. 1968. Some properties of ribosomes from the sporoplasm of *Nosema bombycis*. J Invertebr Pathol, 11(3): 377-385.

Jensen HM, Wellings SR. 1972. Development of the polar filament-polaroplast complex in a microsporidian parasite. J Eukaryot Microbiol, 19(2): 297-305.

Keohane EM, Orr GA, Takvorian PM, et al. 1996. Purification and characterization of human microsporidian polar tube proteins. J Eukaryot Microbiol, 43(5): 100S.

Keohane EM, Orr GA, Zhang HS, et al. 1998. The molecular characterization of the major polar tube protein gene from *Encephalitozoon hellem*, a microsporidian parasite of humans. Mol Biochem Parasitol, 94(2): 227-236.

Keohane EM, Weiss LM. 1998. Characterization and function of the microsporidian polar tube: a review. Folia Parasitol (Praha), 45(2): 117-127.

Kudo R. 1921. On the nature of structures characteristic of cnidosporidian spores. Trans Amer Microscop Soc, 40(2): 59-74.

Kurtti TJ, Brooks MA. 1977. The rate of development of a microsporidan in moth cell culture. J Invertebr Pathol, 29(2): 126-132.

Leitch GJ, Visvesvara GS, He Q. 1993. Inhibition of microsporidian spore germination. Parasitol Today, 9(11): 422-424.

Li Y, Wu Z, Pan G, et al. 2009. Identification of a novel spore wall protein (SWP26) from microsporidia *Nosema bombycis*. Int J Parasitol, 39(4): 391-398.

Li Z, Pan G, Li T, et al. 2012. SWP5, a spore wall protein, interacts with polar tube proteins in the parasitic microsporidian *Nosema bombycis*. Eukaryot Cell, 11(2): 229-237.

Lom J, Vavra J. 1963. The mode of sporoplasm extrusion in microsporidian spores. Acta Protozool, 1: 81-89.

Luján HD, Conrad JT, Clark CG, et al. 1998. Detection of microsporidia spore-specific antigens by monoclonal antibodies. Hybridoma, 17(3): 237-243.

Manners DJ, Meyer MT. 1977. The molecular structures of some glucans from the cell walls of *Schizosaccharomyces pombe*. Carbohydrate Research, 57: 189-203.

Ohshima K. 1937. On the function of the polar filament of *Nosema bombyc*is. Parasitol, 29(02): 220-224.

Peuvel I, Peyret P, Metenier G, et al. 2002. The microsporidian polar tube: evidence for a third polar tube protein (PTP3) in *Encephalitozoon cuniculi*. Mol Biochem Parasitol, 122(1): 69-80.

Peuvel I, Polonais V, Brosson D, et al. 2006. EnP1 and EnP2, two proteins associated with the *Encephalitozoon cuniculi* endospore, the chitin-rich inner layer of the microsporidian spore wall. Int J Parasitol, 36(3): 309-318.

Pleshinger J, Weidner E. 1985. The microsporidian spore invasion tube. Ⅳ. Discharge activation begins with pH-triggered Ca²⁺ influx. J Cell Biol, 100(6): 1834-1838.

Sato R, Kobayashi M, Watanabe H. 1982. Internal ultrastructure of spores of microsporidans isolated from the Silkworm, *Bombyx mori*. J Invertebr Pathol, 40(2): 260-265.

Shdduck JA, Polley MB. 1978. Some factors influencing the *in vitro* infectivity and replication of *Encephalitozoon cuniculi*. J Eukaryot Microbiol, 25(4): 491-496.

Sinden RE, Canning EU. 1974. The Ulrastructure of the spore of *Nosema algerae* (Protozoa, Microsporida), in relation to the hatching mechanism of microsporidian spores. J Gene Microbiol, 85(2): 350-357.

Southern TR, Jolly CE, Lester ME, et al. 2007. EnP1, a microsporidian spore wall protein that enables spores to adhere to and infect host cells *in vitro*. Eukaryotic Cell, 6(8): 1354.

Undeen AH, Avery SW. 1984. Germination of experimentally nontransmissible microsporidia. J Invertebr Pathol, 43(2): 299-301.

Undeen AH, Avery SW. 1988. Effect of anions on the germination of *Nosema algerae* (Microspora: Nosematidae) spores. J Invertebr Pathol, 52(1): 84-89.

Undeen AH, Epsky ND. 1990. *In vitro* and *in vivo* germination of *Nosema locustae* (Microspora: Nosematidae) spores. J Invertebr Pathol, 56(3): 371-379.

Undeen AH, Frixione E. 1990. The role of osmotic pressure in the germination of *Nosema algerae* spores. J Gene Microbiol, 37(6): 561-567.

Undeen AH. 1990. A proposed mechanism for the germination of microsporidian (Protozoa: Microspora) spores. J Theoret Biol, 142(2): 223-235.

Vavra J, Bedrnik P, Cinatl J. 1972. Isolation and *in vitro* cultivation of the mammalian microsporidian *Encephalitozoon cuniculi*. Folia Parasitol (Praha), 19(4): 349-354.

Vavra J, Larsson JIR. 1999. Structure of the Microsporidia. The Microsporidia and Microsporidiosis3（26）: 7-84.

Vávra J, Sprague V. 1976. Biology of the microsporidia. Comparative pathobiology, 1: 1-369.

Vavra J. 1972. Detection of polysaccharides in microsporidian spores by means of the periodic acid-thio-semicarbazide-silver proteinate test. J Microscopie, 14: 357-360.

Weber R, Bryan RT, Schwartz DA, et al. 1994. Human microsporidial infections. Clin Microbiol Rev, 7(4): 426.

Weidner E, William B. 1982. The microsporidian spore invasion tube. Ⅱ. role of calcium in the activation of invasion tube discharge. J Cell Biol, 93(3): 970-975.

Weidner E, Byrd W, Scarborough ANN, et al. 1984. Microsporidian spore discharge and the transfer of polaroplast organelle membrane into plasma membrane. J Eukaryot Microbiol, 31(2): 195-198.

Weidner E, Byrd W. 1982. The microsporidian spore invasion tube. Ⅱ. Role of calcium in the activation of invasion tube discharge. J Cell Biol, 93(3): 970-975.

Weidner E, Manale SB, Halonen SK, et al. 1995. Protein-membrane interaction is essential to normal assembly of the microsporidian spore invasion tube. Biol Bull, 188(2): 128-135.

Weidner E. 1970. Ultrastructural study of microsporidian development. Z Zellforsch Mikrosk Anat, 105(1): 33-54.

Weidner E. 1972. Ultrastructural study of microsporidian invasion into cells. Zeitschrift für Parasitenkunde, 40(3): 227-242.

Weidner E. 1976. The microsporidian spore invasion tube; the ultrastructure, isolation, and characterization of the protein comprising the tube. J Cell Biol, 71(1): 23-34.

Weidner E. 1982. The microsporidian spore invasion tube. Ⅲ. Tube extrusion and assembly. J Cell Biol, 93(3): 976-979.

Weiss L M. 2001. Microsporidia: emerging pathogenic protists. Acta Trop, 78(2): 89-102.

Wittner M, Weiss LM. 1999. The Microsporidia and Microsporidiosis. Washington, DC: ASM Press.

Wu Z, Li Y, Pan G, et al. 2008. Proteomic analysis of spore wall proteins and identification of two spore wall proteins from *Nosema bombycis* (Microsporidia). Proteomics, 8(12): 2447-2461.

Xu Y, Takvorian PM, Cali A, et al. 2004. Glycosylation of the major polar tube protein of *Encephalitozoon hellem*, a microsporidian parasite that infects humans. Infect Immun, 72(11): 6341-6350.

Xu YJ, Weiss LM. 2005. The microsporidian polar tube: a highly specialised invasion organelle. Int J Parasitol, 35(9): 941-953.

第10章
家蚕微孢子虫纺锤剩体

第10章　家蚕微孢子虫纺锤剩体

许金山　林立鹏　李　田

纺锤剩体（mitosome）是一类存在于某些单细胞真核生物中的退化性线粒体细胞器。纺锤剩体起源于线粒体，但在形态和功能上又与线粒体不同。纺锤剩体不能进行能量的合成、尿素循环和有氧呼吸代谢等线粒体应具备的功能，目前仅知其保留了铁硫簇合成的功能（Goldberg et al., 2008）。近年来，在溶组织内阿米巴（*Entamoeba histolytica*）、肠贾第虫（*Giardia intestinalis*）和微孢子虫（Microsporidia）等寄生虫中发现了纺锤剩体，为开展线粒体减缩进化分析提供了新的线索。

10.1　纺锤剩体

10.1.1　纺锤剩体的发现和形态

线粒体是真核生物区别于原核生物的主要特征之一。然而真核微生物中存在许多特别类群，它们虽为真核细胞，但却不具线粒体等典型细胞器。这些生物主要在厌氧或微量氧环境中生存，如双滴虫类（diplomonads）、副基体类（parabasalids）、内变形虫（archamoebae）和微孢子虫等，被称为"无线粒体"真核生物（Embley and Martin, 2006）。1987年原生生物学家Cavalier-Smith把无线粒体真核生物单独列为真核生物中的一个亚界，统称为"源真核生物"（Archezoa）。"源真核生物"假说认为这类生物是在线粒体产生之前即已分化的最原始的真核生物，处在原核生物向真核生物过渡的阶段（Cavalier-Smith, 1987）。基于多物种的核糖体小亚基DNA（SSUrDNA）和翻译延伸因子（EF factor）的系统进化分析都在一定程度上支持"源真核生物"假说。

无线粒体的溶组织内阿米巴的rRNA系统进化显示，它并不属于"源真核生物"，而属于有线粒体真核生物的类群，暗示内阿米巴原虫的祖先曾经拥有线粒体，但后来由于某种原因丢失了线粒体（Sogin, 1989）。随后，在溶组织内阿米巴核基因组中发现了具线粒体型的N端导肽的分子伴侣60（Cpn60）和吡啶核苷酸转氢酶（pyridine nucleotide transhydrogenase，PNT）基因，而且该Cpn60与其他真核生物的线粒体上的Cpn60基因具有共同的起源。同样，在双滴虫、副基体类、微孢子虫和内变形虫的核基因组中也发现有来源于线粒体的基因——线粒体型热激蛋白（heat shock protein 70）。基于此，这些"无线粒体"的真核生物被推测曾经拥有线粒体，是在进化中发生了二次丢失（secondary loss）后形成了"无线粒体"现象。间接免疫荧光及胶体金免疫电镜证实了Cpn60定位于溶组织内阿米巴细胞内的一种由双层膜包被的细胞器中，而缺失线粒体型导肽的Cpn60会在细胞质中积累，一旦恢复该导肽，Cpn60又正常定位到原细胞器上，而这个由双层膜包被的细胞器就是所谓的纺锤剩体（Mai et al., 1999；Tovar et al., 1999；Ghosh et al., 2000）。随后，在人气管普孢虫（*Trachipleistophora hominis*）、兔脑炎微孢子虫（*Encephalitozoon cuniculi*）、双滴类的肠贾第虫和顶复门的小球隐孢虫（*Cryptosporidium parvum*）等寄生虫中均鉴定到了纺锤剩体（图10.1）。"源真核生物"假说受到了重大冲击。

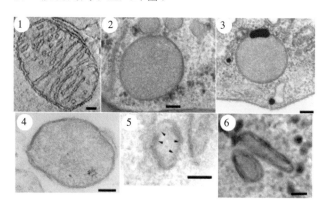

图10.1　线粒体、氢化酶体和纺锤剩体的透射电镜图（van der Giezen，2009）

1. 鸡小脑线粒体；2. 瘤胃真菌（*Neocallimastix patriciarum*）氢化酶体；3. 胎三毛滴虫（*Tritrichomonas foetus*）氢化酶体；4. 溶组织内阿米巴纺锤剩体；5. 人气管普孢虫纺锤剩体；6. 肠贾第虫的纺锤剩体；标尺：（1~4）100 nm；（5~6）50 nm

纺锤剩体与其他内共生起源细胞器一样由双层膜包裹，双层膜（内膜和外膜）相邻紧密，没有明显的膜间隙。纺锤剩体呈椭圆形，内膜不形成"嵴"，形态上类似于厌氧条件下酵母线粒体和疟原虫裂殖子的"无嵴"线粒体，以及厌氧寄生虫（如阴道毛滴虫）的氢化酶体。纺锤剩体在不同物种的大小、数目和分布并不一致。人气管普孢虫每个孢子中平均含有28个纺锤剩体，其大小约为50nm×90nm；肠贾第虫每个细胞中平均含有55个纺锤剩体，其大小约为60nm×140nm。因此，纺锤剩体是迄今为止发现的最小线粒体相关细胞器（图10.2）（Ghosh et al., 2000; Tovar et al., 2003; Riordan et al., 2003）。溶组织内阿米巴纺锤剩体呈卵圆形，直径为0.5~1.0 μm，每个营养体存在150多个纺锤剩体（Ghosh et al., 2000; Leon-Avila and Tovar, 2004）。小球隐孢虫每个孢子仅含有一个椭圆的纺锤剩体，位于孢子后部的细胞核和晶样体（crystalloid body）之间，直径为200~500nm。纺锤剩体在细胞内的分布位置并不固定，例如，微孢子虫*Vavraia culicis*、*Amblyospora* sp.、*Vairimorpha* sp.和*Marssoniella elegans*的纺锤剩体堆积于纺锤体斑（spindle plaque）上，处于凹陷的核膜上，这可能是由于细胞分裂时纺锤体斑参与了纺锤剩体的分离（Vavra, 2005）。肠贾第虫的纺锤剩体分布于胞质中，通常处于营养孢子（trophozoits）后部。肠贾第虫的两个细胞核之间都存在纺锤剩体连接形成的独特棒状结构，位于鞭毛尾部轴丝之间，推测该棒状结构与肠贾第虫纺锤剩体的分裂及形成有关（Regoes et al., 2005）。

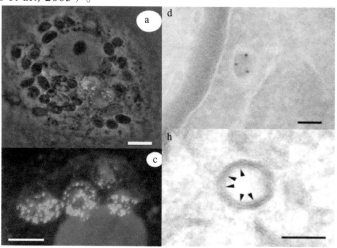

图10.2　人气管普孢虫的纺锤剩体（Williams et al., 2002）

10.1.2　纺锤剩体的功能

纺锤剩体在形成过程中丢失了能量代谢，以及典型线粒体的大部分功能。与线粒体和氢化酶体不同，纺锤剩体不能合成ATP。纺锤剩体中未发现三羧酸循环、细胞色素依赖的呼吸链和氧化磷酸化通路，也不能通过丙酮酸脱氢酶复合体合成乙酰辅酶A。氢化酶体含有氢化酶，能通过丙酮酸：铁氧还蛋白氧化还原酶合成乙酰辅酶A，为底物水平磷酸化提供原料，但这些途径在纺锤剩体中不存在。在纺锤剩体中未发现线粒体所具有的生物合成途径，包括血红素、生物素和心磷脂的生物合成，以及尿素循环、脂肪酸β-氧化、氨基酸和核苷酸代谢（Burri and Keeling, 2007; Hackstein et al., 2006）。纺锤剩体保留了线粒体铁硫簇（FeS cluster）的生物合成通路。铁硫簇合成是目前线粒体、氢化酶体和纺锤剩体唯一共有的功能（Embley and Martin, 2006）。

铁硫簇是普遍存在于生物体的最古老的辅基之一，最常见的两种形式是[2Fe-2S]和[4Fe-4S]，它们在细胞的新陈代谢过程中起着非常重要的作用（Lill and Mühlenhoff, 2006; Xu and Moeller, 2008）。铁硫蛋白通过活性位点中的铁硫簇介导电子传递、氧化应激反应和调节铁离子稳态，而在一些重要的酶，如TCA循环中的顺乌头酸酶和延胡索酸酶中，铁硫簇是它们的活性中心。研究表明，细菌中至少存在3个独立的系统来装配铁硫簇。ISC（iron-sulfur cluster）系统为许多"管家"铁硫蛋白成熟所需；固氮菌中NIF（nitrogen-fixing）系统主要是用于固氮酶中铁硫簇组装；SUF（sulfur mobilization）系统则是在氧化应激和缺铁条件下修复铁硫簇。有些细菌有多个铁硫簇装配系统，如大肠杆菌含有ISC系统和SUF系统，而有些细菌则仅含有其中的一个系统。真核生物铁硫簇仅在线粒体中进行装配，其组装过程与细菌的ISC系统类似。线粒体中的ISC系统起源于内共生体——变形细菌。在质体（plastids）和顶复门的恶性疟原虫的顶体（apicoplast）中存在SUF系统，可能起源于质体的祖先——蓝细菌（Tachezy et al., 2001）。仅内阿米巴及与其近缘的寄生真核生物存在NIF系统。

真核生物中主要以酵母为模式研究铁硫簇组装过程（图10.3）（Lill et al., 2005; Lill and Mühlenhoff, 2008）。酵母线粒体中发现有15个蛋白质参与铁硫簇生物合成，过程主要分为两步：首先，半胱氨酸脱硫酶复合体Nfs-Isd11作为硫的供体，Yfh1（frataxin）作为铁离子供体，电子通过Arh-Yah1复合体中输入，在支架蛋白Isu1组装成铁硫簇。然后，铁硫簇在专一的伴侣分子Ssq1（线粒体HSP70）、辅助分子伴侣Jac1、线粒体型单巯基谷氧还蛋白Grx5和核苷酸交换因子Mge1作用下，Isu1释放出铁硫簇并转移入脱辅基蛋白Apo（apoprotein）。然而，还有许多蛋白质参与铁硫簇的组装，它们所扮演的角色目前仍未确定。线粒体中铁硫簇的组装对细胞质和细胞核的铁硫蛋白的形成具有重要的作用。目前，已经发现3种线粒体膜蛋白对于铁硫蛋白的形成必不可少，这3个膜蛋白分别是线粒体内膜转运蛋白Atm1、位于线粒体膜间隙的巯基氧化酶Erv1、谷胱甘肽三肽GSH，后者是线粒体的主要自由巯基库。但是，铁硫簇从线粒体往细胞质运输的具体机制仍未知。除了线粒体中铁硫簇组装相关蛋白，酵母细胞质中还有4种蛋白质参与线粒体外铁硫蛋白的成熟，它们分别是Cfd1、Nbp35、Nar1和Cia1（Lill and Mühlenhoff, 2006）。

铁硫簇运出线粒体后，被Cfd1和Nbp35复合体接收，临时铁硫簇就在该复合体上形成，最后Cia1在Nar1的辅助下把预组装好的铁硫簇传递给目的铁硫蛋白。单细胞真核生物铁硫簇的合成在线粒体中完成，而多细胞动物ISC系统并非都在线粒体中。研究发现，ISC系统的许多关键组分（包括IscS、IscU和frataxin），不仅定位于线粒体，而且在细胞质和细胞核中也存在，参

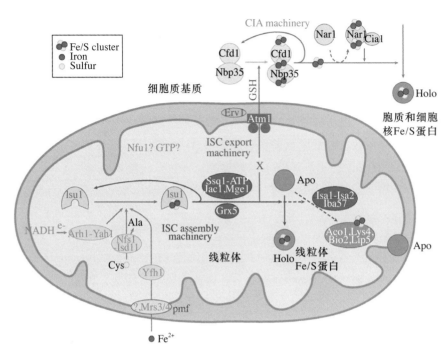

图10.3　线粒体中铁硫蛋白生物合成途径（Lill and Mühlenhoff，2008）

与了线粒体外铁硫簇的从头合成（Tong and Rouault，2000）。ISC系统在真核生物进化的哪个阶段转移到线粒体外，并在线粒体外执行何种功能，还有待于进一步研究。

肠贾第虫的纺锤剩体含有铁硫簇组装的关键组分，包括IscS蛋白，[2Fe2S]ferredoxin蛋白，IscU蛋白、mtHSP70蛋白和*Glutarredoxin5*基因，这些组分使纺锤剩体具有装配铁硫簇的功能（Tovar et al.，2003），并使脱辅基蛋白（apoprotein）获得铁硫簇（Rada et al.，2009）。尽管肠贾第虫纺锤剩体中存在铁硫簇组装的一些关键蛋白质，但缺乏Isd11、frataxin和ferredoxin还原酶等介导线粒体铁硫簇装配的同系物。迄今为止，未发现肠贾第虫纺锤剩体具有为ISC系统提供还原当量（reducing equivalents）和ATP合成的途径，这是由于对纺锤剩体相关代谢信息了解的不完整，还是因为二者均由胞质转运而来，有待于进一步研究确定。此外，肠贾第虫基因组中也不存在线粒体膜转运蛋白（Atm1和Erv1）的同系物及谷胱甘肽合成途径，但含有线粒体外铁硫蛋白成熟的胞质组分。因此，纺锤剩体铁硫簇组装是否为胞质铁硫蛋白成熟所需仍不清楚。

兔脑炎微孢子虫基因组有8个预测基因参与铁硫簇装配：核心组分IscS和IscU，伴侣分子线粒体型HSP70，铁离子伴侣分子frataxin，电子转运体[2Fe2S]ferredoxin、ferredoxin NADPH oxidoreductase（FNR），内膜转运蛋白Atm1和Erv1，这些基因的表达产物构成了兔脑炎微孢子虫纺锤剩体的代谢通路（图10.4）。亚细胞定位显示这些预测的参与铁硫簇装配的主要组分基因均定位于兔脑炎微孢子虫的纺锤剩体，首次揭示了微孢子虫纺锤剩体具有铁硫簇组装的功能（图10.5）。兔脑炎微孢子虫基因组中不存在线粒体转运蛋白家族，但含有4个核苷转运体（nucleotide transporter，NTT），这4个转运体负责提供纺锤剩体执行铁硫簇组装等功能时所需的能量，其中核苷转运体EcNTT3，定位于纺锤剩体并负责把细胞质中的能量分子转运进入纺锤剩体，而其他3个核苷转运体则定位于细胞质膜以获取宿主细胞的能量分子（图10.6）。

在蝗虫微孢子虫（*Antonospora locustae*）和人气管普孢虫发现纺锤剩体中存在交替氧化酶（alternative oxidase，AOX），该蛋白质与磷酸甘油穿梭偶联把糖酵解产生的NADH氧化为NAD$^+$，这有可能是某些微孢子虫纺锤剩体具有的一个新功能，而交替氧化酶在许多微孢子虫（如兔脑炎微孢子虫）中发生丢失（Williams et al.，2010）。

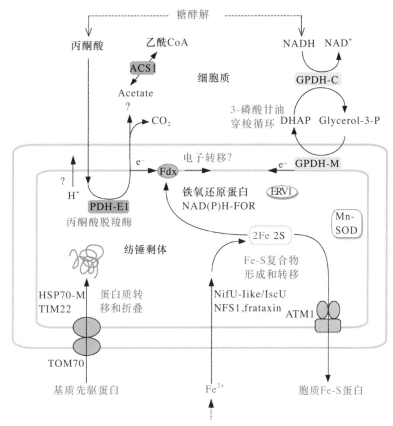

图10.4　兔脑炎微孢子虫纺锤剩体代谢模式图（Katinka et al.，2001）

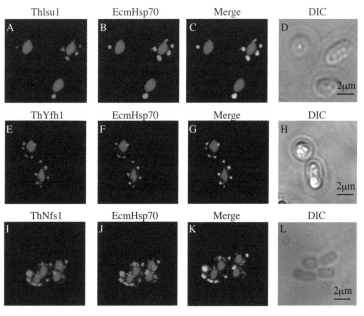

图 10.5　兔脑炎微孢子虫铁硫簇组装蛋白的定位（Goldberg et al.，2008）

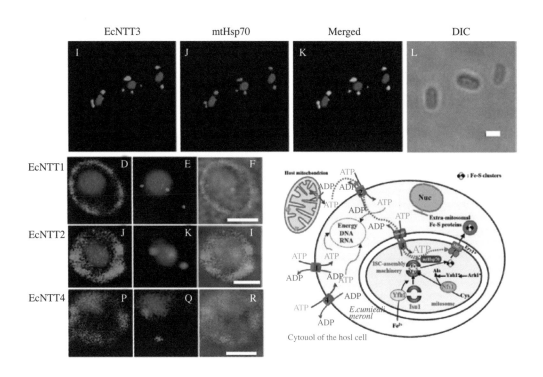

图 10.6　兔脑炎微孢子虫核苷转运体的定位（Tsaousis et al.，2008）

溶组织内阿米巴纺锤剩体中鉴定到至少95个蛋白质，其中ATP sulfurylase、APS kinase和 Inorganic pyrophosphatase参与硫活化，Sodium/sulfate symporter参与硫的摄取（Mi-ichi et al., 2011；Mi-ichi et al., 2009）。来自于内阿米巴属的*E. invadens*、*E. dispar*、*E. moshkovski* 的纺锤剩体*NifS*和*NifU*基因均水平转移来源于非固氮的 ε -变形细菌（non-diazotrophic ε -proteobacteria），因此NIF系统基因的水平转移事件可能发生在内阿米巴属发生分化之前 （Gill et al., 2007, van der Giezen et al., 2004）。

10.1.3　纺锤剩体的起源与进化

纺锤剩体起源于线粒体，并存在于不同生物类群，暗示了它经若干独立事件演化而来。 目前，有两种假说解释纺锤剩体起源。第一种假说认为，纺锤剩体直接垂直传递（vertical descent）于原始的线粒体内共生体（mitochondrial endosymbiont）。第二种假说认为，纺锤 剩体起源涉及两个连续的内共生事件：先形成原始的线粒体内共生体，后该原始的线粒体内 共生体丢失，另一嵌合细胞器（chimerical organelle）通过内共生形成并演化为纺锤剩体（图 10.7）。第一种假说有效解释了纺锤剩体是双层膜结构，并且它的蛋白质运输机制也与线粒体 相互保守（Dolezal et al., 2010）。该假说也解释了线粒体和纺锤剩体不能存在于同一个生物 内，说明纺锤剩体在许多真核生物中独立进化而产生。第二种假说虽然能够解释线粒粒另一相 关细胞器——氢化酶体中为什么存在氢化酶和丙酮酸：铁氧还蛋白氧化还原酶，但无法说明这 些细胞器在不同真核生物的多源性。

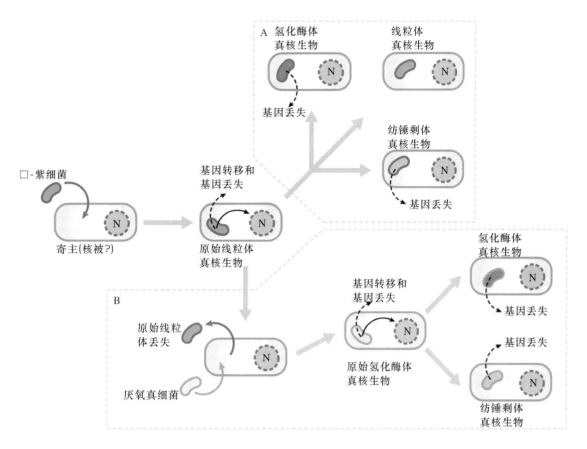

图10.7　线粒体、氢化酶体和纺锤剩体的进化（van der Giezen and Tovar, 2005）

A. 纺锤剩体和氢化酶体直接垂直传递于原始的线粒体内共生体；B. 纺锤剩体和氢化酶由于连续共生事件起源于嵌合细胞器；蓝色表示线粒体/α-变形菌；红色表示氢化酶体，黄绿色表示纺锤剩体；浅蓝色表示厌氧真细菌；N表示细胞核

10.2　家蚕微孢子虫纺锤剩体相关基因

10.2.1　纺锤剩体基因的同源鉴定

以酿酒酵母、拟南芥和人类的线粒体蛋白，阴道毛滴虫的氢化酶体蛋白，肠贾第虫、溶组织内阿米巴原虫、兔脑炎微孢子虫、东方蜜蜂微孢子虫和蝗虫微孢子虫的纺锤剩体蛋白序列作为检索序列，与家蚕微孢子虫基因组序列作TBLASTN和HMM比对检索，鉴定出了26个潜在的纺锤剩体相关蛋白编码基因，共编码21种蛋白质（表10.1）。其中，*Nbfrataxin*基因具有4个拷贝，*NbIscU*和*Nbferredoxin*具有两个拷贝。在21个鉴定的潜在纺锤剩体相关蛋白质中，有10个蛋白质参与铁硫簇的组装，5个蛋白质参与蛋白质的转运，1个蛋白质参与交替呼吸途径，1个为能量转运蛋白，2个抗氧化途径蛋白，以及2个参与丙酮酸脱羧。未发现参与三羧酸循环、氧化磷酸化、电子传递链、脂肪酸的β-氧化、尿素循环和细胞的程序性死亡等通路的酶类，也未发现参与氢化酶体能量代谢的酶类，如丙酮酸：铁氧还蛋白还原酶和氢化酶。家蚕微孢子虫21个潜在纺锤剩体编码蛋白基因中*Frataxin*、*Nfs*、*Erv*、*mtHsp70*、*Ferredoxin*、*PDHE1α*和*Tim22*位于共线性区域内，即这些基因座位的排布在不同微孢子虫基因组之间保守。而*IscU*、*PDHE1β*和*G3PDH*仅在家蚕微孢子和兔脑炎微孢子虫具有共线性关系（图10.8）。

表10.1 家蚕微孢子虫潜在纺锤剩体相关基因（林立鹏，2012）

功能	基因	基因功能*	基因代号	基因长度/aa	蛋白等电点/分子质量/kDa
Iron cluster assembly	NbIscU	As dimmer scaffolds initial ISC assembly between two monomers and then transfers it to apo-proteins	NBO_378g0009, NBO_28g0063	140	8.90/15.4
	NbNfs	Provides sulphur for ISC assembly in scaffold dimmers or in situ ISC assembly/repair	NBO_559g0005	439	7.12/48.2
	Nbfrataxin	Stores/Provides Fe directly to ISC assembly	NBO_1174gi001, NBO_453g0005, NBO_74g0007,NBO_61g0013	124	5.64/14.0
	Nbferredoxin	Provides electrons for ISC assembly/transfer/repair	NBO_16g0010, NBO_16g0018	119	5.89/13.3
	NbFNR	Ferredoxin reductase	NBO_63g0020		9.79/39.1
	Nbmthsp70	Assists in proper folding of ISC biosynthetic proteins, namely Yfh1 and Isa-Isu proteins/Assists in maintaining ISC assembled in scaffold dimmer for proper transfer	NBO_20g0014	525	8.48/58.1
	NbIsd11	fundamental for Nfs1 action	NBO_65g0007	84	7.76/9.9
	NbGrx5	Regulates glutathionylation state of protein cysteinyl residues	NBO_3g0003	190	4.92/22.4
	NbAtm1	Involved in ISC export for cytoplasm and nuclear proteins	NBO_423g0006	278	5.17/31.4
	NbErv1	Involved in ISC export for cytoplasm and nuclear proteins	NBO_66g0009	174	9.03/19.7
Protein translocation	NbTom40	Translocation channel	NBO_371g0007	280	8.92/32.0
	NbTom70	Promotes substrate binding	NBO_8gi002	515	7.84/61.8
	NbSam50	Membrane protein assembly	NBO_937g0001	343	9.60/38.8
	NbPam16	J-related regulator of Pam18	NBO_220g0005	88	9.30 / 10.3
	NbTim22	Central, channel-forming subunit of TIM22 complex	NBO_27g0057	72	10.62 / 8.4
Metabolism	NbG3PDH	An enzyme that catalyzes the reduction of dihydroxyacetone phosphate (aka glycerone phosphate, outdated) to sn-glycerol 3-phosphate	NBO_84g0004	592	8.62 / 68.1
	NbPDHE1α	the decarboxylation of pyruvate,gives rise to the "active aldehyde" intermediate	NBO_55g0005	331	5.16 / 37.4
	NbPDHE1β	Dihydrolipoamide acetyl transferase	NBO_32g0044	320	5.54 / 35.71
Anti-oxidation pathway	Mnsod1	Ensure protection against oxygen radicals	NBO_469g0002	225	5.98 / 26.1
	Mnsod2	Ensure protection against oxygen radicals	NBO_469g0003	225	6.06 / 26.5
Energy import	NbNTT1	ADP/ATP carrier protein	NBO_55g0018	507	9.07 / 59.0

注：* 列表示以酿酒酵母同源基因为参照

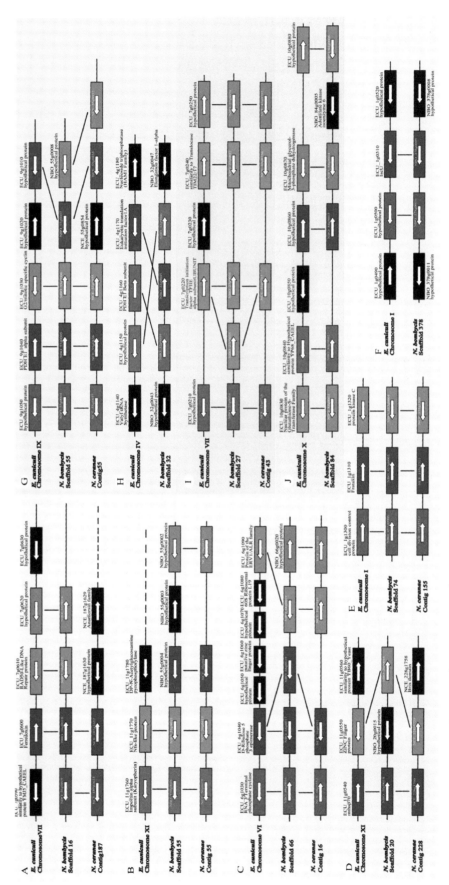

图10.8　家蚕微孢子虫、东方蜜蜂微孢子虫和兔脑炎微孢子虫纺锤剩体基因之间的共线性（林立鹏，2012）

A. Ferredoxin；B. NFs；C. Erv1；D. mtHsp70；E. Frataxin；F. IscU；G. PDHE1 alpha；H. PDHE1 beta；J. Tim22

10.2.2　纺锤剩体基因亚细胞定位序列特征

部分纺锤剩体蛋白被转运进入纺锤剩体依赖于其N端的导肽序列。通常线粒体蛋白的前体蛋白N端都有一段可剪切的导肽。导肽一般由10～80个氨基酸残基构成，含有丰富的带正电荷的碱性氨基酸残基，特别是精氨酸，带正电荷的氨基酸残基有助于前导肽序列进入带负电荷的基质中。导肽通常可形成两性α螺旋：一侧是带正电荷的亲水表面，另外一侧为疏水性表面，这种结构特征有利于穿越线粒体的双层膜。大约有65%酿酒酵母线粒体前体蛋白具有前导序列，而部分线粒体蛋白的靶向信号可能存在于成熟蛋白的序列中，不存在序列上的保守性（Neupert and Herrmann,2007）。

家蚕微孢子虫纺锤剩体蛋白的亚细胞定位进行预测显示，21个纺锤剩体蛋白无N端导肽，仅4个预测有N端线粒体导肽序列（表10.2），它们分别是Nbfrataxin、NbG3PDH、NbErv1和NbPDHE1α，而且在N端导肽切割位点的-2位上具有保守的精氨酸。家蚕微孢子虫纺锤剩体导肽较短，大部分微孢子虫的纺锤剩体蛋白N端明显减缩（图10.9）。

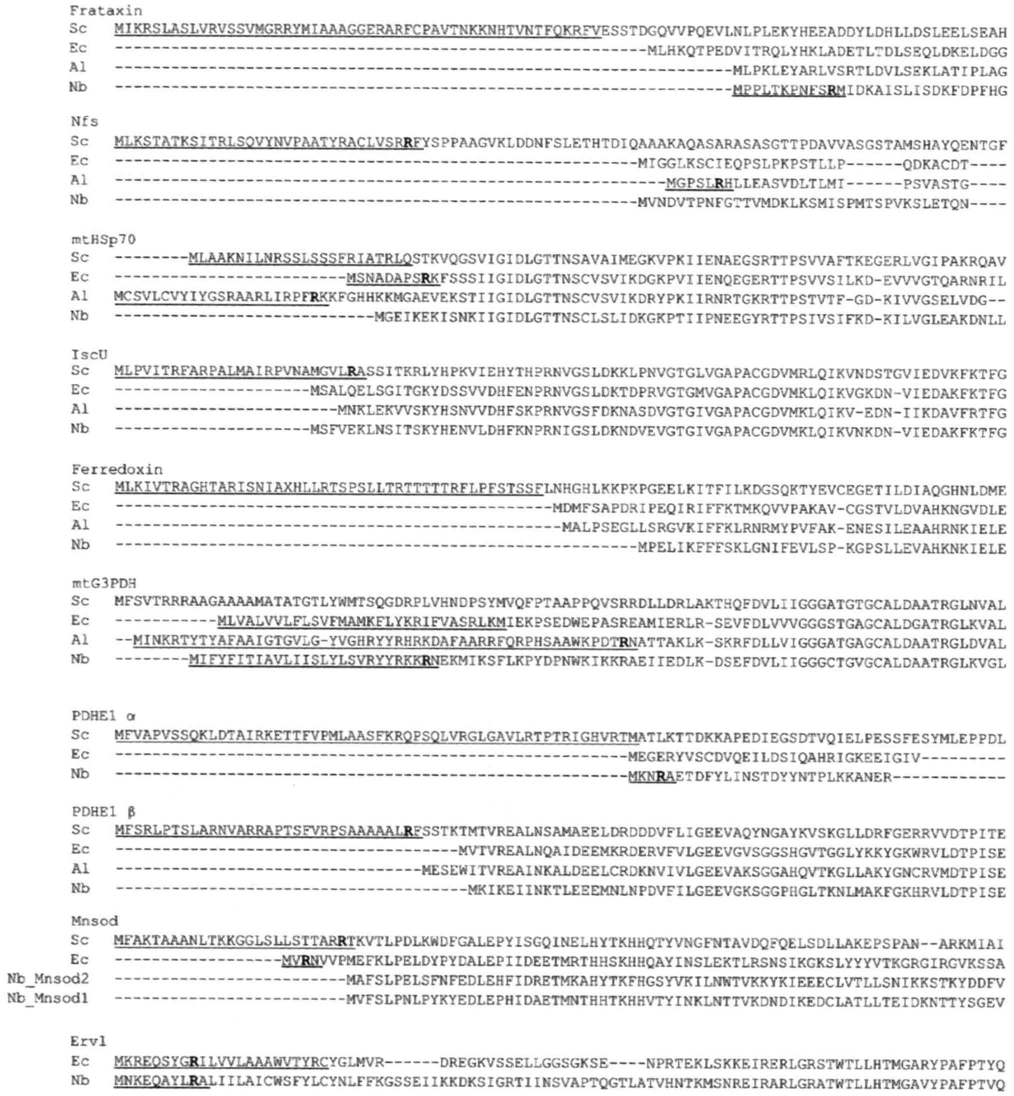

```
Frataxin
Sc   MIKRSLASLVRVSSVMGRRYMIAAAGGERARFCPAVTNKKNHTVNTFQKRFVESSTDGQVVPQEVLNLPLEKYHEEADDYLDHLLDSLEELSEAH
Ec   --------------------------------------------------MLHKQTPEDVITRQLYHKLADETLTDLSEQLDKELDGG
Al   -------------------------------------------------MLPKLEYARLVSRTLDVLSEKLATIPLAG
Nb   --------------------------------------------MPPLTKPNFSRMIDKAISLISDKFDPFHG

Nfs
Sc   MLKSTATKSITRLSQVYNVPAATYRACLVSRRFYSPPAAGVKLDDNFSLETHTDIQAAAKAQASARASASGTTPDAVVASGSTAMSHAYQENTGF
Ec   ------------------------------------MIGGLKSCIEQPSLPKPSTLLP------QDKACDT----
Al   --------------------------------MGPSLRHLLEASVDLTLMI------PSVASTG----
Nb   ----------------------------------MVNDVTPNFGTTVMDKLKSMISPMTSPVKSLETQN----

mtHSp70
Sc   -------MLAAKNILNRSSLSSSFRIATRLQSTKVQGSVIGIDLGTTNSAVAIMEGKVPKIIENAEGSRTTPSVVAFTKEGERLVGIPAKRQAV
Ec   -------MSNADAPSRKFSSSIIGIDLGTTNSCVSVIKDGKPVIIENQEGERTTPSVVSILKD-EVVVGTQARNRIL
Al   MCSVLCVYIYGSRAARLIRPFRKKFGHHKKMGAEVEKSTIIGIDLGTTNSCVSVIKDRYPKIIRNRTGKRTTPSTVTF-GD-KIVVGSELVDG--
Nb   -----------------------MGEIKEKISNKIIGIDLGTTNSCLSLIDKGKPTIIPNEEGYRTTPSIVSIFKD-KILVGLEAKDNLL

IscU
Sc   MLPVITRFARPALMAIRPVNAMGVLRASSITKRLYHPKVIEHYTHPRNVGSLDKKLPNVGTGLVGAPACGDVMRLQIKVNDSTGVIEDVKFKTFG
Ec   ---------------MSALQELSGITGKYDSSVVDHFENPRNVGSLDKTDPRVGTGMVGAPACGDVMKLQIKVGKDN-VIEDAKFKTFG
Al   -------------MNKLEKVVSKYHSNVVDHFSKPRNVGSFDKNASDVGTGIVGAPACGDVMKLQIKV-EDN-IIKDAVFRTFG
Nb   ----------------MSFVEKLNSITSKYHENVLDHFKNPRNIGSLDKNDVEVGTGIVGAPACGDVMKLQIKVNKDN-VIEDAKFKTFG

Ferredoxin
Sc   MLKIVTRAGHTARISNIAXHLLRTSPSLLTRTTTTTRFLPFSTSSFLNHGHLKKPKPGEELKITFILKDGSQKTYEVCEGETILDIAQGHNLDME
Ec   -------------------------------MDMFSAPDRIPEQIRIFFKTMKQVVPAKAV-CGSTVLDVAHKNGVDLE
Al   ----------------------------MALPSEGLLSRGVKIFFKLRNRMYPVFAK-ENESILEAAHRNKIELE
Nb   -----------------------------MPELIKFFFSKLGNIFEVLSP-KGPSLLEVAHKNKIELE

mtG3PDH
Sc   MFSVTRRRAAGAAAAMATATGTLYWMTSQGDRPLVHNDPSYMVQFPTAAPPQVSRRDLLDRLAKTHQFDVLIIGGGATGTGCALDAATRGLNVAL
Ec   -----------MLVALVVLFLSVFMAMKFLYKRIFVASRLKMIEKPSEDWEPASREAMIERLR-SEVFDLVVVGGGSTGAGCALDGATRGLKVAL
Al   -------MINKRTYTYAFAAIGTGVLG-YVGHRYYRHRKDAFAARRFQRPHSAAWKPDTRNATTAKLK-SKRFDLLVIGGGATGAGCALDAATRGLDVAL
Nb   --------MIFYFITIAVLIISLYLSVRYYRKKRNEKMIKSFLKPYDPNWKIKKRAEIIEDLK-DSEFDVLIIGGGCTGVGCALDAATRGLKVGL

PDHE1 α
Sc   MFVAPVSSQKLDTAIRKETTFVPMLAASFKRQPSQLVRGLGAVLRTPTRIGHVRTMATLKTTDKKAPEDIEGSDTVQIELPESSFESYMLEPPDL
Ec   -----------------------------------MEGERYVSCDVQEILDSIQAHRIGKEEIGIV---------
Nb   ----------------------------MKNRAETDFYLINSTDYYNTPLKKANER-----------

PDHE1 β
Sc   MFSRLPTSLARNVARRAPTSFVRPSAAAAALRFSSTKTMTVREALNSAMAEELDRDDDVFLIGEEVAQYNGAYKVSKGLLDRFGERRVVDTPITE
Ec   --------------------------MVTVREALNQAIDEEMKRDERVFVLGEEVGVSGGSHGVTGGLYKKYGKWRVLDTPISE
Al   -------------------------MESEWITVREAINKALDEELCRDKNVIVLGEEVAKSGGAHQVTKGLLAKYGNCRVMDTPISE
Nb   ------------------------MKIKEIINKTLEEEMNLNPDVFILGEEVGKSGGPHGLTKNLMAKFGKHRVLDTPISE

Mnsod
Sc   MFAKTAAANLTKKGGLSLLSTTARRTKVTLPDLKWDFGALEPYISGQINELHYTKHHQTYVNGFNTAVDQFQELSDLLAKEPSPAN--ARKMIAI
Ec   -----------------MVRNVVPMEFKLPELDYPYDALEPIIDEETMRTHHSKHHQAYINSLEKTLRSNSIKGCKSLYYYVTKGRGIRGVKSSA
Nb_Mnsod2 ---------------MAFSLPELSFNFEDLEHFIDRETMKAHYTKFHGSYVKILNWTVKKYKIEEECLVTLLSNIKKSTKYDDFV
Nb_Mnsod1 ---------------MVFSLPNLPYKYEDLEPHIDAETMNTHHTKHHVTYINKLNTTVKDNDIKEDCLATLLTEIDKNTTYSGEV

Erv1
Ec   MKREQSYGRILVVLAAAWVTYRCYGLMVR-------DREGKVSSELLGGSGKSE----NPRTEKLSKKEIRERLGRSTWTLLHTMGARYPAFPTYQ
Nb   MNKEQAYLRALIILAICWSFYLCYNLFFKGSSEIIKKDKSIGRTIINSVAPTQGTLATVHNTKMSNREIRARLGRATWTLLHTMGAVYPAFPTVQ
```

图10.9　微孢子虫纺锤剩体蛋白的N端区域（林立鹏，2012）

Sc. 酿酒酵母；Ec. 兔脑炎微孢子虫；Al. 蝗虫微孢子虫；Nb. 家蚕微孢子虫

表10.2 家蚕微孢子虫纺锤剩体蛋白N端导肽和亚细胞定位预测（林立鹏，2012）

Genes	Mitopred	MitPred	Mitoprot /%	Predotar /%	ESLpred	PSORT II prediction	HMM–TOP2	TMH–MM
NbIscU	–	–	13	10	Mitochondrial Protein	–	0	0
NbNfs	–	–	16	1	Cytoplasmic Protein	–	1	0
Nbfrataxin	–	Yes	90	6	Cytoplasmic Protein	MPPLTKPNFSRM	0	0
Nbferredoxin	–	–	11	3	Cytoplasmic Protein	–	0	0
NbFNR	–	–	20	3	Mitochondrial Protein	–	0	0
NbmtHSP70	–	–	18	1	Mitochondrial Protein	–	0	0
NbIsd11	–	–	22	4	Nuclear Protein	–	0	0
NbGrx5	–	–	3	1		–	0	0
NbAtm1	–	–	29	1	Cytoplasmic Protein	–	0	0
NbErv1	–	–	10	1	Extracellular Protein	MNKEQAYLRA	2	1
NbTom40	–	Yes	53	3	Mitochondrial Protein	–	0	0
NbTom70	–	–	5	1	Cytoplasmic Protein	–	1	1
NbSam50	–	–	39	4	Mitochondrial Protein	–	0	0
NbPam16	–		29	–	Mitochondrial Protein	–	0	0
NbTim22	–	–	2	–	Mitochondrial Protein	–	1	0
NbG3PDH	84.6 %	–	10	2	Cytoplasmic Protein	MIFYFITIAVLIIS-LYLSVRYYRKK-RN	2	1
NbPDHE1α	–	Yes	9	1	Cytoplasmic Protein	MKNRA	0	0
NbPDHE1β	–	–	24	1	Cytoplasmic Protein	–	0	0
NbMnsod1	–	Yes	1	1	Cytoplasmic Protein	–	0	0
NbMnsod2	–	Yes	4	1	Cytoplasmic Protein	–	0	0
NbNTT1	–	–	12	2	Nuclear Protein	–	12	12

10.2.3 纺锤剩体基因转录特征

家蚕微孢子虫*Nbferredoxin*、*NbTom40*和*NbTom70*在孢子虫感染家蚕24h后表达，表明这3个蛋白质在孢子虫生长发育早期就发挥角色。而*NbSam50*、*NbGrx5*、*NbMnsod1*和*NbmtHSP70*在感染后72h表达。*NbAtm1*、*NbErv1*、*NbIscU*、*NbG3PDH*、*NbNTT1*、*NbNfs*、*NbPDHE1α*、*NbPDHE1β*和*NbMnsod2*则在感染后96h表达（表10.3）。

表10.3 感染后1~8d家蚕中肠中家蚕微孢子虫纺锤剩体相关基因的表达特征（林立鹏，2012）

	1d	2d	3d	4d	5d	6d	7d	8d
NbAtm1	–	–	–	+	+	+	+	–
NbErv1	–	–	–	+	+	+	+	+
NbIscU	–	–	–	+	+	+	+	+
NbSam50	–	–	+	+	+	+	+	+
NbG3PDH	–	–	–	+	+	+	+	+
NbGrx5	–	–	+	+	+	+	+	+
NbTom40	–	+	+	+	+	+	+	+
NbMnsod1	–	–	+	+	+	+	+	+

续表

	1d	2d	3d	4d	5d	6d	7d	8d
NbMnsod2	−	−	−	+	+	+	+	+
NbmtHSP70	−	−	+	+	+	+	+	+
NbNTT1	−	−	−	+	+	+	+	+
Nbferredoxin	−	+	+	+	+	+	+	+
NbNfs	−	−	−	+	+	+	+	+
NbPDHE1α	−	−	−	+	+	+	+	+
NbPDHE1β	−	−	−	+	+	+	+	+
NbTom70	−	+	+	+	+	+	+	+
NbTubulin β	+	+	+	+	+	+	+	+

10.2.4　纺锤剩体蛋白的酵母细胞定位

　　家蚕微孢子虫有5个纺锤剩体蛋白靶向酿酒酵母的线粒体（图10.10），其中NbNfs和Nbferredoxin参与铁硫簇的组装，NbTom40、NbTom70和NbSam50参与蛋白转运；NbErv1

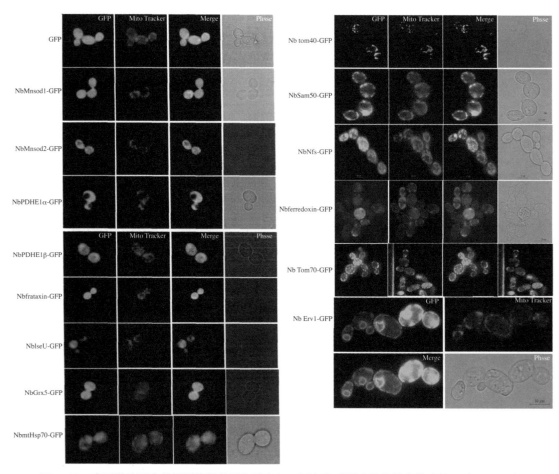

图10.10　家蚕微孢子虫纺锤剩体相关蛋白融合GFP蛋白在酿酒酵母中的定位（林立鹏，2012）

纺锤剩体采用红色荧光染料MitoTracker染色；绿色为绿色荧光蛋白GFP荧光信号；红色为MitoTracker红色荧光信号；黄色为绿色和红色的重叠

蛋白定位于酿酒酵母的内质网。此外家蚕微孢子虫8个蛋白质分散定位在酿酒酵母细胞质中，它们分别是NbIscU、Nbfrataxin、NbGrx5、NbMnSOD1、NbMnSOD2、NbPDHE1α、NbPDHE1β和NbmtHSP70。

10.3 家蚕微孢子虫纺锤剩体的铁硫簇组装

铁硫簇的组装是线粒体、氢化酶体和纺锤剩体发现的唯一共有功能。系统进化分析表明在线粒体和氢化酶体中，铁硫簇主要是起源于内共生过程的α-变形细菌中ISC系统。不同进化地位生物的纺锤剩体中，铁硫簇组装相关蛋白的起源则存在差异。肠贾第虫中采用的是与ISC系统同源的蛋白质完成铁硫簇的组装（Tovar et al., 2003），其参与铁硫簇组装的其他主要蛋白质还包括：Giferredoxin、GiiscA、GiNfu、Gimthsp70、Giglutaredoxin5、GiJac1和GiMge1（Jedelsky et al., 2011）。家蚕微孢子虫基因组中参与纺锤剩体铁硫簇组装的蛋白质有NbIscU、NbNfs、Nbfrataxin、Nbferredoxin、NbIsd11、NbErv1、NbFNR、Nbmthsp70、NbGrx5和NbATM1，而比氏肠道微孢子虫仅有4个蛋白质参与铁硫簇的组装，分别为Nfs1/Iscs、SSQ1、Grx5和Atm1的同源蛋白（表10.4）。家蚕微孢子虫铁硫簇组装可能与酿酒酵母类似。首先，半胱氨酸脱硫酶NbNfs与NbIsd11形成复合体为铁硫簇组装提供硫原子，Nbfrataxin可能为铁硫簇组装提供铁原子，Nbferredoxin提供还原力，在支架蛋白NbIscU形成暂时的铁硫簇。其次，铁硫簇在专一的伴侣分子Nbmthsp70、线粒体型单巯基谷氧还蛋白Grx5和核苷酸交换因子Mge1作用下，NbIsu1释放出铁硫簇并转入脱辅基蛋白Apo（apoprotein）。此外，家蚕微孢子虫纺锤剩体铁硫簇蛋白的运输依赖NbErv1和NbATM1。值得注意的是，溶组织内阿米巴基因组中编码的两个核心铁硫簇组装组分EhiscU和EhiscS，与其他"无线粒体"的铁硫簇组装系统不同。

10.3.1 纺锤剩体型热激蛋白mtHSP70

家蚕微孢子虫纺锤剩体热激蛋白70（NbmtHSP70），编码序列长度为1578bp，A+T含量69.77%，无内含子，由525个氨基酸残基组成。在NbmtHSP70序列中具备哺乳动物mtHSP70行使功能所需的保守氨基酸位点（图10.11），包括Asp16、Lys77、Glu178、Ala182、Asp200、Thr205、Lys272、Lys273和Arg345。此外，通过近源物种HSP70蛋白序列的比对显示，NbmtHSP70也含有两个保守基序：GDAW（V/I）和YSPSQI。

高等真核生物（酿酒酵母和人）HSP70的N端有一段25～30个氨基酸残基的导肽，家蚕微孢子虫线粒体型HSP70在第一个保守的基序之前仅有13个氨基酸残基，而且该序列不具有典型的线粒体N端导肽，比酿酒酵母和人类的HSP70蛋白N端短。除了家蚕微孢子虫外，在其他微孢子虫中的HSP70蛋白的N端均未预测到有线粒体型导肽，而且家蚕微孢子虫NbmtHSP70的C端比其他微孢子虫的mtHSP70更为减缩，是目前发现最为减缩的微孢子虫线粒体型HSP70。微孢子虫的纺锤剩体HSP70与真核生物线粒体HSP70位于同一进化支（图10.12），进一步说明微孢子虫纺锤剩体型HSP70是线粒体HSP70的直系同源基因，也暗示着微孢子虫曾经拥有线粒体。

表10.4 线粒体、氢化酶体和纺锤剩体中参与铁硫簇组装的蛋白质（林立鹏，2012）

功能（在酵母中）	线粒体	氢化酶体	纺锤剩体							
	真菌类	滴虫类	微孢子虫类					变形虫类	双滴虫类	质复门
	酿酒酵母	阴道毛滴虫	家蚕微孢子虫	东方蜜蜂微孢子虫	兔脑炎微孢子虫	蝗虫微孢子虫	肠道微孢子虫	阿米巴虫	肠吉亚尔氏贾第鞭毛虫	隐孢子虫
Sulphur donor	Nfs1/IscS	+	+	+	+	+	+	NifS	+	+
Interacts with Nfs1, Yfh1,Ssq1,Jac1	Isu1/IscU	+	+	–	+	+	–	NifU	+	+
Biogenesis of aconotase-like Fe-S proteins in yeast	Isa1/IscA	+	–	–	–	–	–	–	+	–
Putative iron donor, iron stimulated binding to Isu1	Yfh1/frataxin	+	+	+	+	+	–	–	–	+
Electron transfer to Yah1 from NADH	Arh1/FNR	–	+	–	+	+	–	–	–	+
Reduction of unknown substrate, possible S^0 to S^{2-}	Yah1/ferredoxin	+	+	+	+	+	–	–	+	+
Fundamental for Nfs1 action	Isd11	+	+	+	+	+	–	–	+	–
Binds to Isu1,Jac1, transfers ISC to target proteins	SSQ1/mtHSP70	+	+	+	+	+	+	–	+	+
Targets Ssq1 to Isu1	Jac1	+	–	–	–	–	–	–	+	–
	Grx5	–	+	+	+	+	+	–	+	+
ISC export machinery	Erv1	–	+	+	+	+	+	–	–	–
ISC export machinery of unknown compound and iron uptake regulation	Atm1	–	+	–	+	+	–	–	–	–
ATP/ADP exchange on Ssq1	Mge1	+	–	–	–	–	–	–	+	+
	Nfu1	+	–	–	–	–	–	–	–	–
Total	14	10	10	7	10	10	4	2	9	8

注：采用BLAST进行ISC在各物种中与酿酒酵母之间的相似性分析；＋表示高序列相似性；－表示没有明显的序列相似性。

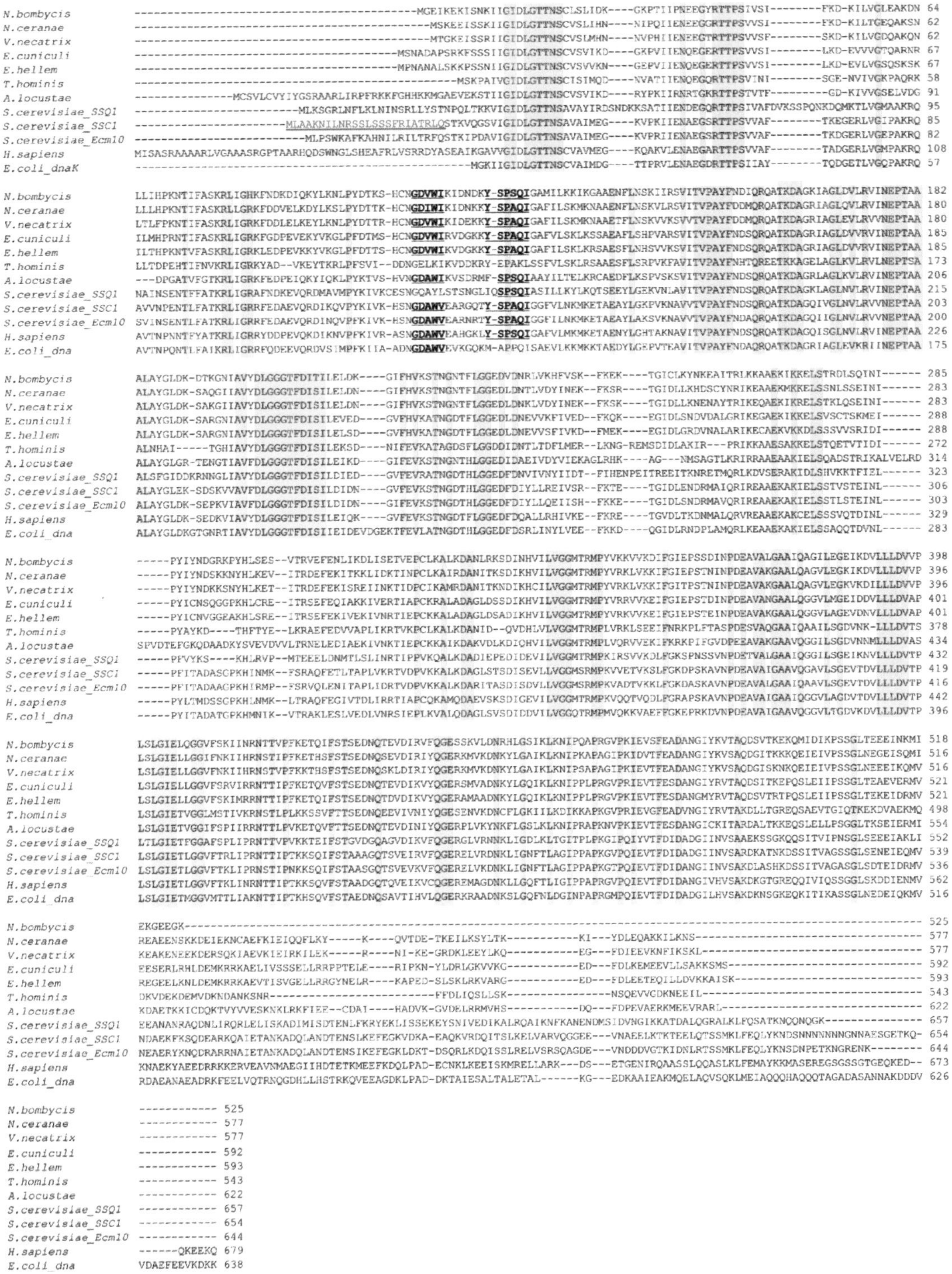

```
N.bombycis          -----------------------------------------------MGEIKEKISNKIIGIDLGTTNSCLSLIDK----GKPTIIPNEEGYRTTPSIVSI--------FKD-KILVGLEAKDN  64
N.ceranae           -----------------------------------------------MSKEEISSIIGIDLGTTNSCVSLIHN----NIPQIIENEEGYRTTPSVVSI--------FKD-KILTGEQAKNSX  62
V.necatrix          -----------------------------------------------MTGKEISSRIIGIDLGTTNSCVSLMHN----NVPHIIENEFGTRTTPSVVSF--------SKD-KILVGDQAKQN  62
E.cuniculi          --------------------------------------------MSNADAPSRKFSSSIIGIDLGTTNSCVSVVKD----GKPVIIENQEGERTTPSVVSI--------LKD-EVVVGTQARNR  67
E.hellem            ---------------------------------------------MPNANALSKKPSSNIIGIDLGTTNSCVSVVKN----GEFVIIENQEGERTTPSVVSI--------LKD-EVLVGSQSKSK  67
T.hominis           --------------------------------------------------MSKPAIVGIDLGTTNSCISIMQD----NVATIIENQEGQRTTPSVINI--------SGE-NVIVGKPAQRK  58
A.locustae          ----------------MCSVLCVYIYGGSRAARLIRPFRKKFGHHKKMGAEVEKSTIIGIDLGTTNSCVSLIIKD----RYPKIIRNRTGKRTTPSTVTF--------GD-KIVVGSELVDG  91
S.cerevisiae_SSQ1   --------------------MLKSGRLNFLKLNINSRLLYSTNPQLTKVIGIDLGTTNSAVAYIRDSNDKKSATIIENDEGQRTTPSVAFDVKSSPQNKDQMKTLVGMAAKRQ  95
S.cerevisiae_SSC1   --------------MLAAKNILNRSSLSSSFRIATRLQSTKVQGSVIGIDLGTTNSAVAIMEG----KVPRIIENAEGSRTTPSVVAF--------TKEGERLVGIPAKRQ  85
S.cerevisiae_Ecm10  --------------MLPSWKAFKAHNILRILTRFQSTKIPDAVIGIDLGTTNSAVAIMEG----KVPRIIENAEGSRTTPSVVAF--------TKDGERLVGEPAKRQ  82
H.sapiens           MISASRAAAARLVGAAASRGPTAARBQDSWNGLSHEAFRLVSRRDYASEAIKGAVVGIDLGTTNSCVAVMEG----KQAKVLENAEGARTTPSVVAF--------TADGERLVGMPAKRQ  108
E.coli_dnaK         ----------------------------------------------MGKIIGIDLGTTNSCVAIMDG----TTPRVLENAEGDRTTPSIIAY--------TQDGETLVGQPAKRQ  57

N.bombycis          LLIHPKNTIFASKRLIGHKFNDKDIQKYLKNLPYDTKS-HCNGDVWIKIDNDKYSPSQIGAMILKKIKGAAENFLNSKIIRSVITVPAYPNDIQRQATKDAGKIAGLDVLRVINEPTAA  182
N.ceranae           LLLHPKNTIFASKRLGRKFDDVELKDYLKSLPYDTTK-HCNGDIWIKIDNKKYSPAQIGAFILSKMKNAAENFLNSKVLRSVITVPAYPDDMQRQATKDAGRIAGLQVLRVINEPTAA  180
V.necatrix          LTLFPKNTIFASKRLIGRKFDDLELKEYLKNLPYDTTR-HCNGDIWIKIDEKKYSPAQIGAFILSKMKNAAETFLNSKVSVTVPAYPTDMQRQATKDAGRIAGLKVLRVINEPTAA  183
E.cuniculi          IILMHPRNTIFASKRLIGRKFGDPEVEKYVKGLPFDTMS-HCNGDVMIKVDGKKYSPAQIGAFVLSKLKSSAEAFLSHFVARSVITVPAYPNDSQRQATKDAGRIAGLDVVRVINEPTAA  185
E.hellem            ILTHPKNTVFASKRLIGRKLEDPEVKKYVKGLPFDTTS-HCNGDELKIKVDDKRY-EPAKLSSFVLSKLRSAAESFLNHSVVKSVITVPAYPNHTQREETKAGELAGLKVLNEPTSA  173
T.hominis           LLTDPEHTIFNVKRLIGRKYAD---VKEYTKRLPSFVI--HCNGDELKIKVDDKRY-EPAKLSSFVLSKLRSAAESFLSRPVKFAVITVPAYPNHTQREETKAGELAGLKVLNEPTSA  173
A.locustae          ----DPGATVFGTKRLIKRKFEDPEIQKYIQKLPYKTVS-HVMGDAWIKVSDRMYSPSQIAAYIILTELKRCAEDFLKSPVSKSVITVPAYPNDSQRQATKDAGRIAGLKVLRVINEPTAA  206
S.cerevisiae_SSQ1   NAINSENTFFATKRLIGRAFNDKEVQRDMAVMPYKIVKCSQAYLSTSNGLIQSPAQISILLKYLKQTSEEYLGEKVN.LAVITVPAYPNDSQRQATKDAGQIAGLNVLRVVNEPTAA  215
S.cerevisiae_SSC1   AVVNPENTLFATKRLIGRRFEDAEVQRDIKQVPYKIVK-HSNGDAVEARGQTYSPAQIGGFVLNKMKETAEAYLGKPVNAVVTVPAYFNDSQRQATKDAGQIVGLNVLRVVNEPTAA  203
S.cerevisiae_Ecm10  SVINSENTLFEATKRLIGRAFNDPEVQRDINQVPFKIVK-HSNGDAVEARGQTYSPAQIGGFMLNKMKETAEAYLAKSVKNAVVTVPAYLKLSDSKKNAVVTKDAGQIGSLNVLRVINEPTAA  200
H.sapiens           AVTNPNNTFYATKRLIGRRYDDPEVQKDIKNVPFKIVR-ASMGDAWVEAHGKLYSPSQIGAFVLMKMKEITAENYLGHTAKNAVITVPAYFNDSQRQATKDAGVIAGLNVLRVINEPTAA  226
E.coli_dna          AVTNPQNTLFAIKRLIGRRFQDEEVQRDVSIMPFKIIA-ADMGDAWVEVKGQKM-APPQISAEVLKKMKKTAEDYLGEPVTEAVITVPAYFNDAQRQATKDAGRIAGLEVKRIINEPTAA  175

N.bombycis          ALAYGLDK-DTKGNIAVYDLGGGTFDITILELDK----GIFHVKSTNGNTFLGGEDVDNRLVKHFVSK--FKEK----TGICLKYNKEAITRLKKAAEKIKKELSTRDLSQINI------  285
N.ceranae           ALAYGLDK-SQGDIIAVYDLGGGTFDISILELDN----GIFHVKSTNGNTFLGGEDLDNTLVDYINEK--FKSR----TGIDLLKHDSCYNRIKEAAEKMKKELSNNLSSEINI------  283
V.necatrix          ALAYGLDK-SAKGIIAVYDLGGGTFDISILELDN----GIFHVKSTNGNTFLGGEDLDNKLVDYINEK--FSSK----TGIDLLKNENAYTRIKEQAEKIKRELSTKLQSEINI------  283
E.cuniculi          ALAYGLDK-SARGNIAVYDLGGGTFDISILEVED----GVFHVKATNGDTFLGGDDLDNEVVKFIVED--FKQK----EGIDLSNDVDALGRIKEGAEIKKELSVSCTSKMEI------  288
E.hellem            ALAYGLDK-SARGNIAVYDLGGGTFDISILELSD----GVFHVKATNGDTFLGGEDLDNEVVSFIVKD--FMEK----EGIDLGRDVNALARIKECAEKVKKDLSSVVSRIDI------  288
T.hominis           ALNHAI-----TGHIAVYDLGGGTFDISILEKSD----NIFEVKATAGDSFLGGDDIDNTLTDFIMER--LKNG-REMSDIDLAKIR----PRIKKAASAEKIELSTQETVTIDI------  272
A.locustae          ALAYGLGR-TENGTIAVYDLGGGTFDISILEKD----GIFEVKSTNGNTHLGGEDIDAEIVDYVIEKAGLRHK----AG---NMSAGTLKRIRRAAEAAKIELSQADSTRIKALVELRD  314
S.cerevisiae_SSQ1   ALSFGIDDKRNNGLIAVYDLGGGTFDISILDIED----GVFEVRATNGDTHLGGEDFDNVIVNYIIDT--FIHENPEITREEITKNRETMQRLKDVSERAKIDLSIVKKTFIEL------  323
S.cerevisiae_SSC1   ALAYGLEK-SDSKVVAVFDLGGGTFDISILDIDN----GVFEVKSTNGDTHLGGEDFDIYLLREIVSR--FKTE----TGIDLENDRMAIQRIREAAEKAKIELSSTVSTEINL------  306
S.cerevisiae_Ecm10  ALAYGLDK-SEPKVIAVFDLGGGTFDISILDIDN----GIFEVKSTNGDTHLGGEDFDIYLLQEIISH--FKKE----TGIDLSNDRMAVQRIREAAEKAKIELSSTLSTEINL------  303
H.sapiens           ALAYGLDK-SEDKVIAVFDLGGGTFDISILEIQK----GVFEVKSTNGDTFLGGEDFDQALLRHIVKE--FKRE----TGVDLTKDNMALQRVREAAEKAKIELSSAQQTDVNL------  329
E.coli_dna          ALAYGLDKGTGNRTIAVYDLGGGTFDISIIEIDEVDGEKTFEVLATNGDTHLGGEDFDSRLINYLVEE--FKKD----QGIDLRNDPLAMQRLKEAAEKAKIELSSAQQTDVNL------  283

N.bombycis          -----PYIYNDGRKPYHLSES--VTRVEFENLIKDLISETVEPCLKALKDANLRKSDINHVILVGGMTRMPYVKKVVKDIFGIEPSSDINPDEAVALGAAIQAGILEGEIKDVLLLDVVP  398
N.ceranae           -----PYIYNDSKKNYHLKEV--ITRDEFEKITKKLLIDKTINPCLKAIRDANITKSDIKHVILVGGMTRMPYVRKLVKKFGIEPSTNINPDEAVAKGAALQAGVLEGKIKDVLLLDVVP  396
V.necatrix          -----PYIYNDKKNYHLKET--ITRDEFEKISREIINKTIKDTVKIKMVKDNKYLGAIKLKNIPSAPAGIPKIEVTFEADANGIYKVSAQDGISKNKQEIEIVPSSGLNEEEIKQMV  396
E.cuniculi          -----PYICNVGGGEAKHLSRE--ITRSEFEQIAKKIVERTIAPCKRALADAGLDSSDIKHVILVGGMTRMPYVRRVVKEIFGIEPSTDINPDEAVANGAAILQGGVLMGEIDDVLLLDVAP  401
E.hellem            -----PYAYKD----THFTYE--LKRAEFEDVVAPLIKRTVKPCLKALKDANID---QVDHLVLVGGMTRMPLVRKLSEE.FNRKPLFTASPDESVAQGAAIQAAILSGDVNK-LLLDVTS  378
T.hominis           SPVDTEFGKQDAADKYSVEVDVVLTRNELEDIAEKIVNKTIEPCKKAIKDAKVDLKDIQHVILDGQHKG----AG----NMSAGTLKRIRRAAEAAKIELS----------------  434
A.locustae          PFVYKS-----KHLRVP--MTEELELNMRTLSLINRTIEPVVKQALKDADIDEPIDIDEVIIQGMTRMPKIRSVVKDLTTGREQSAEVTGIQTKEKDVAKKMQ  498
S.cerevisiae_SSQ1   -----PFITADASCPKHINMK--FSRAQFETLTAPLVKRTVDPVKKALKDAGLSTSDISEVLLVGGMSRMPKVVEVVKSLFGKDPSKAVNPDEAVAIGAAVQGAVLSGEVTDVLLLDVTP  432
S.cerevisiae_SSC1   -----PFITADAACPKHIRMP--FSRVQLENIAPLIQRTVDQVKDARIATASDISDVLLVGGMSRMPKVADTVKVKELFGKDASKAVNPDEAVAIGAAIQGGVLAGDVTDVLLLDVTP  419
S.cerevisiae_Ecm10  -----PYLTMDSSCPKHINMK--LTRAQFEGIVTDLIRRTIAPCQKAMQDAEVSKSDIGEVILVGGMTRMPKVQQTVQDLFGRAPSKAVNPDEAVAIGAAVQGGVLAGDVTDVLLLDVTP  416
H.sapiens           -----PYLTMDSSCPKHINMK--LTRAQFEGIVTDLIRRTIAPCQKAMQDAEVSKSDIGEVILVGGMTRMPKVQQTVQDLFGRAPSKAVNPDEAVAIGAAVQGGVLAGDVTDVLLLDVTP  442
E.coli_dna          -----PYITADATGPKHMNIK--VTRAKLESLVEDLVNRSIEPLKVALQDAGLSVSDIDDVILVGGQTRMPMVQKKVAEFFGKEPRKDVNPDEAVAIGAAVQGGVLTGDVKDVLLLDVTP  396

N.bombycis          LSLGIELQGGVFSKIINRNTTVPFKETQIFSTSEDNQTEVDIRVFQGESSKVLDNRHLGSIKLKNIPQAPRGVPKIEVSFEADANGIYKVTAQDSVTKEKQMIDIKPSSGLTEEEINKMI  518
N.ceranae           LSLGIELLGGIFNKIIHRNSTVPFKETHSFSTSEDNQSEVDIRIYQGERKMVKDNKYLGAIKLKNIPSAPAGIPKIDVTFEADANGIYKVSAQDGITKKKQEIEIVPSSGLNEGEISQMI  516
V.necatrix          -----PYIYNDKKNYHLKET--ITRDEFEKISREIINKTIKDTVKIKMVKDNKYLGAIKLKNIPSAPAGIPKIEVTFEADANGIYKVSAQDGISKNKQEIEIVPSSGLNEEEIKQMV  516
E.cuniculi          LSLGIELLGGVFSRVIRRNTTIPTKETQIFSTSEDNQTDVDIKVYQGERAMAADNKYLQGIKLKNIPPLPRGVPKIEVTFESDANGMYRVTAQDSVTRTPQSLEIIPSSGLTEKEIDRMV  521
E.hellem            LSLGIETVGGLMSTIVKRNSTLPLKKSSVFTTSEDNQEEVINNIYQGESENVKDNCFLGKIILKDIKRAPKGVPQIEVTFDIDADGILNVSAAEKSSGKQQSITVIPNSGLSEEEIAKLI  498
T.hominis           LSLGIETVGGLMSTIVKRNSTLPLKKSSVFTTSEDNQEEVINNIYQGESENVKDNCFLGKIILKDIKRAPKGVPQIEVTFDIDADGILNVSAAEKSSGKQQSITVIPNSGLSEEEIAKLI  543
A.locustae          KDAETKKICDQKTVYVVESKNKLRKFIEF---CDAI----HADVK-GVDELRRMVHS---------DQ---FDPEVAERKMEEVRARL-  622
S.cerevisiae_SSQ1   LTLGIETPGGAFSPLIPRNTTVPVKKTEISTSVDGQAGVDIKVFQGERGLVRNNKLIGDLKLTGITPLPKGIPQIYVTFDIDADGIINVSAAEKSSGKQQSITVIPNSGLSEEEIAKLI  552
S.cerevisiae_SSC1   LSLGIETLGGVFTRLITPITTPTKKSQIFSTAAAGQTSVEVKVFQGEREIVKDNKLLGNFTLAGIPPAPRGQPQIEVTFDIDANGIINVSAKDKATNKDSSITVAGSSGLSENEIEQMV  539
S.cerevisiae_Ecm10  LSLGIETLGGVFTKLIPRNSTIPNKKSQIFSTAASGQTSVEVKVFQGERELVKDNKLIGNFTLAGIPPAPKGTPQIEVTFDIDANGIINVSAKDLASHKDSSITVAGASGLSDTEIDRMV  536
H.sapiens           LSLGIETLGGVFTKLINRNTTIPTKKSQVFSTAADGQTQVEIKVCQGEREMAGDNKLLGQFTLIGIPPAPRGVPQIEVTFDIDANGIVHVSAKDKGTGREQQIVIQSSGGLSKDDIENMV  562
E.coli_dna          LSLGIETMGGVMTTLIAKNTTIPTKHSQVFSTAEDNQSAVTIHVLQGERKRAADNKSLGQFNLDGINPAPRGMPQIEVTFDIDADGILHVSAKDKNSGKEQKITIKASSGLNEDEIQKMV  516

N.bombycis          EKGEEGK-------  525
N.ceranae           REAEENSKKDEIEKNCAEFKIEIQQFLKY-----K----QVTDE-TKEILKSYLTK---------KI--YDLEQAKKILKNS------  577
V.necatrix          KEAKENEEKDERSQKIAEVKIEIRKILEK------+--NI-KE-GRDKLEEYLKQ-------EG---FDIEEVKNFIKSKL------  577
E.cuniculi          FESERLRHIDEMKRRKAELIVSSSELLRRPPTELE----RIPKN-YLDRLGKVVKG-------ED---FDLKEMEEVLSAKKSMS------  592
E.hellem            REGEELKNLDEMKRRKAEVTISVGELLRRGYNELR-----KAPED-SLRLKVARG-------ED---FDLEETEQILDVKVKAISK------  593
T.hominis           DKVDEKDEMVDKNDANKSNR------------FFDLIQSLLSK------------------NSQEVVCDKNEEIL------  543
A.locustae          KDAETKKICDQKTVYVVESKNKLRKFIEF---CDAI----HADVK-GVDELRRMVHS---------DQ---FDPEVAERKMEEVRARL-  622
S.cerevisiae_SSQ1   EEANANRAQDNLIRQRLELISKADIMISDTENLFKRYEKLISSEKEYSNIVEDIKALRQAIKNFKANENDMSIDVNGIKKATDALQGRALKLFQSATKNCQNQGKQ------  657
S.cerevisiae_SSC1   NDAEKFKSQDEARKQAIETANKADQLANDTENSLKEFEGKVDKA-EAQKVRDQITSLKELVARVQGGEE---VNAEELKTKTEELQTSSMKLFEQLYKNDSNNNNNNGNNAESGETKQ-  654
S.cerevisiae_Ecm10  NEAERYKNQDRARRNAIETANKADQLANDTENSLKEFEGKLDKT-DSQRLRDVGTKIDNLRTSSMKLFEQLYKNSDNPETKNGRENK-------  644
H.sapiens           KNAEKYAEEDRRKKERVEAVNMAEGIIHDTETKMEEFKDQLPAD--ECNKLLKEEISKMRELLARK---DS----ETGENIRQAASSLQQASLKLFEMAYKKMASEREGSGSSGTGEQKED--  673
E.coli_dna          RDAEANAEADRKFEELVQTRNQGDHLLHSTRKQVEEAGDKLPAD--DKTAIESALTALETAL------KG---EDKAAIEAKMQELAQVSQKLMEIAQQQHAQQQTAGADASANNAKDDDV  626

N.bombycis          ----------- 525
N.ceranae           ----------- 577
V.necatrix          ----------- 577
E.cuniculi          ----------- 592
E.hellem            ----------- 593
T.hominis           ----------- 543
A.locustae          ----------- 622
S.cerevisiae_SSQ1   ----------- 657
S.cerevisiae_SSC1   ----------- 654
S.cerevisiae_Ecm10  ----------- 644
H.sapiens           ------QKEEKQ 679
E.coli_dna          VDAZFEEVKDKK 638
```

图10.11　家蚕微孢子虫线粒体型热激蛋白70（NbmtHSP70）和其他物种同源蛋白

（mtHSP70/Ssq1/DnaK）的保守功能氨基酸位点（林立鹏，2012）
黄色为保守氨基酸残基；红色为mtHSP70的关键氨基酸残基；粗体下划线为线粒体基序GDAWV和YSPSQI

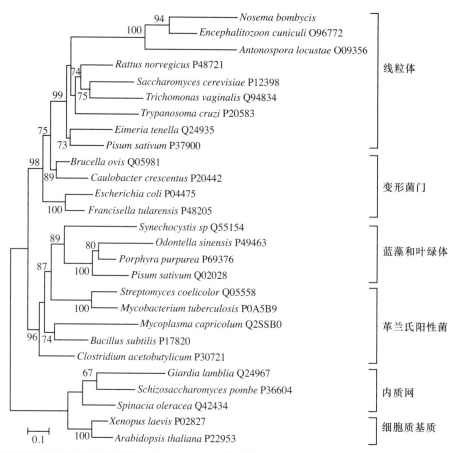

图10.12 家蚕微孢子虫线粒体型热激蛋白NbmtHSP70与其他物种同源物的系统发生树（林立鹏，2012）

　　NbmtHSP70的酵母亚细胞定位显示其分散定位在酿酒酵母细胞质中（图10.10）。免疫胶体金附着显示NbmtHSP70的胶体金颗粒在家蚕微孢子虫中呈现两种分布情况（图10.13）：一部分胶体金成簇聚集，暗示成簇聚集位点就是纺锤剩体的位置；另一部分胶体金颗粒则分散在细胞质中，这些可能是其他家族HSP70成员的位置。

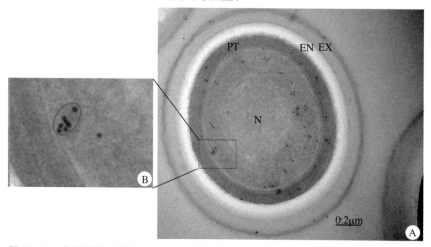

图10.13 家蚕微孢子虫NbmtHSP70蛋白的免疫胶体金标记定位（林立鹏，2012）

胶体金颗粒成簇存在可能为纺锤剩体的位置（红色圆圈部分），其中AD为固定盘（anchoring disk）；PM为细胞质膜（plasmembrane）；PF为极丝（polar filament）；PV为后极泡（posterior vacuole）；EN为孢子内壁（endospore）；N为细胞核（nuclear）

10.3.2　半胱氨酸脱硫酶Nfs

家蚕微孢子虫半胱氨酸脱硫酶*NbNfs*基因长度为1320bp，无内含子，G+C含量为38.5%。该基因编码蛋白含有439个氨基酸残基，预测分子质量为48kDa，等电点为7.63。半胱氨酸脱硫酶NbNfs与大肠杆菌、兔脑炎微孢子虫、人气管普孢虫、酿酒酵母的同源物具有较高的序列一致性，分别为53%、68%、66%、63%。NbNfs含有典型氨基转化酶家族V所具有的基序。与其他物种Nfs相比，NbNfs蛋白与细菌的IscS/NifS同源物类似，不具有N端导向序列，含有半胱氨酸脱硫酶活性所需的保守氨基酸位点（图10.14）：①His139参与最初底物的去

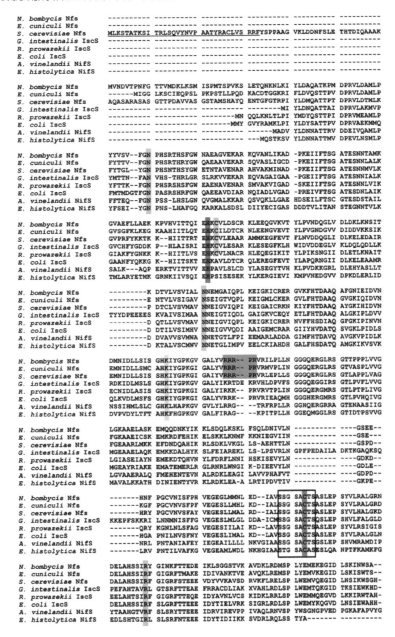

图10.14　家蚕微孢子虫与其他物种的半胱氨酸脱硫酶IscS/NifS/Nfs蛋白序列比对（林立鹏等，2012）

方框为group Ⅰ 的保守序列ssgsac(t/s)s；绿色为参与底物绑定的氨基酸残基(n68, n189 and r390)；黄色为参与plp绑定的氨基酸残基(t105, d215, q218, s238, h240 and t278)；绿松石色为参与plp绑定的赖氨酸残基；粉红色为硫脱酸脱硫氢酶具有活性所必需的c364残基；红色为his13参与底物质子化和去质子化；黑绿色为酵母细胞存活所必需的关键靶标信号序列rrrpr254~258；灰色为真核生物nfs和α-proteobacterial iscs的c141残基

质子化（Kaiser et al., 2000）；②Lys241与磷酸吡哆醛（pyridoxal-5′-phosphate，PLP）形成希夫碱（Schiff-base）；Asp215和Gln218分别与磷酸吡哆醛的吡啶N和酚环O结合，Thr105、His240、Ser238和Thr278参与6个氢键形成从而固定磷酸吡哆醛的磷酸基团（Zheng et al., 1993）；③底物结合位点Cys362，提供活化的半胱氨酰残基（Zheng et al., 1994）；④Arg390、Asn68、Asn189通过盐桥和氢键来固定底物（Kaiser et al., 2000），而且含有类群Ⅰ特征序列[SSGSAC(T/S)S]。系统进化分析显示半胱氨酸脱硫酶蛋白家族可分化形成类群Ⅰ和类群Ⅱ（图10.15），与先前的报道相一致（Tachezy et al., 2001）。其中，家蚕微孢子虫、蝗虫微孢子虫、人气管普孢虫和兔脑炎微孢子虫的半胱氨酸脱硫酶IscS/NifS/Nfs同源物聚成一类，具有共同的起源；同时微孢子虫Nfs与具有典型线粒体的真核生物同源物形成姊妹分支，应该共同起源于内共生过程中的α-变形细菌（图10.15）。

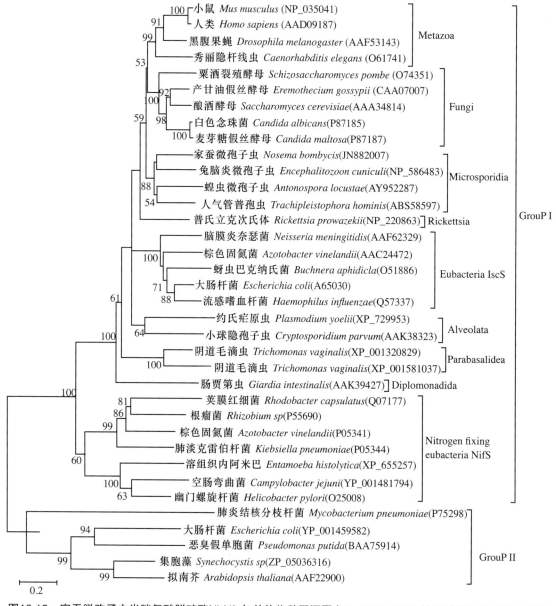

图10.15　家蚕微孢子虫半胱氨酸脱硫酶NbNfs与其他物种同源蛋白(IscS/Nfs/NifS)的系统发生树（林立鹏等，2012）

　　NbNfs蛋白能够靶向酿酒酵母的线粒体（图10.10）。采用免疫胶体金方法进行NbNfs在微孢子虫体内的亚细胞定位，结果显示NbNfs蛋白和NbIscU蛋白胶体金颗粒分布在成熟家蚕微孢子虫的细胞质（图10.16），推测成熟家蚕微孢子虫孢子中NbNfs和NbIscU可能在细胞质中参与铁硫簇的组装。

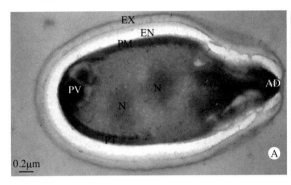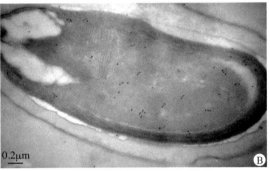

图10.16　家蚕微孢子虫NbNfs和NbIscU蛋白的免疫胶体金标记定位（林立鹏等，2012）

NbNfs(C)和NbIscU(D)的胶体金颗粒分布在细胞质中，其中，AD为固定盘（anchoring disk）；PM为细胞质膜（plasmembrane）；PF为极丝（polar filament）；PV为后极泡（posterior vacuole）；EN为孢子内壁（endospore）；N为细胞核（nuclear）

10.4　家蚕微孢子虫纺锤剩体蛋白质的转运

　　真核生物的线粒体（如酿酒酵母）有1000多种蛋白质，尽管线粒体有自己的一套完整的DNA复制、转录和翻译系统，但是其自主性很小。线粒体中98%的蛋白质由核基因组编码，在细胞质核糖体翻译后被转运进入线粒体。线粒体拥有一套非常复杂而又精细的蛋白质转运系统来介导线粒体前体蛋白质的转运，将其运输至线粒体的不同部位。在酿酒酵母中，蛋白质转运系统研究得比较深入，已发现约36个蛋白质，分为：①外膜TOM（translocase of outer mitochondrial membrane，TOM）复合物，包括核心亚基Tom40、Tom22、Tom5、Tom6和Tom7，以及受体蛋白Tom20和Tom70；②SAM复合物(sorting and assembly machinery of the outer mitochondrial membrane)有Sam50、Sam35、Sam37和Mdm10；③ TIM23（translocase of the inner mitochondrial membrane，TIM）复合物，主要由Tim23、Tim50、Tim17和Tim214个亚基组成；④PAM复合物(presequence translocase-associated motor)，由亚基Pam18、Pam16、Tim44和mHSP70；⑤TIM22复合物，主要组成亚基Tim22、Tim12、Tim54和Tim18；⑥线粒体膜间隙小Tim蛋白质有Tim8、Tim9、Tim10和Tim13；⑦OXA1复合物有Oxa1、Mba1、Mdm38和Ylh47；⑧IMP复合物 Imp1、Imp2和Som1；⑨MPP有Mas1和Mas2（Burri et al.，2006）。

　　纺锤剩体中参与蛋白转运的蛋白质数量比线粒体有明显的减缩。微孢子虫、肠贾第虫和溶组织内阿米巴的纺锤剩体中，参与蛋白转运的蛋白质种类各有差异（表10.5）。在溶组织阿米巴原虫中纺锤剩体中的转运蛋白有EhTom40、EhSam50、EhmtHSP70、EhCpn10和EhCpn60；在肠贾第虫纺锤剩体中的转运蛋白有GiTom40、GiPam16、GiPam18、Gimthsp70和GiβGPP（Jedelsky et al.，2011）；在兔脑炎微孢子虫中鉴定的转运蛋白有EcTom40、EcSam50、EcTim22、EcTim50、EcPam16和EcmtHSP70（Waller et al.，2009）。家蚕微孢子虫转位酶蛋白分别为NbTom40、NbTom70、NbSam50、NbTim22、NbPam16和NbmtHSP70，仅Tim50在家蚕微孢子虫基因组中未发现。这与兔脑炎微孢子虫纺锤剩体的相关蛋白数量相一致，但比东方蜜蜂微孢子虫（3个）、蝗虫微孢子虫（4个）和比氏肠胞微孢子虫（2个）纺锤剩体转运蛋白数量多。

氢化酶体中参与转运的蛋白质相比较线粒体也显著减缩。阴道毛滴虫中有13个蛋白质可能参与了氢化酶体蛋白的转运（Rada et al., 2011），包括：TvTom40（TvTom40-1、TvTom40-2、TvTom40-3、TvTom40-4、TvTom40-5和TvTom40-6）、TvSam50、TvTim44、TvTim9（TvTim9/10a，TvTim9/10b）、TvTim17/22/23、TvPam18、TvPam16、Tvmthsp70和TvβHPP（β-hydrogenosomal processing peptidase）。另外，还鉴定到氢化酶体所特有的TvHmp35-1、TvHmp35-2、TvHmp36-1和TvHmp36-2。

表10.5　线粒体、氢化酶体和纺锤剩体中的蛋白转位酶（林立鹏等，2012）

线粒体 真菌类 酿酒酵母	酵母中的基因名	氢化酶体 滴虫类 阴道毛滴虫	线体					变形虫类 阿米巴虫	双滴虫类 肠吉亚尔氏鞭毛虫
			家蚕微孢子虫	东方蜜蜂微孢子虫	兔脑炎微孢子虫	蝗虫微孢子虫	肠道微孢子虫		
Tom40	YMR203W	+	+	+	+	–	+	+	+
Tom22	YNL131W	–	–	–	–	–	–	–	–
Tom7	YNL070W	–	–	–	–	–	–	–	–
Tom6	YOR045W	–	–	–	–	–	–	–	–
Tom5	YPR133W-A	–	–	–	–	–	–	–	–
Tom70	YNL121C	–	+	–	+	+	–	–	–
Tom20	YGR082W	–	–	–	–	–	–	–	–
Sam50	YNL026W	+	+	–	+	–	–	+	–
Sam35	YHR083W	–	–	–	–	–	–	–	–
Sam37	YMR060C	–	–	–	–	–	–	–	–
Tim9	YEL020W-A	+	–	–	–	–	–	–	–
Tim10	YHR005C-A	–	–	–	–	–	–	–	–
Tim8	YJR135W-A	–	–	–	–	–	–	–	–
Tim13	YGR181W	–	–	–	–	–	–	–	–
Tim22	YDL217C	+	+	–	+	+	–	–	–
Tim12	YBR091C	–	–	–	–	–	–	–	–
Tim54	YJL054W	–	–	–	–	–	–	–	–
Tim18	YOR297C	–	–	–	–	–	–	–	–
Tim23	YNR017W	–	–	–	–	–	–	–	–
Tim17	YJL143W	–	–	–	–	–	–	–	–
Tim50	YPL063W	–	–	–	+	–	–	–	–
Pam18	YLR008C	+	–	–	–	–	–	–	+
Pam16	YJL104W	+	+	–	+	–	–	–	+
Tim44	YIL022W	+	–	–	–	–	–	–	–
mHSP70	YJR045C	+	+	+	+	+	+	+	+

续表

线粒体	酵母中的基因名	氢化酶体	线体						变形虫类	双滴虫类
真菌类		滴虫类	微孢子虫类							
酿酒酵母		阴道毛滴虫	家蚕微孢子虫	东方蜜蜂微孢子虫	兔脑炎微孢子虫	蝗虫微孢子虫	肠道微孢子虫	阿米巴虫	肠吉亚尔氏鞭毛虫
Tim21	YGR033C	-	-	-	-	-	-	-	-
Oxa1	YER154W	-	-	-	-	-	-	-	-
Mba1	YBR185C	-	-	-	-	-	-	-	-
Mdm38	YOL027C	-	-	-	-	-	-	-	-
Ylh47	YPR125W	-	-	-	-	-	-	-	-
Imp1	YMR150C	+（TvβHPP）	-	-	-	-	-	-	+GiβGPP
Imp2	YMR035W	-	-	-	-	+	-	-	-
Som1	YEL059C-A	-	-	-	-	-	-	-	-
Mas1	YLR163C	-	-	-	-	-	-	-	-
Mas2	YHR024C	-	-	-	-	-	-	-	-
Total	35	9	6	2	7	4	2	3	5

注：采用BLAST进行序列相似性分析。+表示高序列相似性；-表示没有明显的序列相似性

10.4.1　转位酶Tom40

家蚕微孢子虫NbTom40由280个氨基酸残基组成，预测蛋白质分子质量为32kDa，与兔脑炎微孢子虫EcTom40蛋白质序列具有35%的一致性。与酿酒酵母Tom40（ScTom40）相比，NbTom40的N端和C端高度减缩。尽管NbTom40长度相对减缩，但其N端的α-螺旋和19个β片

图10.17　家蚕微孢子虫纺锤剩体外膜转位酶NbTom40与其他物种同源蛋白的多重序列比对（Lin et al., 2012）

黑色或灰色为相似性in ≥50%的序列；黄色为α-螺旋；紫色为β-折叠；箭头为在链孢霉中参与TOM复合物的稳定性，Tom40的组装，线体蛋白运入的氨基酸残基；黑色矩形为参与线粒体靶标的β-信号基序（P₀xGxxH_yxH_y）

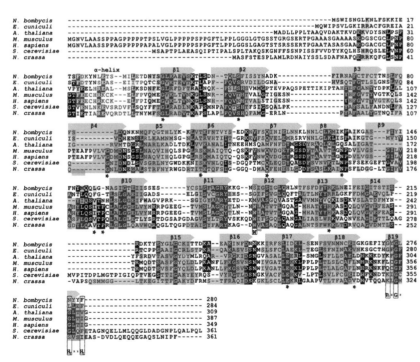

层的相对位置却非常保守（图10.17）：Tom40的N端α-螺旋参与组装Tom复合体；β分选信号是Tom40的一个特征基序，酿酒酵母中β分选信号被SAM复合物识别并插入到线粒体的外膜上。NbTom40的C端第19个β片层含有β分选信号（$P_oxGxxH_yxH_y$：其中P_o代表极性氨基酸残基，G代表甘氨酸残基，Hy代表疏水氨基酸残基），NbTom40的极性氨基酸残基位点被甘氨酸替代。在NcTom40（*Neurospora crassa*，Nc）中11个关键的氨基酸残基位点参与Tom复合物的稳定、Tom40的组装，以及线粒体前体的转运。与其相比，NbTom40中仅有其中的4个保守的氨基酸位点：Gly38、Ser54、Thr102和Gln117。在ScTom40中第243位的色氨酸介导蛋白前体传递至TIM23复合物，而NbTom40在对应位点为丝氨酸。NbTom40能形成含有19个β-折叠组成的桶状拓扑结构，其N端位于β桶的内部（图10.18）。

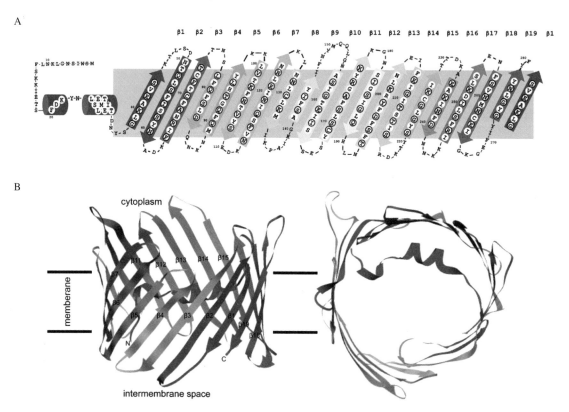

图10.18　家蚕微孢子虫纺锤剩体转运蛋白NbTom40的三维结构预测（Lin et al., 2012）

A. NbTom40二级结构模式图，箭头和柱子分别表示β-折叠和α-螺旋；B. NbTom40三级结构模式图

NbTom40的C端含有Porin_3结构域。线粒体Porin_3超家族（Pfam1459）通常含有Tom40和VDAC两个亚家族。系统发育分析发现Tom40和VDAC分别聚为一类（图10.19），微孢子虫Tom40（EcTom40和NbTom40）则处于Tom40分支，参与纺锤剩体蛋白的转运。

10.4.2　核苷转运蛋白NTT1

线粒体及纺锤剩体的许多代谢需要能量分子ATP。在典型的线粒体通常分为两类：①有氧的线粒体，有氧呼吸中氧气作为最终的电子受体；②厌氧的线粒体，硝酸盐或者延胡索酸等无机或有机的分子作为厌氧呼吸的最终受体。二者都为线粒体代谢提供所需的ATP，多余的ATP分子则通过线粒体转运蛋白家族（mitochondrial carrier family，MCF）运出线粒体。肠贾第

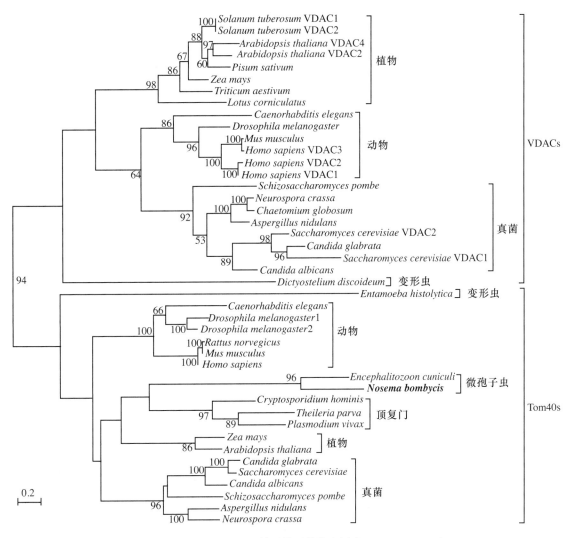

图10.19 VDAC和Tom40基因的系统发育树（Lin et al., 2012）

虫、溶组织内阿米巴和微孢子虫的纺锤剩体不能合成ATP，维持细胞器中Cpn60和mtHSP70活性，以及铁硫簇组装等代谢途径所需的能量必须从细胞质中转运而来。兔脑炎微孢子虫基因组编码4个细菌型的核苷酸转运蛋白（EcNTT1、EcNTT2、EcNTT3和EcNTT4），与细胞内寄生病原立克次氏体和衣原体获取宿主的ATP的蛋白质相类似。其中，EcNTT1、EcNTT2和EcNTT4定位于兔脑炎微孢子虫的细胞质膜，搬运宿主的ATP为自身代谢所用；而EcNTT3定位于纺锤剩体，可能为纺锤剩体提供能量分子（Tsaousis et al., 2008）。

家蚕微孢子虫基因组中有一个编码核苷酸转运蛋白的基因*NbNTT1*。*NbNTT1*基因全长为1524bp，无内含子，G+C含量为27.69%。该基因编码的蛋白质含有507个氨基酸，预测分子质量为59kDa，等电点为9.35。NbNTT1从第11位到第493位含有TLC结构域。与兔脑炎微孢子虫的4个核苷酸转运蛋白（NTTs）序列相似性分别为：EcNTT3 为29%，EcNTT1为26%，EcNTT4为25%和EcNTT2为26%。NbNTT1含有12个跨膜结构域。家蚕微孢子虫NbNTT1的保守功能位点为Lys61、Glu158、Asp292和Lys446（图10.20）。蝗虫微孢子虫中曾报道发现了*MCF*（mitochondrial carrier family）基因，其可能参与了能量的运输（Williams et al., 2008）。

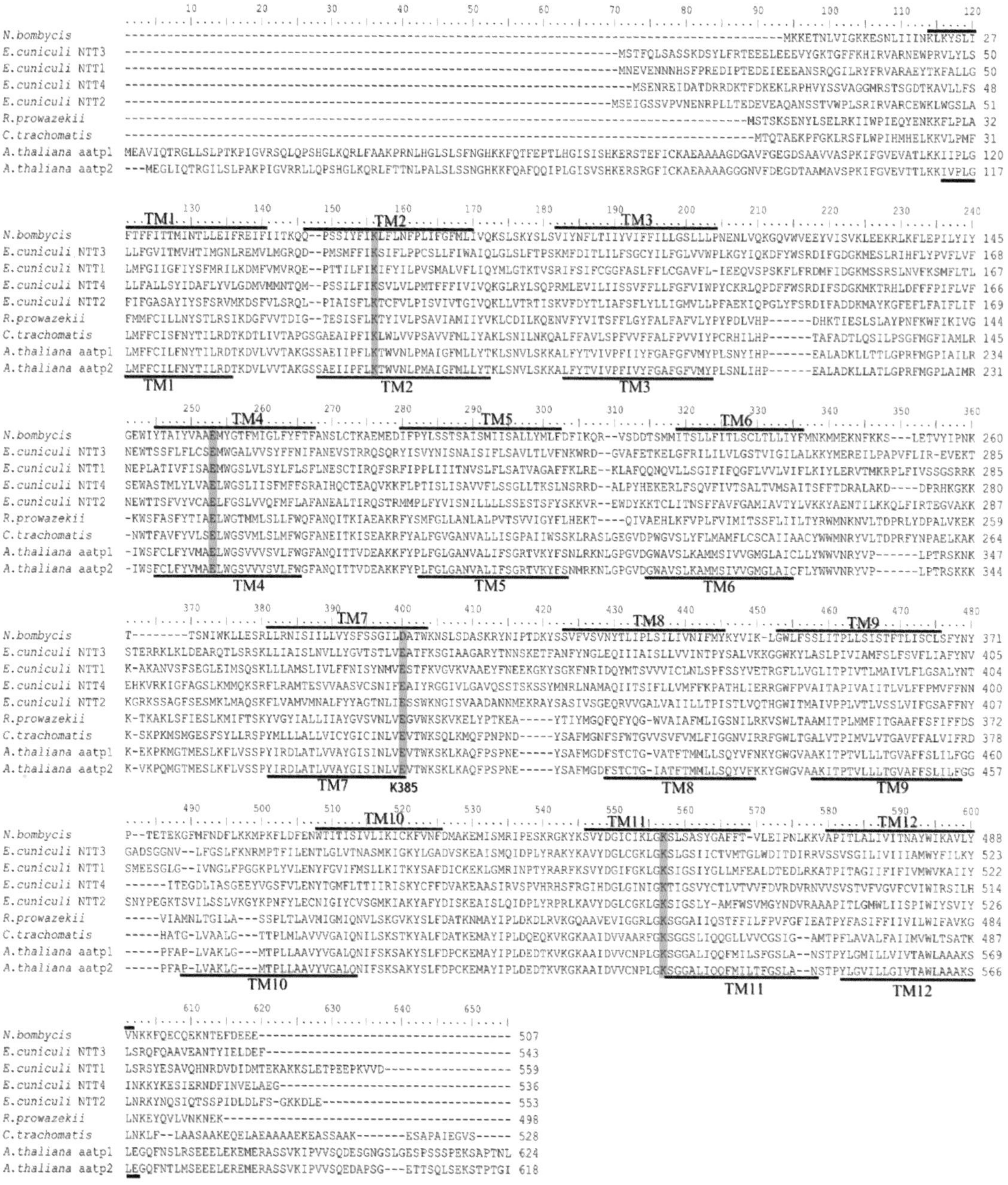

```
                    10        20        30        40        50        60        70        80        90       100       110       120
             ....|....|....|....|....|....|....|....|....|....|....|....|....|....|....|....|....|....|....|....|....|....|....|....|
N.bombycis   ------------------------------------------------------------------------------MKKETNLVIGKKESNLIIINRLKYSLI     27
E.cuniculi NTT3 ----------------------------------------------------------------MSTFQLSASSKDSYLFRTEEELEEVYGKTGPFKHIRVARAEYVPRVLYLS   50
E.cuniculi NTT1 --------------------------------------------------------------MNEVENNNHSFPREDIPTEDEIEEEANSRQGILRYFRVARAEYTKFALLG   50
E.cuniculi NTT4 ----------------------------------------------------------------MSENREIDATDRRDKTFDKEKLRPHVYSSVAGGMRSTSGDTKAVLLFS   48
E.cuniculi NTT2 ----------------------------------------------------------------MSEIGSSVPVNENRPLLTEDEVEAQANSSTVWPLSRIRVARCEWKLWGSLA   51
R.prowazekii ----------------------------------------------------------------MSTSKSENYLSELRKIIWPIEQYENKKFLPLA   32
C.trachomatis ----------------------------------------------------------------MTQTAEKPFGKLRSFLWPIHMHELKKVLPMF   31
A.thaliana aatp1 MEAVIQTRGLLSLPTKPIGVRSQLQPSHGLKQRLFAAKPRNLHGLSLSFNGHKKFQTFEPTLHGISISHKERSTEFICKAEAAAAGDGAVFGEGDSAAVVASPKIFGVEVATLKIIPLG 120
A.thaliana aatp2 ---MEGLIQTRGILSLPAKPIGVRRLLQPSHGLKQRLFTTNLPALSLSSNGHKKFQAFQQIPLGISVSHKERSRGFICKAEAAAAGGGNVFDEGDTAAMAVSPKIFGVEVTTLKKIVPLG 117

                    130       140       150       160       170       180       190       200       210       220       230       240
                    TM1          TM2                              TM3
N.bombycis   FTFFITTMINTLLEIFREIFIITKQQ--PSSIYFIKLFLNFPLIFGFMLIVQKSLSKYSLSVIYNFLTIIYVIFFILLGSLLPNENLVQVEEYVISVKLEEKRLKFLEPILYIY 145
E.cuniculi NTT3 LLFGVITMVHTIMGNLREMVLMGRQD--PMSMFFIKSIFLPPCSLLFIWAIQLGLSLFTPSKMFDITLILFSGCYILFGLVVWPLKGYIQKDFYWSRDIFGDGKMESLRIHFLYPVFLVF 168
E.cuniculi NTT1 IIGFIIGFIYSFMRILKDMFVMVRQE--PTTILFIKIFYILPVSMALVFLIQYMLGTKTVSRIFSIFCGGFASLFFLCGAVFL-IEEQVSPSKFLFRDMFIDGKMSSRSLNVFKSMFLTL 167
E.cuniculi NTT4 LLFALLSYIDAFLYVLGDMVVMMNTQM--PSSILFIKSVLVLPMTFFFIVIVQKGLRYLSQPRMLEVILIISSVFFLLFGFVIWPYCKRLQPDFFWSRDIFSDGKMKTRHLDFFFPIFLVF 166
E.cuniculi NTT2 FIFGASAYIYSFSRVMKDSFVLSRQL--PIAISFLKTCFVLPISVIVTGIVQKLLVTRTISKVFDYTLIAFSFLYLLIGMVLLPFAEKTQPGLYFSRDIFADDKMKAYKGFEFLFAITLIF 169
R.prowazekii FMMFCILLNYSTLRSIKDGFVVTDIG--TESISFLKTYIVLPSAVVIMLIYVKLCDILKQENVFYVITSFFLGYFALFAFVLYFYPDLVHP------DHKTIESLSLAYPNFKWFIKVG 144
C.trachomatis LMFFCISFNYTILRDTKDTLIVTAPGSGAEAIPFIKLWLVVPSAVVFMLIYAKLSNILNKQALFFAVLSFVVFFALFPVVIYPCRHILHP------TAFADTLQSILPSGFMGFIAMLR 145
A.thaliana aatp1 LMFFCILFNYTILRDTKDVLVVTAKGSSAEIIPFLKTWVNLPMAIGFMLLYTKLSNVLSKKALFYTVIVPFIIYFGAFGFVMYPLSNYIHP------EALADKLLTTLGPRFMGPIAILR 234
A.thaliana aatp2 LMFFCILFNYTILRDTKDVLVVTAKGSSAEIIPFLKTWVNLPMAIGFMLLYTKLSNVLSKKALFYTVIVPFIVYFGAFGFVMYPLSNLIHP------EALADKLLATLGPRFMGPLAIMR 231
                    TM1          TM2                              TM3

                    250       260       270       280       290       300       310       320       330       340       350       360
                         TM4                      TM5                    TM6
N.bombycis   GEWIYTAIYVAAEMYGTFMIGLFYFTFANSLCTKAEMEDIFPYLSSTSATSMIISALLYMLFDFIKQR--VSDDTSMMITSLLFITLSCLTLLIYFMNKMMEKNFKKS----LETVYIPNK 260
E.cuniculi NTT3 NEWTSSFLFLCSEMWGALVVSYFFNIFANEVSTRRQSQRYISVYNISNAISIFLSAVLTLVFNKWRD--GVAFETKELGFRILILVLGSTVIGILALKKYMEREILPAPVFLIR-EVEKT 285
E.cuniculi NTT1 NEPLATIVFISAEMWGSLVLSYLFLSFLNESCTIRQFSRFIPPLIIITNVSLFLSATVAGAFFKLRE--KLAFQQNQVLLSGIFIFQGFLVVLVIFLKIYLERVTMKRPLFIVSSGSRRK 285
E.cuniculi NTT4 SEWASTMLYLVAELWGSLIISFMFFSRAIHQCTEAQVKKFLPTISLISAVVFLSSGLLTKSLNSRRD--ALPYHEKERLFSQVFIVTSALTVMSAITSFFTDRALAKD----DPRHKGKK 280
E.cuniculi NTT2 NEWTTSFVYVCAELFGSLVVQEMFLAFANEADIFTRMMPLFYVISNILLLLSSESTSFYSKKVR--EWDYKKTCLITNSFFAVFQGAMIAVTYLVKKAQSPIFLGWLLIIFRTEGVAKK 287
R.prowazekii -KWSFASFYTIAELWGTMMLSLLFWQFANQITKIAEARFYSMFGLLANLALPVTSVVIGYFLHEKT----QIVAEHLKFVPLFVIMITSSFLITLYRWMNKNVLTDPRLYDPALVKEK 259
C.trachomatis -NWTFAVFYVLSELWGSVVLSLMFWGFANEITKISEARKFYALFGVGANVALIFSGPAIINSSKLRASLGEGVDPWGVSLYFLMAMFLCSCAIIAACYWWMNRYVLTDPRFYNPAELKAK 264
A.thaliana aatp1 -IWSFCLFYVMAELWGSVVVSVLFWGFANQITTVDEAKKFYPLFGLGANVALIFSGRTVKFYSNLRKNLGPGVDGWAVSLKAMMSIVVGMGLAICLLYWWVNRYVP------LPTRSKNK 347
A.thaliana aatp2 -IWSFCLFYVMAELWGSVVVSVLFWGFANQITTVDEAKKFYPLFGLGANVALIFSGRTVKFYSNMRKNLGPGVDGWAVSLKAMMSIVVGMGLAICLLYWWVNRYVP------LPTRSKKK 344
                         TM4                      TM5                    TM6

                    370       380       390       400       410       420       430       440       450       460       470       480
                                     TM7                                                TM8                       TM9
N.bombycis   -TSNIWKLLESRLLRNISILLVYSFSSGILDATWKNSLSDASKRYNIPTDKVYSSVFVSVNYTLIPLSILIVNIFMYKVYIK-LGWLFNSSLITPLLSISTFTLISCLSFYNY 371
E.cuniculi NTT3 STERRKLKLDEARQTLSRSKLLIAISLNVLLYGVTSTLVEATFKSGIAAGARYTNNSKETFANFYNGLEQIIIAISLLVVINTPYSALVKKGGWKYLASLPIVIAMFSLFSVFLIAFYNV 405
E.cuniculi NTT1 K-AKANVSFSEGLEIMSQSKLLLAMSLIVLFFNISYNMVESTFKVGVKVAAEYFNEEKGKYSGKFNRIDQYMTSVVVICLNLSPFSSYVETRGFLLVGLITPIVTLMAIVLFLGSALYNT 404
E.cuniculi NTT4 EHKVRKIGFAGSLNMNGFKSRFLRAMTESVSVNSCSNIFEAIYRGGLVGQVSSTSKSSYMNRLNAMAQIITSFLVMFFKPATHLIERRGWFPVAITAPIVAIITLKKQLFIRTEGVAKK 400
E.cuniculi NTT2 KGRKSSAGFSESMKLMAQSKFLVAMVMNALFYYAGTNLIESSWKNGISVAADANNMEKRAYSASTVSGEQRVVGALVAIILLTPISTLVQTHGWITMAIVPPLVTLVSSLVIFGSAFFNY 407
R.prowazekii K-TKAKLSFIESLKMIFTSKYVGYIALLIAYGVSVNLSKGVKYSLFDATKNMAYIYKLYPTKEA-----YTIYMGDVQFYQG-WVAIAFMLIGSNILRKVSWLTAAMITPLMMFITGAAFFSIFFDS 372
C.trachomatis K-SKPKNSMGESFSYLLRSPYMLLLALLVICYGICINLVETVNKSQLKMQFPNPND------YSAFMGNFSFWTGVVSVFVMLFIGGNVIRRFGWLTGALVTPIMNVLVTGAVFFSLILFG 378
A.thaliana aatp1 K-EKPKMGTMESLKFLVSSPYIRDLATLVVAYGISINLVETVNKSKLKAQFPSNE------YSAFMGDFSTCTG-VATFTMMLLSQYVFNKYGWGVAAKITPTVLLLTGVAFFSLILFGG 460
A.thaliana aatp2 K-VKPQMGTMESLKFLVSSPYIRDLATLVVAYGISINLVETVNKSKLKAQFPSNE------YSAFMGDFSTCTG-IATFTMMLLSQYVFKKYGWGVAAKITPTVLLLTGVAFFSLILFGG 457
                                     TM7       K385                                     TM8                       TM9

                    490       500       510       520       530       540       550       560       570       580       590       600
                                     TM10                              TM11                              TM12
N.bombycis   P--TETEKGFMFNDFLKKMFKFLDDFENWTITISIVLLKICKFVNFDMAKEMISMRIPESKRGKYKSVYDGICIKLGKSLSASYGAFFT-VLEIPNLKKVAPITLALIVITNAYWIKAVLY 488
E.cuniculi NTT3 GADSGGNV--LFGSLFKNRMPTFILENTFILNTVNASMKIGKYLGADVSKEAISMQIDPLYRAKYKAVYDGLCGKLGKSLGSIICTVMTGLWDITDIRRVSSVSGILIVIIIAMWYFILKY 523
E.cuniculi NTT1 SMEESGLG--IVNGLFPGGKPLYVLENYFGVIFMSLLKTLKYSAFDICKELKQNIRPTYRARFKSVYDGIFGKLGKSIGSIYGLLMFEALDTEDLARKAYLPITAGIIFIFIFIVMWVKAIIY 522
E.cuniculi NTT4 --ITEGDLIASGEEYVGSFVLENYTGMFLTTIIRISKYCFFDVAKEAASIRVSPVHRHSFRGIHDGLGINIGKTIGSVYCTLVTVVFDVRDVRNVVSVSTVFVGVFCVIWIRSILH 514
E.cuniculi NTT2 SNYPEGKTSVILSLVKKDGFVFLECNIGIYCVMGSMKIAKYAFYDISKELKYSPFKKIGSGSIGSLY-AMFWSVMGYNDVRAANIPITLGMWLIISPIWIYSVIY 526
R.prowazekii -VIAMNLTGILA---SSPLTLAVMIGMIQNVLSKGVKYSLFDATKNMAYIPLDKDLRVKGQAAVEVIGGRLGKSGGAIIQSTFFILFPVFGFIEATPYFASIFFIIVILWIFAVNG 484
C.trachomatis -HATG-LVAALG---TTPLMLAVVVGAIQNILSKSTKYALFDATKEMAYIPLDQEQKVKGKAAIDVVAARFGKSGGAIIQPGLLVVCCGSIG--AMTPFLAVALFAIIMVWLTSATK 487
A.thaliana aatp1 -PFAP-LVAKLG---MTPLLAAVYVGALQNIFSKSAKYSLFDPCKEMAYIPLDEDTKVKGKAAIDVVCNPLGKSGGALIQQFMILSFGSLA--NSTPYLGMILLVIVTAWLAAAKS 569
A.thaliana aatp2 -PFAP-LVAKLG---MTPLLAAVYVGALQNIFSKSAKYSLFDPCKEMAYIPLDEDTKVKGKAAIDVVCNPLGKSGGALIQQFMILTFGSLA--NSTPYLGVILLGIVTAWLAAAKS 566
                                     TM10                              TM11                              TM12

                    610       620       630       640       650
N.bombycis   VNKKFQECQEKNTEFDEEE--------------------------- 507
E.cuniculi NTT3 LSRQFQAAVEANTYIELDEF--------------------------- 543
E.cuniculi NTT1 LSRSYESAVQHNRDVDIDMTERAKKSLETPEEPKVVD---------- 559
E.cuniculi NTT4 INKKYKESIERNDFINVELAEG------------------------- 536
E.cuniculi NTT2 LNRKYNQSIQTSSPIDLDLFS-GKKDLE------------------- 553
R.prowazekii LNKEYQVLVNKNEK--------------------------------- 498
C.trachomatis LNKLF--LAASAAKEQELAEAAAAAEKEASSAAK-------ESAPAIEGVAS 528
A.thaliana aatp1 LEGQFNSLRSEEELEKEMERASSVKIPVVSQDESGNGSLGESPSSSPEKSAPTNL 624
A.thaliana aatp2 LEGQFNTLMSEEELEREMERASSVKIPVVSQEDAPSG---ETTSQLSEKSTPTGI 618
```

图10.20　家蚕微孢子虫核苷转运蛋白NbNTT1与其他物种同源蛋白的多重序列比对（Lin et al., 2012）

　　采用间接免疫荧光方法确定NbNTT1在家蚕微孢子虫的亚细胞定位特点。将纯化好的成熟家蚕微孢子虫孢子用4%多聚甲醛固定制片，然后进行间接免疫荧光分析。一抗为NbNTT1的小鼠抗血清，以注射PBS免疫的小鼠阴性血清为对照；二抗为FITC标记的羊抗鼠IgG，同时用DAPI标记细胞核，在荧光显微镜下进行观察。可以看到呈现卵圆形的孢子周围分布着较强的绿色荧光信号（图10.21），表明在家蚕微孢子虫中，NbNTT1定位于孢子质膜上。

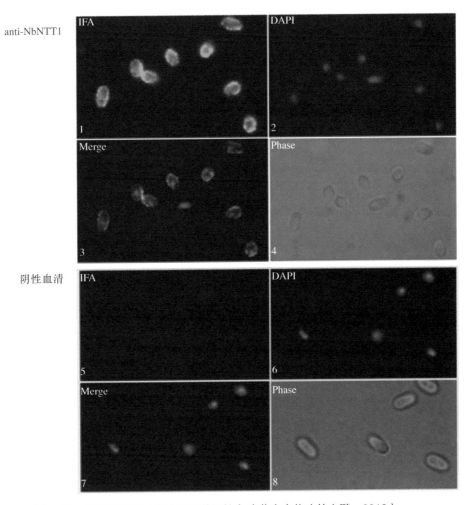

图10.21 家蚕微孢子虫NbNTT1的间接免疫荧光定位（林立鹏，2012）

相比较其他微孢子虫而言，家蚕微孢子虫纺锤剩体的基础研究仍然处于起步阶段，纺锤剩体在家蚕微孢子虫孢内的结构特征与孢内定位信息，还缺乏明确数据。而物质转运与铁硫簇装配等关键基因在家蚕微孢子虫内所行使的具体功能还有待于更进一步深入。本章基于家蚕微孢子虫全基因组数据，采用生物信息方法鉴定出的大量纺锤剩体候选基因，无疑为后续研究提供了良好而全面的靶向信息；而对某些纺锤剩体蛋白的孢内有效定位，也为今后纺锤剩体基因家蚕微孢子虫中的功能研究奠定基础。

参考文献

林立鹏，潘国庆，李田，等. 2012. 家蚕微孢子虫半胱氨酸脱硫酶基因的克隆及表达和亚细胞定位. 蚕业科学，38(1): 82-91.

林立鹏. 2012. 家蚕微孢子虫 (*Nosema bombycis*) 功能基因组研究——家蚕微孢子虫纺锤剩体相关基因的鉴定及其蛋白定位研究. 重庆：西南大学博士学位论文.

Ali V, Shigeta Y, Tokumoto U, et al. 2004. An intestinal parasitic protist, *Entamoeba histolytica*, possesses a non-redundant nitrogen fixation-like system for iron-sulfur cluster assembly under anaerobic conditions. J Biol Chem, 279(16): 16863-16874.

Burri L, Keeling PJ. 2007. Protein targeting in parasites with cryptic mitochondria. Int J Parasitol, 37(3-4): 265-272.

Burri L, Williams BAP, Bursac D, et al. 2006. Microsporidian mitosomes retain elements of the general mitochondrial targeting system. Proc Natl Acad Sci USA, 103(43): 15916-15920.

Cavalier-Smith T. 1987. Eukaryotes with no mitochondria. Nature, 326(6111): 332-333.

Dolezal P, Dagley MJ, Kono M, et al. 2010. The essentials of protein import in the degenerate mitochondrion of *Entamoeba histolytica*. PLoS Pathog, 6(3): e1000812.

Embley TM, Martin W. 2006. Eukaryotic evolution, changes and challenges. Nature, 440(7084): 623-630.

Ghosh S, Field J, Rogers R, et al. 2000. The *Entamoeba histolytica* mitochondrion-derived organelle (crypton) contains double-stranded DNA and appears to be bound by a double membrane. Infect Immun, 68(7): 4319-4322.

Gill EE, Diaz-Trivino S, Barbera MJ, et al. 2007. Novel mitochondrion-related organelles in the anaerobic amoeba, *Mastigamoeba balamuthi*. Mol Microbiol, 66(6): 1306-1320.

Goldberg AV, Molik S, Tsaousis AD, et al. 2008. Localization and functionality of microsporidian iron-sulphur cluster assembly proteins. Nature, 452(7187): 624-628.

Hackstein JHP, Tjaden J, Huynen M. 2006. Mitochondria, hydrogenosomes and mitosomes: products of evolutionary tinkering. Curr Genet, 50(4): 225-245.

Jedelsky PL, Doležal P, Rada P, et al. 2011. The minimal proteome in the reduced mitochondrion of the parasitic protist *Giardia intestinali*. PLoS One, 6(2): e17285.

Kaiser JT, Clausen T, Bourenkow GP, et al. 2000. Crystal structure of a NifS-like protein from *Thermotoga maritima*: implications for iron sulphur cluster assembly. J Mol Biol, 297(2): 451-464.

Katinka MD, Duprat S, Cornillot E, et al. 2001. Genome sequence and gene compaction of the eukaryote parasite *Encephalitozoon cuniculi*. Nature, 414(6862):450-453.

Leon-Avila G, Tovar J. 2004. Mitosomes of *Entamoeba histolytica* are abundant mitochondrion-related remnant organelles that lack a detectable organellar genome. Microbiology-Sgm, 150: 1245-1250.

Lill R, Mühlenhoff U. 2004. Iron-sulfur-protein biogenesis in eukaryotes. Trends Biochem Sci, 30(3): 133-141.

Lill R, Mühlenhoff U. 2006. Iron-sulfur protein biogenesis in eukaryotes: components and mechanisms. Annu Rev Cell Dev Biol, 22: 457-486.

Lill R, Mühlenhoff U. 2008. Maturation of iron-sulfur proteins in eukaryotes: mechanisms, connected processes, and diseases. Annu Rev Biochem, 77: 669-700.

Lin LP, Pan GQ, Li T, et al. 2012. The protein import pore Tom40 in the microsporidian *Nosema bombycis*. Journal of Eukaryotic Microbiology, 59(3): 251-257.

Mai Z, Ghosh S, Frisardi M, et al. 1999. Hsp60 is targeted to a cryptic mitochondrion-derived organelle ("crypton") in the microaerophilic protozoan parasite *Entamoeba histolytica*. Mol Cell Biol, 19(3): 2198-2205.

Mi-ichi F, Makiuchi T, Furukawa A, et al. 2011. Sulfate activation in mitosomes plays an important role in the proliferation of *Entamoeba histolytica*. PLoS Negl Trop Dis, 5(8): e1263.

Mi-ichi F, Yousuf MA, Nakada-Tsukui K, et al. 2009. Mitosomes in *Entamoeba histolytica* contain a sulfate activation pathway. Proc Natl Acad Sci USA, 106(51): 21731-21736.

Neupert W, Herrmann JM. 2007. Translocation of proteins into mitochondria. Annu Rev Biochem, 76: 723-749.

Rada P, Dolezal P, Jedelsky PL, et al. 2011. The core components of organelle biogenesis and membrane transport in the hydrogenosomes of *Trichomonas vaginalis*. PLoS One, 6(9): e24428.

Rada P, Smid O, Sutak R, et al. 2009. The monothiol single-domain glutaredoxin is conserved in the highly reduced mitochondria of *Giardia intestinalis*. Eukaryot Cell, 8(10): 1584-1591.

Regoes A, Zourmpanou D, Leon-Avila G, et al. 2005. Protein import, replication, and inheritance of a vestigial mitochondrion. J Biol Chem, 280(34): 30557-30563.

Sogin ML. 1989. Evolution of eukaryotic microorganisms and their small subunit ribosomal RNAs. Integr Comp Biol, 29(2): 487.

Tachezy J, Sanchez LB, Muller M. 2001. Mitochondrial type iron-sulfur cluster assembly in the amitochondriate eukaryotes *Trichomonas vaginalis* and *Giardia intestinalis*, as indicated by the phylogeny of IscS. Mol Biol Evol , 18(10): 1919-1928.

Tong WH, Rouault T. 2000. Distinct iron-sulfur cluster assembly complexes exist in the cytosol and mitochondria of human cells. EMBO J, 19(21): 5692-5700.

Tovar J, Fischer A and Clark CG. 1999. The mitosome, a novel organelle related to mitochondria in the amitochondrial parasite *Entamoeba histolytica*. Mol Microbiol, 32(5): 1013-1021.

Tovar J, Leon-Avila G, Sanchez LB, et al. 2003. Mitochondrial remnant organelles of *Giardia* function in iron-sulphur protein maturation. Nature, 426(6963): 172-176.

Tsaousis AD, Kunji ERS, Goldberg AV, et al. 2008. A novel route for ATP acquisition by the remnant mitochondria of *Encephalitozoon cuniculi*. Nature, 453(7194): 553-556.

van der Giezen M, Cox S, Tovar J. 2004. The iron-sulfur cluster assembly genes *iscS* and *iscU* of *Entamoeba histolytica* were acquired by horizontal gene transfer. BMC Evol Biol, 4: 7.

van der Giezen M, Tovar J. 2005. Degenerate mitochondria. EMBO Rep, 6(6): 525-530.

Vavra J. 2005. "Polar vesicles" of microsporidia are mitochondrial remnants ("mitosomes"). Folia Parasitologica, 52(1-2): 193-195.

Waller RF, Jabbour C, Chan NC, et al. 2009. Evidence of a reduced and modified mitochondrial protein import apparatus in microsporidian mitosomes. Eukaryot Cell, 8(1):

19-26.

Williams BA, Elliot C, Burri L, et al. 2010. A broad distribution of the alternative oxidase in microsporidian parasites . PLoS Pathog, 6(2):e1000761.

Williams BAP, Haferkamp I, Keeling PJ. 2008. An ADP/ATP-specific mitochondrial carrier protein in the microsporidian *Antonospora locustae*. J Mol Biol, 375(5): 1249-1257.

Xu XM, Moeller SG. 2008. Iron-sulfur cluster biogenesis systems and their crosstalk. Chembiochem, 9(15): 2355-2362.

Zheng L, White RH, Cash VL, et al. 1993. Cysteine desulfurase activity indicates a role for NIFS in metallocluster biosynthesis. Proc Nat Acad Sci USA, 90(7): 2754.

Zheng L, White RH, Cash VL, et al. 1994. Mechanism for the desulfurization of L-cysteine catalyzed by the *nifS* gene product. Biochemistry, 33(15): 4714-4720.

第11章
家蚕微孢子虫基因组数据库

第11章　家蚕微孢子虫基因组数据库

李　田

基因组数据库是分子生物信息数据库的重要组成部分，包含了丰富的数据信息和资源，如基因组、编码基因、非编码基因（rRNA、tRNA、small RNA等）、蛋白质、转录组等序列信息。同时基因组数据库也是一个数据查询分析平台，可以向研究者提供各类数据检索、分析，以及数据共享校正等服务。世界上最大的基因组数据库是美国生物技术信息中心（The National Center for Biotechnology Information，简称NCBI，http://www.ncbi.nlm.nih.gov）构建的GenBank数据库。GenBank数据库收录了所有模式生物和绝大部分其他生物的核苷酸和蛋白质序列信息，而且定期与欧洲分子生物学实验室（European Molecular Biology Laboratory，简称EMBL，http://www.embl.org）的数据库和日本DNA数据库（DNA Data Bank of Japan，简称DDBJ，http://www.ddbj.nig.ac.jp）保持数据共享和更新。除了上述三大综合性数据库外，国内外不同单位或组织还构建了许多专用型数据库，如人类基因组数据库（GDB，http://www.gdb.org）、线虫基因组数据库（AceDB，http://www.acedb.org）、果蝇基因组数据库（FlyBase，http://flybase.org）、家蚕基因组数据库（SilkDB，http://www.silkdb.org）、酵母基因组数据库（SGD, http://www.yeastgenome.org）等。

家蚕作为经济昆虫和鳞翅目代表物种，尤其是近10年来基于基因组研究取得的一系列突破性成果（Xia et al., 2007；Xia et al., 2009；Xia et al., 2004），为其他鳞翅目昆虫的研究提供了重要参考。近些年，蚕类重要病原尤其是家蚕微孢子虫的基因组逐渐得到测序解析，这些数据为家蚕病害的诊断防控，以及鳞翅目害虫的防治提供了重要的基础数据。以家蚕微孢子虫基因组数据为代表的蚕类病原基因组生物信息数据库（SilkPathDB——Silkworm Pathogen Database，http://silkpathdb.swu.edu.cn）则为这些数据的整合、查询和分析提供了一个综合性平台。

SilkPathDB数据库是一个综合性的蚕类病原基因组和生物学信息资源库，收录并整理了蚕类主要病原——微孢子虫、核型多角体病毒、质型多角体病毒、球孢白僵菌、金龟子绿僵菌等的基因组和转录组数据，构建了查询、比对、注释等工具，为研究者提供了一个数据丰富、功能齐全的综合性平台。

11.1　微孢子虫基因组数据

微孢子虫是蚕类昆虫的重要病原之一。家蚕微孢子虫引起的家蚕微粒子病是蚕业生产上的一种毁灭性病害，是各养蚕国家和地区的法定检疫对象。2013年家蚕基因组生物学国家重点实验室（http://sklsgb.swu.edu.cn）完成了家蚕微孢子虫CQ1分离株和柞蚕微孢子虫YY分离株的基因组测序分析工作（Pan et al., 2013），相关数据的发表为蚕类微孢子虫病的检测和防控研究提供了数据基础。此外，家蚕变形微孢子虫是家蚕基因组生物学国家重点实验室新分离获得的一株感染家蚕的微孢子虫，目前其基因组测序正在进行之中。金凤蝶微孢子虫是中国科学院昆明动物所王文课题组与家蚕基因组生物学国家重点实验室共同分离鉴定的一株感染金凤蝶的微孢子虫，目前已获得了7.7Mb的基因组框架图序列。

作为SilkPathDB重要组成部分的家蚕微孢子虫基因组框架图数据，是目前最完整的蚕类微孢子虫基因组数据，包含了基因组测序文库reads序列、组装后的骨架（scaffold）序列、蛋白质编码基因、rRNA基因、tRNA基因信息，以及蛋白质的功能注释、GO注释、结构域、基序和亚细胞定位等信息。SilkPathDB数据库中包含了两个版本的家蚕微孢子虫基因组数据，第二版数据主要在前一版数据基础上优化了基因预测方法，增强了对转座元件序列的过滤和去除，提高了基因预测质量，获得了更多的可靠预测基因数据，并且采用了更加合理的序列命名方法。如表11.1所示，与第一版数据相比，第二版家蚕微孢子虫基因预测数据多获得668个预测基因，基因总长增加0.7Mb，平均基因长度增加31.9bp。因此，家蚕微孢子虫第二版基因预测数据要优于第一版。

表11.1 家蚕微孢子虫CQ1分离株第一版和第二版基因预测数据比较

	家蚕微孢子虫基因组数据第一版	家蚕微孢子虫基因组数据第二版
骨架序列数	1605	1605
骨架序列总长/Mb	15.7	15.7
基因数目	4460	5128
基因总长/Mb	3.3	4.0
基因平均长度/bp	750.2	782.1

根据基因组数据库对数据的格式要求，将获得的微孢子虫基因组相关数据进行基因组序列、基因序列、编码与非编码基因序列、氨基酸序列、基因功能注释和功能分类信息、蛋白质结构域信息、基因家族等数据信息的预测分析和整合处理。对新测序获得的金凤蝶微孢子虫基因组数据，作者进行了系统的注释分析。首先对基因组中的转座元件等重复序列进行了预测和分类分析，继而预测了基因组序列中的编码基因和非编码基因（rRNA和tRNA）。在此基础上开展了基因功能注释、基因功能分类、基因家族分类、重复基因预测、基因组共线性预测等分析。

11.2 服务器构建

11.2.1 环境搭建

SilkPathDB数据库服务器后台采用LAMP系统套件（即Linux操作系统、Apache Web服务器、MySQL数据库引擎和PHP程序语言）搭建基本运行平台，利用GMOD（Generic Model Organism Database）作为基因组数据存储和处理引擎，借助GBrowse（Generic Genome Browser）程序构建基因组数据浏览器，数据库网站利用PHP、JavaScript、HTML、Perl等语言开发网站内容管理和显示系统。

11.2.2 工具开发

基于构建的LAMP和GMOD后端服务器平台，SilkPathDB数据库开发了一系列浏览、查询和分析工具，包括数据浏览、数据查询、数据下载与上传、序列比对、基序分析、序列GO注释及浏览、蛋白亚细胞定位预测等。其中数据浏览工具包括由PHP内容管理系统驱动的病原基本信息浏览器、由Perl程序语言开发的病原基因组数据索引浏览器和基因GO分类浏览器；数据查询工具是一个由Perl语言编写的序列截取、提取和关键词搜索CGI程序；基因组序列数据文件的下载和上传工具也是由PHP内容管理系统驱动交互式Web界面；序列比对、基序分析、序列GO注释工具则是分别利用BLAST（Altschul et al., 1997）、AB-BLAST[Gish（1996~2009）http://blast.advbiocomp.com]、MEME（Bailey et al., 2009）和InterProScan（Mulder and Apweiler, 2007）构建分析流程；而蛋白亚细胞定位预测则是由蛋白质信号肽预测程序signalp-4.1b（Petersen et al., 2011）、细胞核蛋白预测程序nucpred-1.1（Brameier et al., 2007）、NLStradamus.1.7（Nguyen Ba et al., 2009）和PredictNLS（https://rostlab.org/owiki/index.php/PredictNLS）、线粒体型蛋白预测程序为MitoProtII（Claros and Vincens, 1996）、膜蛋白预测程序tmhmm-2.0c（Krogh et al., 2001）和kohgpi-1.5（Fankhauser and Maser, 2005）、蛋白质亚细胞定位综合预测程序PSORT II（Horton and Nakai, 1997）和WoLF PSORT（Horton et al., 2007）构成的更加综合的预测分析流程。

11.3 数据库的使用

SilkPathDB数据库前端采用非常简洁的内容组织形式、数据显示方式和网页框架结构，便于使用者快速简便地浏览和查询内容。

11.3.1 数据库首页概览

SilkPathDB数据库首页（图11.1）由数据库LOGO、数据库标题、内容搜索、网站导航、数据查询、常用分析工具、病原分类列表、数据库简介、新闻发布、文献发表、单位及版权信息等板块构成。通过网站导航栏可以快速访问数据库网站的任何页面，利用内容搜索引擎，可以非常方便地通过关键词搜索网站文字内容，数据查询引擎（页面左侧的Fetch Data栏）则为病原数据的提取提供了快捷入口。常用分析工具栏包括BLAST、FindMotif、SearchGO、EuSecPred、Genome Browser。其中BLAST是SilkPathDB数据库的序列搜索比对工具，包含NCBI BLAST 2.2.26、BLAST 2 SEQUENCES和AB-BLAST 3.0 3个比对程序，FindMotif是基序预测工具，SearchGO为Gene Ontology注释程序，EuSecPred是真核生物分泌型蛋白预测流程，Genome Browser是蚕类病原基因组浏览器。病原分类列表提供了蚕类微孢子虫、病毒、真菌、细菌病原的名称和简介内容链接，用户可以通过点击病原的名字查看简介内容。数据库简介是SilkPathDB数据库的简要介绍，通过标题超链接可以查看详细介绍和数据库使用帮助。SilkPathDB数据通过新闻板块即时发布重要事件（数据更新、服务变更、工具发布等）。用户可以通过页面底部的联系我们（contact us）向数据库管理维护团队提问和咨询。同时，页面底部还显示了SilkPathDB数据库是由西南大学家蚕基因组生物学国家重点实验室微生物研究室创建和维护，版权归家蚕基因组生物学国家重点实验室所有。SilkPathDB数据库支持Internet Explorer 8.0以上版本、Firefox、Safari、Opera等浏览器，是一个浏览器兼容性广泛的数据库网站。

图11.1　蚕类病原数据库首页

SilkPathDB数据库首页提供了数据库导航、新闻和帮助，数据查询、浏览和分析等入口（http://silkpathdb.swu.edu.cn）

11.3.2　病原信息检索

　　SilkPathDB数据库提供了所收录的每一个病原的介绍信息，用户可以通过导航栏中的"Pathogens"菜单访问病原信息页面（图11.2），或通过"Pathogens"下拉菜单中的选项访问特定分类和病原的信息，如微孢子虫信息页面（图11.3），也可以通过数据库首页的病原分类列表直接查看相应的信息。另外，通过页面顶部的搜索工具可以键入关键词检索特定病原信息。

图11.2　蚕类病原列表页面（http://silkpathdb.swu.edu.cn/silkpathdb/pathogens）

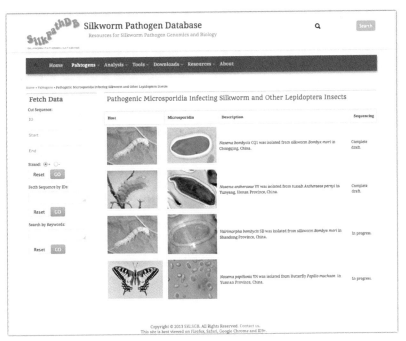

图11.3　蚕类病原数据库中的微孢子虫列表页面（http://silkpathdb.swu.edu.cn/silkpathdb/microsporidia）

11.3.3　病原数据查询

数据查询是数据库最重要的功能之一。通过SilkPathDB数据库的"Fetch Data"工具包可以快速截取序列，批量提取序列，利用关键词搜索基因。具体来讲，通过其中的"Cut Sequence"工具可以输入序列的编号、序列片段起始位置、序列片段结束位置提取特定序列的特定位置；利用"Fetch Sequence"工具可输入多条序列编号批量提取整条序列；而"Search by Keywords"工具则为通过关键词（如基因功能、蛋白结构域名称等）搜索病原基因信息提供了便捷入口。

11.3.4　序列比对

序列比对是最重要的信息分析内容之一，序列比对工具也是最常用的分析工具。SilkPathDB利用NCBI BLAST和AB-BLAST软件构建了病原序列的比对分析工具，程序界面简洁方便（图11.4A）。AB-BLAST类似于NCBI BLAST，但使用不同的比对算法，在比对敏感性和计算速度方面优于NCBI BLAST，尤其是在序列库的格式化速度方面远远优于NCBI BLAST。使用者可以通过粘贴、上传序列，或者输入数据库中序列的编号比对查询数据库中所有病原和宿主的序列信息，其中输入序列的格式必须是FASTA格式，序列编号必须以"ID："为前缀（如ID:NBOM_0001001.t01）。研究者可以根据自己的需要定义比对参数，如选择E-值、在"More Parameters"输入框内输入特定参数等。序列比对结果的输出格式可以选择标准输出格式（STANDARD）（图11.4B）和表格输出格式（TABULAR）（图11.4C），其中表格式输出格式可以限定顺次最好比对结果的条数。比对所用数据库中，研究者除了可以选择蚕类重要病原的基因组序列，还可以选择公共数据库（如nr、nt、uniprot_sprot和uniprot_trembl

等）对序列进行注释和同源序列查询。

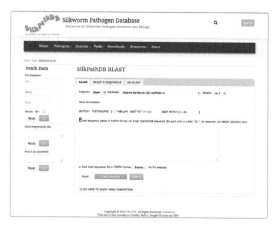

A   B

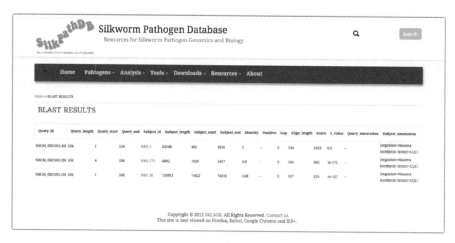

C

图11.4　蚕类病原数据库序列比对工具（A）及比对结果示例（B、C）页面（http://silkpathdb.swu.edu.
cn/silkpathdb/blast）

11.3.5　基因组浏览器

　　基因组浏览器是浏览基因组数据的交互式图形化工具，GMOD项目（generic model organism database project，http://gmod.org）开发的GBrowse（generic genome browser）是目前使用最广泛最流行的基因组浏览器。SilkPathDB利用GBrowse构建了蚕类病原基因组浏览器，整合了蚕类主要病原的基因组数据和转录组数据，向研究者提供数据的在线浏览查询服务。使用者可以通过网站首页的"Genome Browser"图标或导航栏"Tools"项目的"Genome Browser"菜单进入基因组浏览器（图11.5）。SilkPathDB 基因组浏览器默认打开家蚕微孢子虫CQ1分离株基因组版本1的数据，以方便研究者根据已发表家蚕微孢子虫文献查询数据。使用者可以浏览、下载基因、mRNA、CDS、转座元件等数据信息，也可以通过输入基因编号、功能和位置信息查询感兴趣的数据信息，使用者还可以注册账号进行序列注释和数据校正。

11.3.6 序列GO注释、查询和浏览

基因本体论GO（gene ontology）是一个生物信息学领域广泛使用的基因分类系统，包括3个分支：细胞组分、分子功能和生物过程。GO注释是非常重要的基因注释形式，也是目前最为流行的基因组注释方式之一。SilkPathDB利用InterProScan（Mulder and Apweiler, 2007）程序构建的"Search GO"工具（图11.6A）为研究者进行病原基因的GO注释提供了便利。研究者可以输入蛋白质序列或数据库中蛋白质序列的编号搜索GO注释信息。例如，在"Search GO"工具的输入框中输入"ID:NBOM_0073010.p01"，点击"Submit"按钮，即可获得NBOM_0073010基因的GO注释信息（图11.6B）。

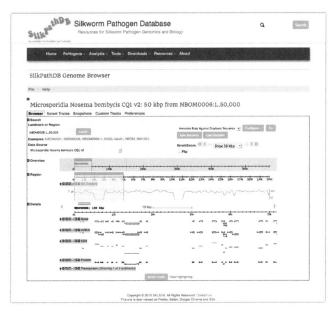

图11.5 蚕类病原数据库基因组浏览器（http://silkpathdb. swu.edu.cn/cgi–bin/gb2/gbrowse）

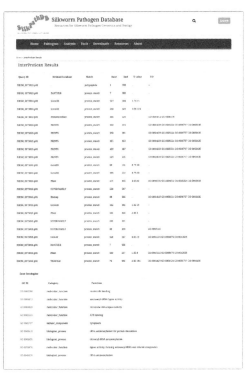

A

B

图11.6 蚕类病原数据库GO注释工具（A）和注释结果示例（B）（http://silkpathdb.swu.edu.cn/silkpathdb/searchgo）

　　"Search GO"工具需要在后台进行Pfam、SMART、PRINTS等数据库的比对，因此运行较慢，时间较长。如果注释序列为SilkPathDB收录的基因，则可以通过"Fetch GO"工具（图11.7A）快速查询其GO注释。"Fetch GO"工具允许用户输入一个或多个基因编号提取GO注释信息。例如，在"Fetch GO"工具输入框中输入"NBOM_0008060 ECU01_0350 BBA_00018"，点击"Submit"按钮，即可获得此3个基因的GO注释信息（图11.7B）。

A 　　　　　　　　　　　　　　　　　B

图11.7　蚕类病原数据库GO查询工具（A）及查询结果示例（B）

　　为了方便研究者快速浏览某一病原所有基因或某一类基因的GO注释信息，作者采用统一标准和流程对所收录病原的蛋白质序列进行了GO注释，并构建了蚕类病原GO浏览器——SilkPathGO（图11.8）。研究者可以选择某一病原（如家蚕微孢子虫 *Nosema bombycis*），查看其分子功能、细胞组分或生物过程方面的基因分类和数目，并可以点击每一子分类右侧的"Gene list"超链接查看此子分类所包含的基因编号。

图11.8　蚕类病原数据库病原基因GO浏览器（http://silkpathdb.swu.edu.cn/silkpathdb/silkpathgo）

11.3.7 分泌型蛋白预测

分泌型蛋白是非常重要的病原侵染因子或毒力因子，是解析病原的侵染机制的重要靶标。鉴于此，SilkPathDB利用一系列信号肽及亚细胞定位预测程序构建了分泌型蛋白预测流程——EuSecPred（图11.9）。研究者可以上传蛋白质序列文件，在输入框中输入蛋白质序列，或者输入数据库中蛋白质序列的编号进行亚细胞定位和分泌型蛋白的预测。

EuSecPred设有3种预测模式：真菌、植物和动物，即分别对来自真菌、植物和动物的蛋白进行预测。

图11.9 蚕类病原数据库分泌型蛋白预测工具（http://silkpathdb.swu.edu.cn/silkpathdb/eusecpred）

11.3.8 其他工具

除了上述主要工具外，SilkPathDB数据库还构建了基序预测（Find Motif，http://silkpathdb.swu.edu.cn/silkpathdb/findmotif）和共线性图谱绘制（Synteny Plotter，http://silkpathdb.swu.edu.cn/silkpathdb/synteny_plotter）工具，并整合了EMBOSS（European Molecular Biology Open Software Suite，http://silkpathdb.swu.edu.cn/silkpathdb/emboss）综合工具包。"Find Motif"基序预测工具可用来对氨基酸和核苷酸序列中的基序进行预测，"Synteny Plotter"共线性图谱绘制工具可根据用户输入共线性数据绘制图谱，而EMBOSS则是一个功能丰富的数据分析工具包，可进行序列编辑、翻译、比对、比对结果处理等分析。

11.3.9 数据下载

为方便研究者批量下载数据，SilkPathDB提供了两种数据下载方式。第一种方式，用户可以通过"Downloads"页面（http://silkpathdb.swu.edu.cn/silkpathdb/downloads）的超链接下载相应的数据（图11.10A）；第二种方式，用户可以通过SilkPathDB的文件浏览器（http://silkpathdb.swu.edu.cn/silkpathdb/datasets）浏览和下载相应数据（图11.10B），而且

SilkPathDB文件浏览器还提供了文件打包下载功能，更加便于用户批量下载数据文件。

图11.10　蚕类病原数据库数据下载页面（A）和文件浏览器（B）

11.4　数据库维护与发展

SilkPathDB数据库由家蚕基因组生物学国家重点实验室构建，并负责数据库的升级和管理维护，版权归家蚕基因组生物学国家重点实验室所有。

蚕类病原生物学和基因组学的研究为SilkPathDB的构建、完善和发展提供了数据来源，也是SilkPathDB发展的动力；反过来，SilkPathDB为蚕类病原数据的整理、查询和分析提供了一个综合性平台，其不断完善和发展也将会促进蚕类病原的相关研究。

家蚕基因组生物学国家重点实验室研究团队在不断推进蚕桑病原生物学研究的同时，时刻关注国内外相关研究动态，以不断充实和完善SilkPathDB的数据，并创新和发展更多的分析工具和流程，为国内外研究者提供一个数据分析和交流的平台。

参考文献

Altschul SF, Madden TL, Schaffer AA, et al. 1997. Gapped BLAST and PSI-BLAST: a new generation of protein database search programs. Nucleic Acids Res, 25(17): 3389-3402.

Bailey TL, Boden M, Buske FA, et al. 2009. MEME SUITE: tools for motif discovery and searching. Nucleic Acids Res, 37(Web Server issue): W202-208.

Brameier M, Krings A, MacCallum RM. 2007. NucPred-predicting nuclear localization of proteins. Bioinformatics, 23(9): 1159-1160.

Claros MG, Vincens P. 1996. Computational method to predict mitochondrially imported proteins and their targeting sequences. Eur J Biochem, 241(3): 779-786.

Fankhauser N, Maser P. 2005. Identification of GPI anchor attachment signals by a Kohonen self-organizing map. Bioinformatics, 21(9): 1846-1852.

Horton P, Nakai K. 1997. Better prediction of protein cellular localization sites with the k nearest neighbors classifier. Proc Int Conf Intell Syst Mol Biol, 5: 147-152.

Horton P, Park KJ, Obayashi T, et al. 2007. WoLF PSORT: protein localization predictor. Nucleic Acids Res, 35(Web Server issue): W585-587.

Krogh A, Larsson B, von Heijne G, et al. 2001. Predicting transmembrane protein topology with a hidden Markov model: application to complete genomes. J Mol Biol, 305(3): 567-580.

Mulder N, Apweiler R. 2007. InterPro and InterProScan: tools for protein sequence classification and comparison. Methods Mol Biol, 396: 59-70.

Nguyen Ba AN, Pogoutse A, Provart N, et al. 2009. NLStradamus: a simple Hidden Markov Model for nuclear localization signal prediction. BMC Bioinformatics, 10: 202.

Pan G, Xu J, Li T, et al. 2013. Comparative genomics of parasitic silkworm microsporidia reveal an association between genome expansion and host adaptation. BMC Genomics, 14: 186.

Petersen TN, Brunak S, von Heijne G, et al. 2011. SignalP 4.0: discriminating signal peptides from transmembrane regions. Nat Methods, 8(10): 785-786.

Xia Q, Cheng D, Duan J, et al. 2007. Microarray-based gene expression profiles in multiple tissues of the domesticated silkworm, *Bombyx mori*. Genome Biol, 8(8): R162.

Xia Q, Guo Y, Zhang Z, et al. 2009. Complete resequencing of 40 genomes reveals domestication events and genes in silkworm (*Bombyx*). Science, 326(5951): 433-436.

Xia Q, Zhou Z, Lu C, et al. 2004. A draft sequence for the genome of the domesticated silkworm (*Bombyx mori*). Science, 306(5703): 1937-1940.

后记

　　自1857年从家蚕中首次分离、发现并命名微孢子虫以来，至今已发现的微孢子虫超过150个属，1400多种(Franzen, 2008)。由于微孢子虫的寄主范围非常广泛，可感染从无脊椎动物到脊椎动物的几乎所有物种。因而微孢子虫研究在21世纪引起了学术界的广泛关注。

　　从20世纪90年代开始，编者开展了家蚕微孢子虫分子生物学和基因组学研究。在研究过程中，深感有关微孢子虫研究，特别是基因组学研究的系统参考资料缺乏，更缺乏案头专著，与不断增长的需求不相适应，正是这种状况成为了编写本书的直接动因。2002年开始，编者等启动开展了家蚕微孢子虫基因组研究计划，多年的研究积累了一些心得和认知，因此，本书重点结合编者近20年的研究积累，以基因组学为主线来编撰。同时，考虑到此书能够方便更多的非专业读者，因此参考一些专业书籍或资料充实了微孢子虫生物学和病原病理学的部分内容。当然，即使有此考虑，由于篇幅和时间限制，也无法使本书具有完整性。本书的面世，如能为读者提供一定帮助，乃编者之幸。

　　如何对本书冠名，特别是对于微孢子虫名词的使用曾经困惑了编者，起因在于对微孢子虫的分类归属问题上。在传统五界分类系统中，微孢子虫被定位于原生动物界（Protista），尽管1992年，微孢子虫被独立成1个门，但微孢子虫作为一种微小"动物"的概念一直留在人们的印象中。近年来利用分子生物学方法对微孢子虫的系统分类研究表明，微孢子虫与真菌有较近的亲缘关系，这一观点已被广泛接受，这样，微孢子虫中"虫"的概念还是否使用？并且在蚕业中，一直沿用"微粒子"这一概念。困惑之中，美国国家生物技术信息中心（NCBI）分类系统发布了新的归类结果，将微孢子虫归于细胞型生物体（cellular organisms）/真核生物（eukaryote）/真菌（fungi）/微孢子虫（microsporidia）。2012年，微孢子虫归类于真菌已得到国际原生动物进化和分类委员会认定，于是，本书参考了这一结果。

　　编者由衷感谢家蚕基因组生物学国家重点实验室的向仲怀院士，向院士不仅是本学术团队的领路人，而且本书能够面世正是向院士指导、鞭策和鼓励的结果。重点实验室的同仁也为本书的编撰提供了大力的支持和帮助。特别要说明的是，本书编撰历时3年有余，参与者全是亲身参与了家蚕微孢子虫基因组计划的一线研究人员，他们按照事先讨论确定的计划安排一丝不苟地分析数据组织材料。其间，部分参编人员已经离开研究团队，奔赴新的工作岗位，但是为了本书的完稿，他们仍然坚持按照原来制订的编写要求认真负责地履行了职责，保证了本书设计初衷的实现。

　　当然，由于时间和水平原因，本书的不妥之处在所难免。敬请读者提出宝贵意见。

周泽扬　谨识
于重庆